長沙走馬樓西漢簡牘

長沙簡牘博物館
湖南大學簡帛文獻研究中心
編著

岳麓書社·長沙

凡例

一、本卷收録走馬樓西漢簡部分文書内容，包括六組案例簡與未歸類簡，共540枚。

二、本卷圖版按照八組案例簡、未歸類簡的順序排列。八組案例簡分别按彩色整版正面編聯原大圖版、紅外綫整版正背面編聯原大圖版、紅外綫單簡正背面圖版及釋文的順序排列，簡注附於每組單簡圖版之後。未歸類簡按每枚彩色正面圖版、紅外綫正面圖版、紅外綫背面圖版並附釋文的順序排列。

三、所有圖版原則上以原大形式呈現，但本卷對長簡做特殊處理：案例簡的彩色整版編聯圖版、紅外綫整版編聯圖皆以原大形式呈現，每組單簡圖版中的長簡及未歸類簡中的長簡按一定比例縮放，並在簡號右側加『☆』標識，讀者可根據彩色和紅外綫整版原大圖版，或者卷末所附《簡牘編號、材質及尺寸對照表》核對原簡。

四、爲便於核查，所有簡牘圖版上端依次標出本卷卷内序號與原始編號，兩枚以上的殘簡拼綴者，則同時注明其殘簡的原始編號。

五、在整理過程中，儘可能將殘斷的簡拼合復原，並根據文句内容、書體風格、背面反印文及揭取位置等加以編排。不能確定編排次序的簡，置於各組末尾。

六、本卷釋文以繁體字豎排。爲方便讀者，簡文除個别特有字形外，其他文字儘可能採用通行字，不一一嚴格隸定。

七、原簡符號『∟』『ノ』『●』『·』於釋文中照録，原簡中的重文、合文『〓』直接整理爲釋文，不特殊標注。

八、下列符號爲整理時所加：

□　表示未能釋出的字，一字一□。

……　表示不確定未釋字數。

[字]　表示有殘餘墨跡並據文意可以補釋的字。

（）　表示異體字或通假字的正字。

〈〉　表示錯訛字括注正字。

［］　表示衍文。

〖〗　表示據文例補出的脱文。

【】　表示雖無墨跡，但據文意或相關簡文可以補充的殘簡、缺簡内容。

⧄　表示原簡殘缺。

九、原簡行文中空白處，僅在簡注中加以推測説明，不加符號標注。簡文起首和簡文結束後的空白以及編繩處不做空白處理。

十、彩色與紅外綫圖版在簡文的清晰度和簡的完殘程度等方面不盡相同，釋文擇優而寫，不逐一注明圖版異同。

十一、簡注引用已刊出土材料時，一般衹標明篇章名，對原有篇章名與整理者所取的篇章名不加區别，注釋中間或有參考今人注釋，因體例所限，不另加注。

目録

彩色圖版……一
案例一　便移五年計書誤案　正面編聯圖版……二
案例二　大女南坐負罰金案　正面編聯圖版……四
案例三　長沙臨湘少内禁錢計計誤案　正面編聯圖版……五
案例四　臨湘吏言案行廷獄與治囚等事書　正面編聯圖版……一四
案例五　臨湘都鄉户隸計　正面編聯圖版……一九
案例六　大女如、麥等販米案　正面編聯圖版……二〇
紅外綫圖版……二一
案例一　便移五年計書誤案　正背面編聯圖版……二二
案例一　便移五年計書誤案　單簡圖版及釋文……二六
案例二　大女南坐負罰金案　正背面編聯圖版……三〇
案例二　大女南坐負罰金案　單簡圖版及釋文……三二
案例三　長沙臨湘少内禁錢計計誤案　正背面編聯圖版……三五
案例三　長沙臨湘少内禁錢計計誤案　單簡圖版及釋文……五五
案例四　臨湘吏言案行廷獄與治囚等事書　正背面編聯圖版……七五
案例四　臨湘吏言案行廷獄與治囚等事書　單簡圖版及釋文……八五
案例五　臨湘都鄉户隸計　正背面編聯圖版……九八
案例五　臨湘都鄉户隸計　單簡圖版及釋文……一〇〇

案例六　大女如、麥等販米案　正背面編聯圖版……一〇二
案例六　大女如、麥等販米案　單簡圖版及釋文……一〇四
未歸類簡圖版及釋文……一〇五
附錄……一七九
附錄一　釋文……一八一
附錄二　簡牘編號、材質及尺寸對照表……二一三

彩色圖版

案例一　便移五年計書誤案　正面編聯圖版

008	007	006	005	004	003	002	001
0082	0347	0083	0225	0346	0090	0085	0042

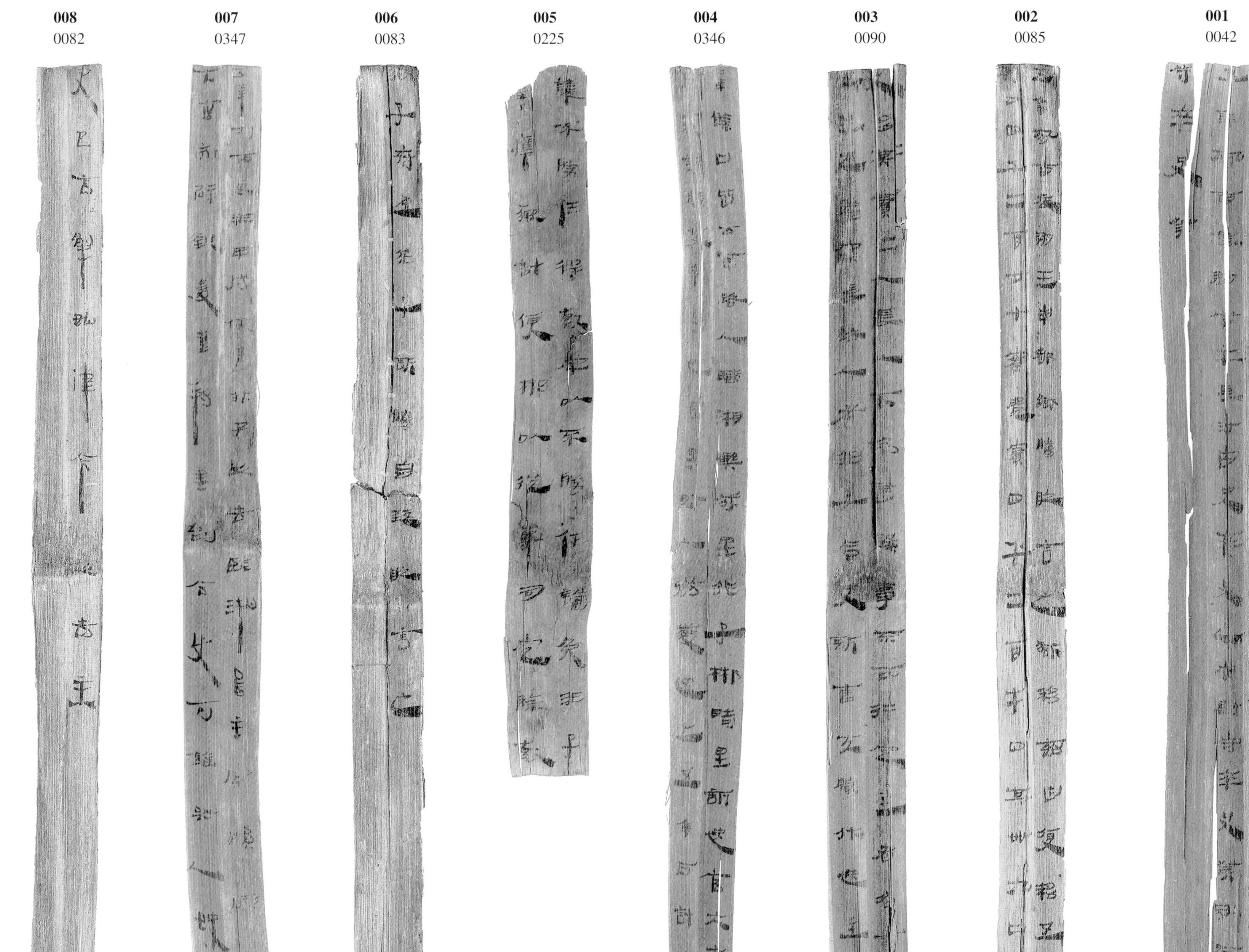

案例二　大女南坐負罰金案　正面編聯圖版

009
0102

010
0101

011
0103

012
0109

013
1700

案例三　長沙臨湘少内禁錢計計誤案　正面編聯圖版

014
0389

015
0645

016
0209

017
0503

018
0505

019
0502

020
0203

021 0235

022 0231

023 0523

024 0334

025 0326

026 0141

027 0124

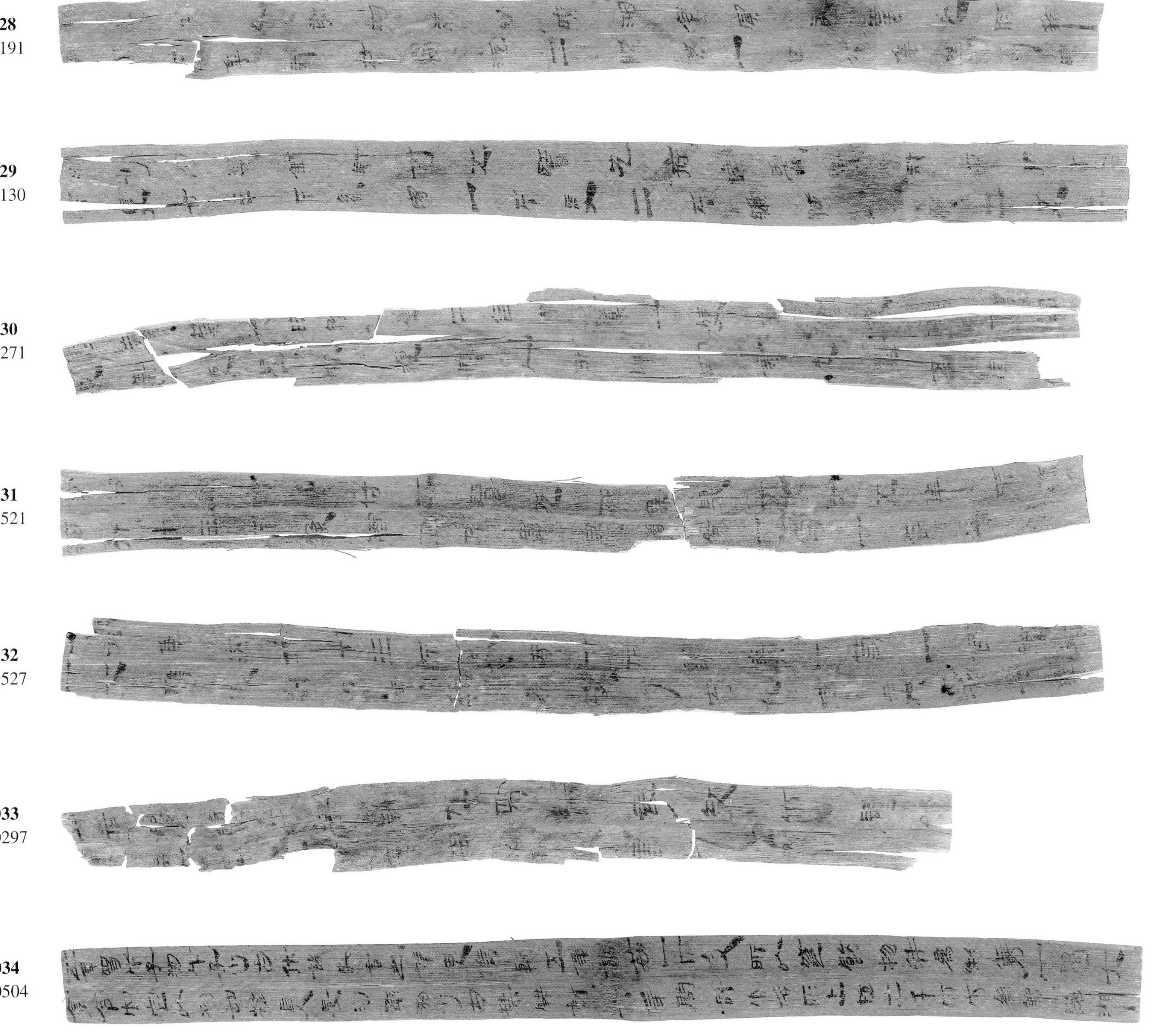

028 0191

029 0130

030 0271

031 0521

032 0527

033 0297

034 0504

035 0501

036 0506

037 0412

038 0618

039 0667

040 0638

041 0187

042 0201

043 0507

044 0508

045 0697

046 0644

047 0360

048 0495

049 0602

050 0603

051 0149

052 0239

053 0282

054 0304

055 0329

056 0331

057 0333

058 0356

059 0356-1

060 0367

061 0371

062 0431

063 0443

064 0526

065 0893+1386

066 0847

067 0136

068 0851

069 0912

070 0905

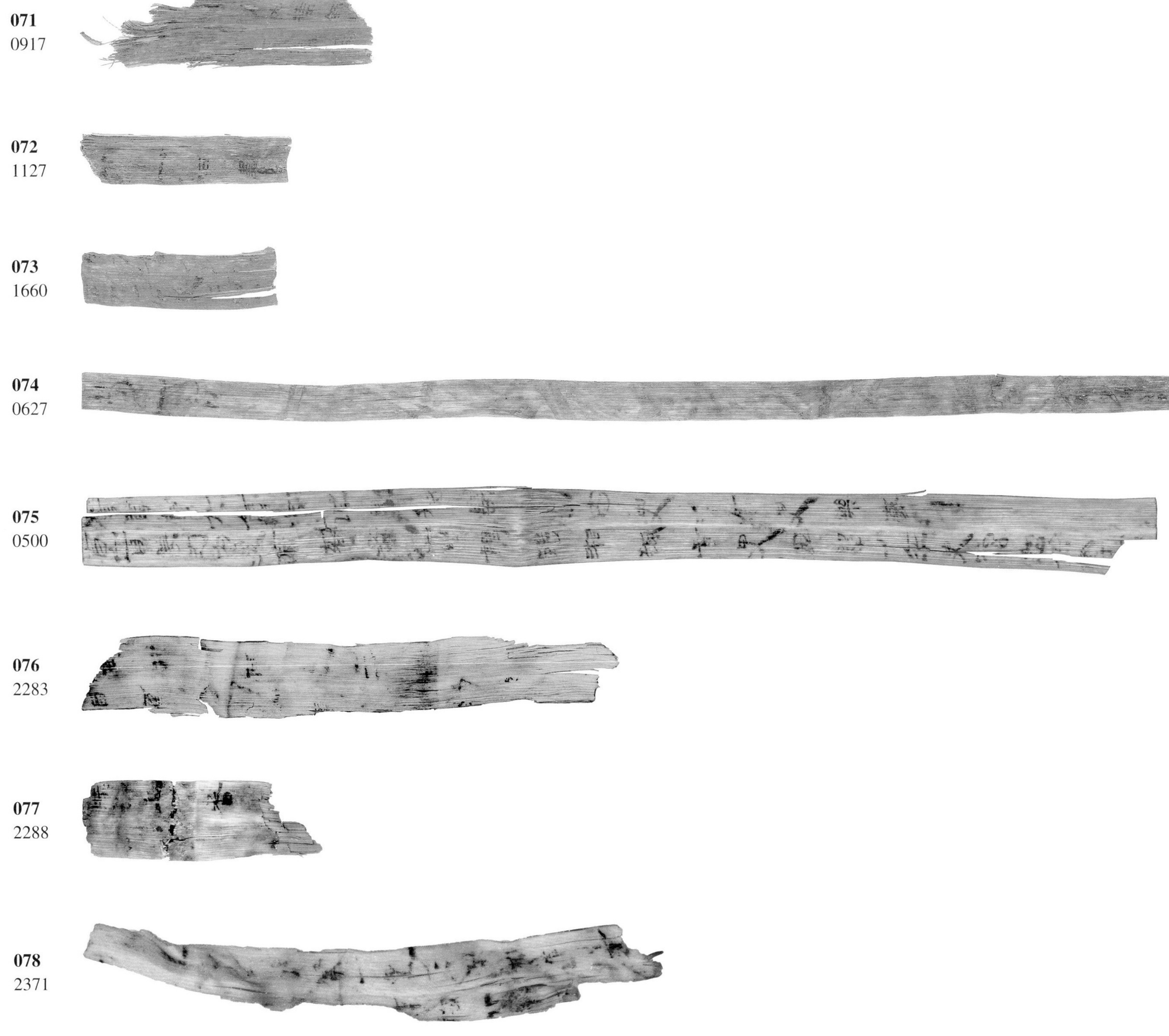

071
0917
072
1127
073
1660
074
0627
075
0500
076
2283
077
2288
078
2371

案例四　臨湘吏言案行廷獄與治囚等事書　正面編聯圖版

079 0707

080 2019

081 0544

082 0514

083 0513

084 0396

085 0569

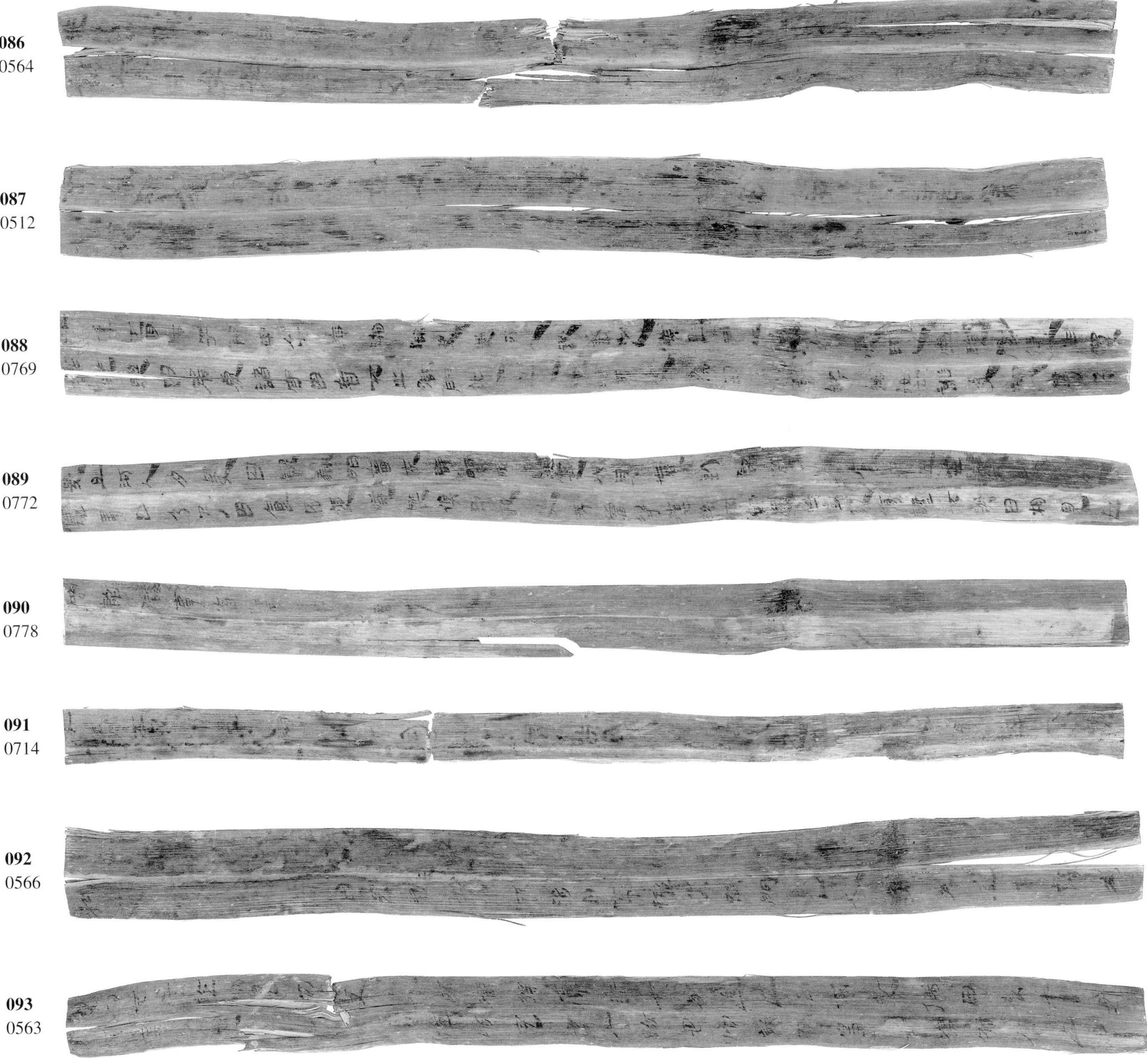

086
0564

087
0512

088
0769

089
0772

090
0778

091
0714

092
0566

093
0563

094 0561

095 0312

096 1801

097 1804

098 0753

099 0617

100 0567

101 0771

102 0551

103 0419

104 0882

105 0418

106 0509

107 0619

108 0543

109 0716

110 1509

111 1872

112 2016

案例五　臨湘都鄉户隷計　正面編聯圖版

113
0266

114
0270

115
0272

116
0520

案例六　大女如、麥等販米案　正面編聯圖版

117 0292

118 0303

119 0694

120 1586

紅外綫圖版

案例一　便移五年計書誤案　正背面編聯圖版

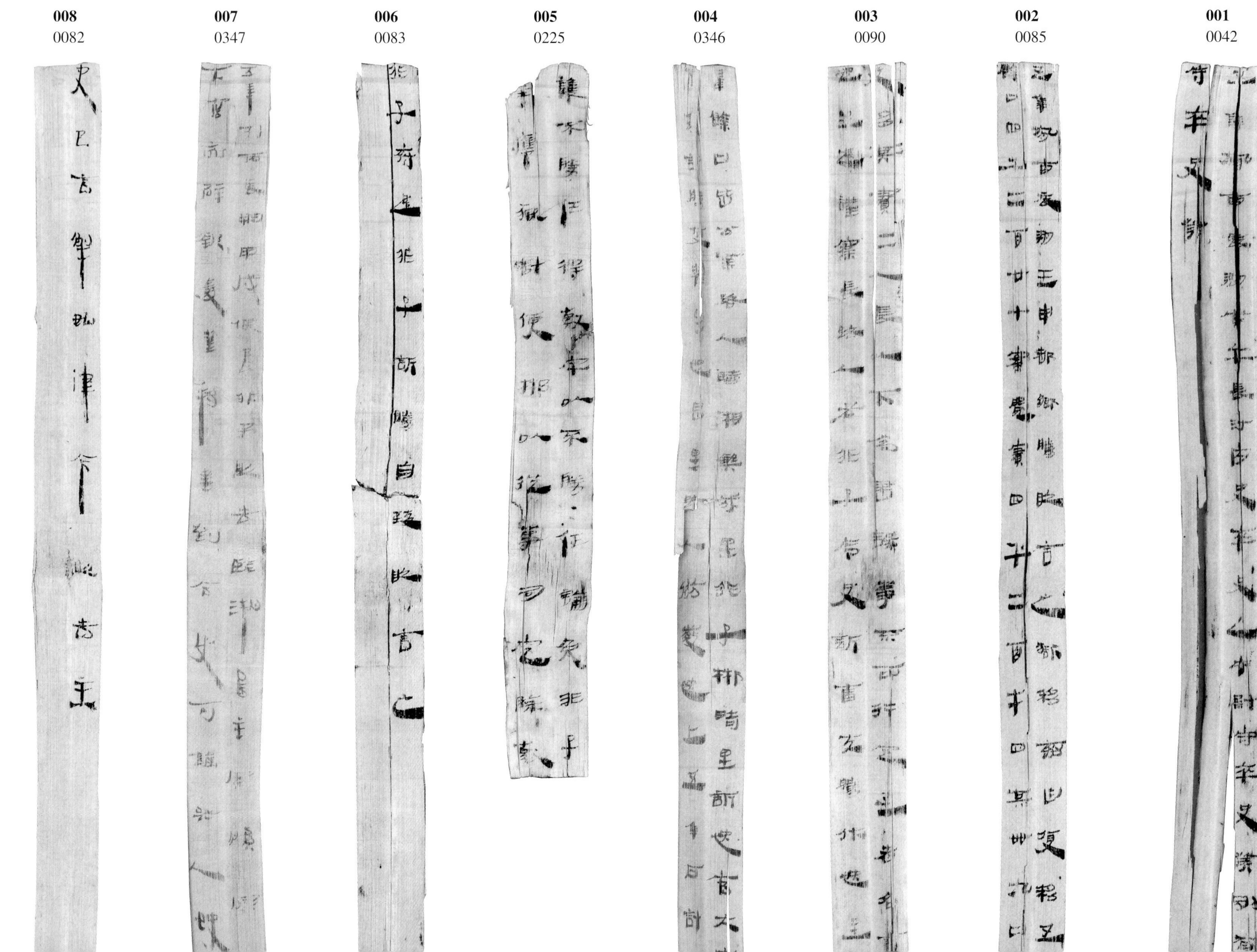

008	007	006	005	004	003	002	001
0082	0347	0083	0225	0346	0090	0085	0042

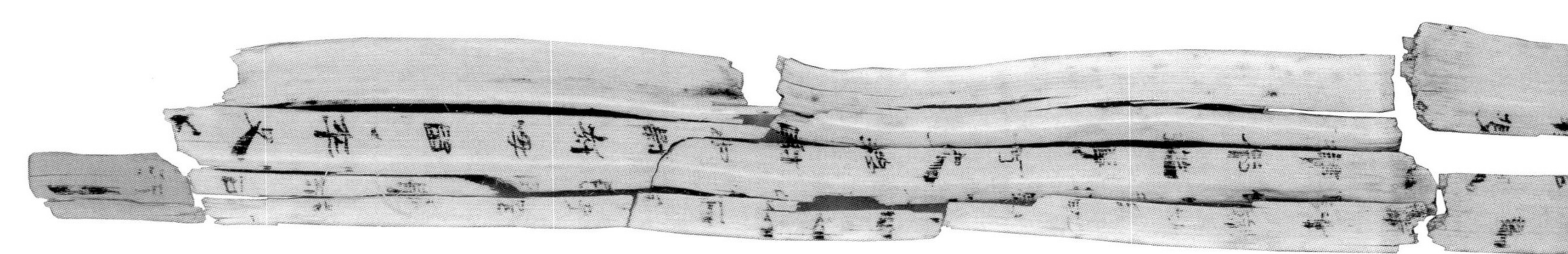

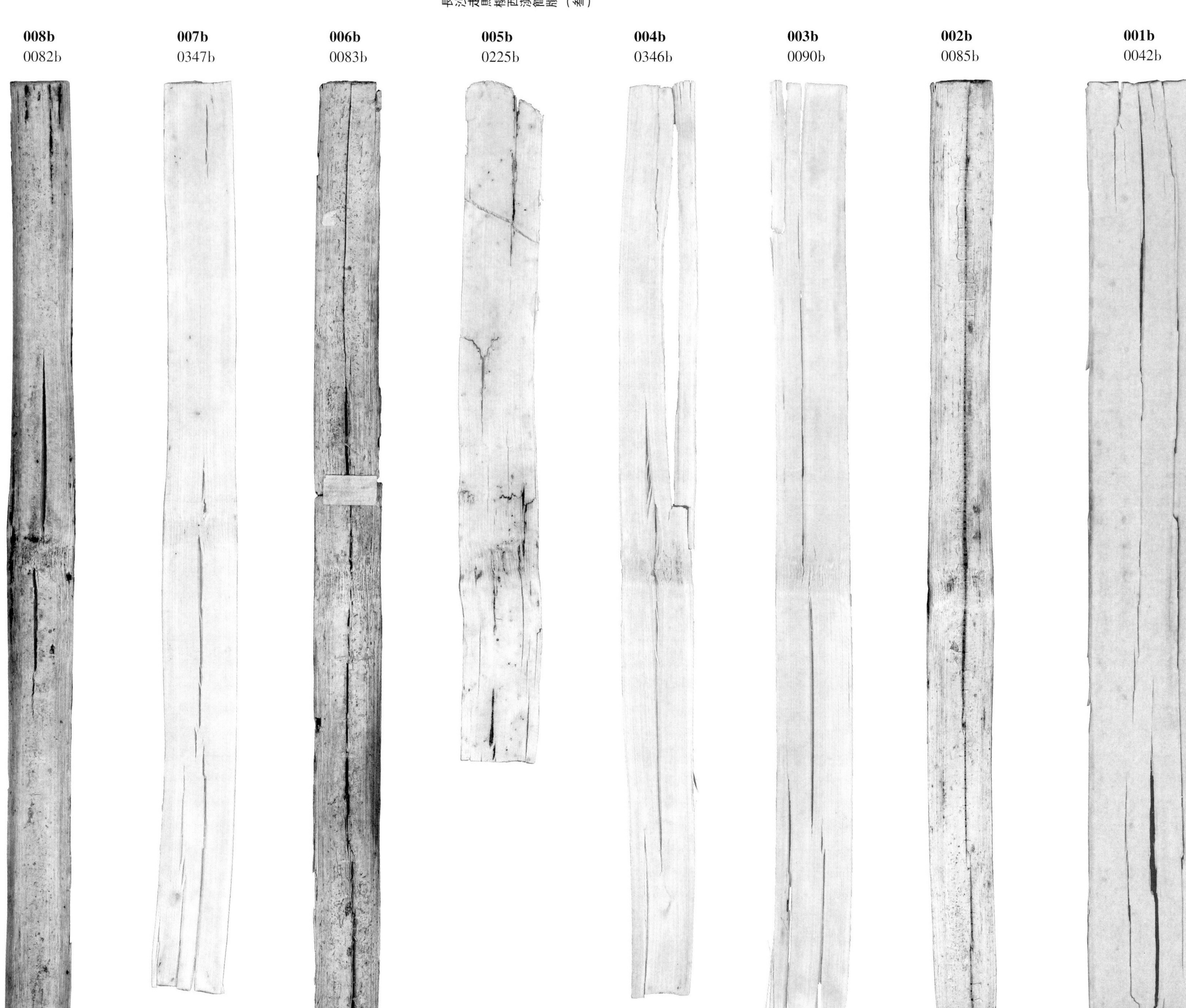

008b 0082b
007b 0347b
006b 0083b
005b 0225b
004b 0346b
003b 0090b
002b 0085b
001b 0042b

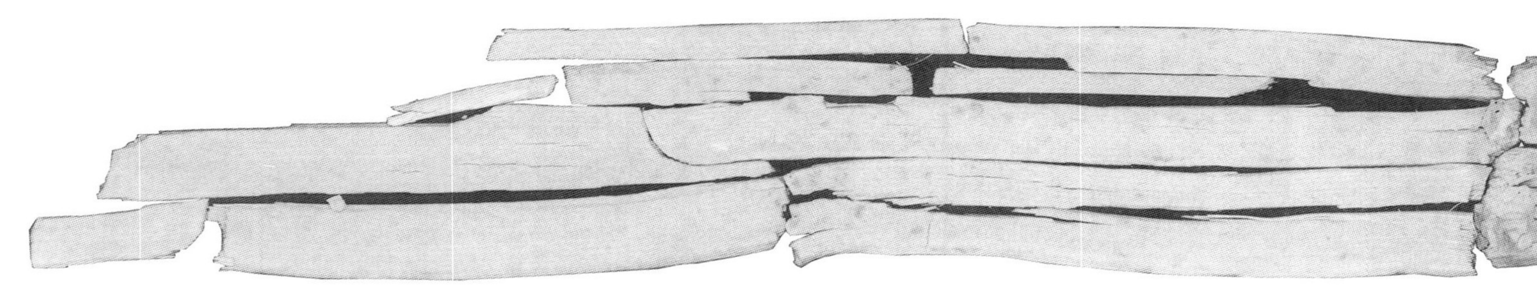

案例一　便移五年計書誤案　單簡圖版及釋文

☆ **001** 0042
001b 0042b

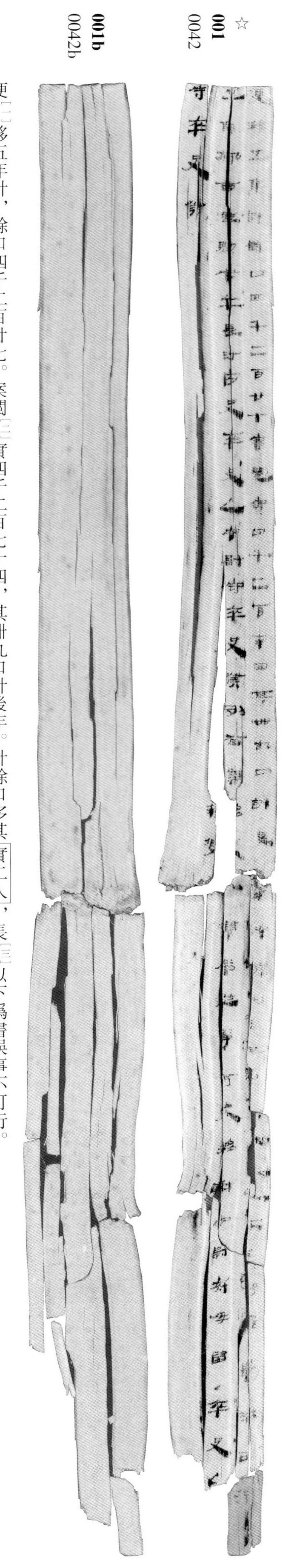

便[一]移五年計，餘口四千二百廿七。案閲[二]實四千二百七十四，其卌九口計後年。計餘口多其實二人，長[三]以下爲書誤事不可行。

五年九月丙辰朔戊午[四]，長沙内史卒史乙[五]、中尉[六]守卒史癸[七]別有案，移便以律令從事，言夬（決），移副[八]中尉府。毋留。／卒史乙、守卒史癸。

002 0085
002b 0085b

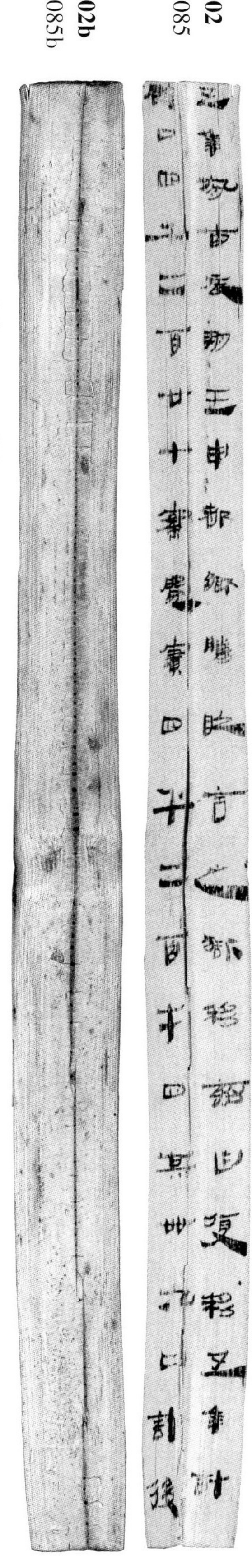

五年九月丙辰朔壬申[九]，都鄉勝[十]敢言之：獄移劾曰：便移五年計

餘口四千二百廿七，案閲實四千二百七十四，其卌九口計後。

003 0090
003b 0090b

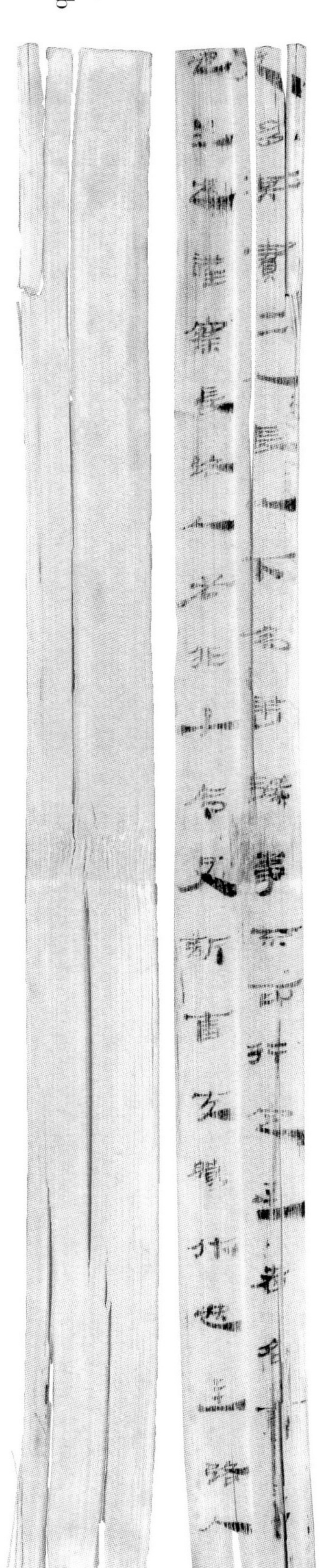

受多其實二人，長以下爲書誤，事不可行。定主者名、爵、里、

它坐、遺[十一]。謹案：長路人[十二]、丞非子[十三]、令史訢[十四]、嗇夫勝[十五]、佐快[十六]。主路人

004
0346
004b
0346b

擇，餘口皆公乘。路人，臨湘樂成里；非子，郴[十七]畸里；訢、快，官大夫；勝、
不更。訢、勝，便都里；快，昌里。路人前徵快上五年户計。左内

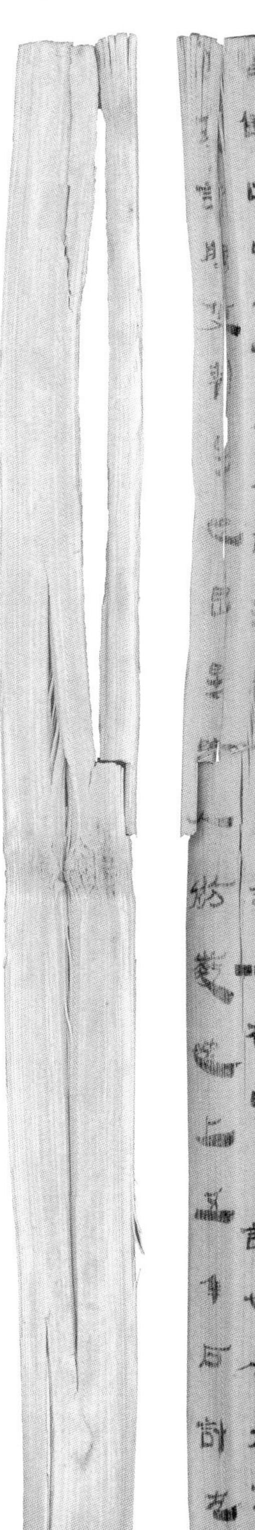

005
0225
005b
0225b

☑護，不勝任，得，㱿（繫）牢，以不勝任論。免非子
☑年應獄計，便、郴以從事。司空除㱿（繫）

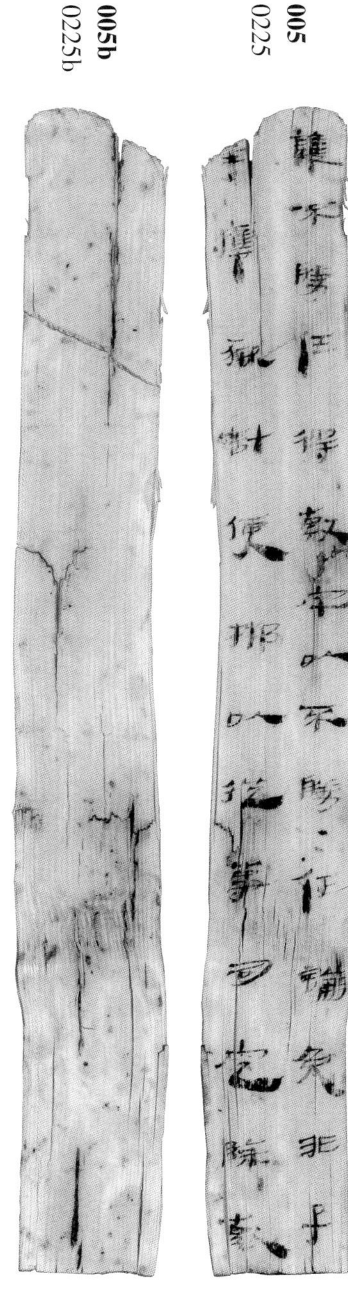

006
0083
006b
0083b

☑非子，府遣非子、訢、勝自致，敢言之。

007
0347

007b
0347b

五年九月丙辰朔甲戌[十八]，便丞非子敢告臨湘[十九]丞主，案贖罪以下，寫劾、辟、報爰書，移書到，令史可論路人、快，言

008
0082

008b
0082b

央（决），已言解，如律令。敢告主。

注釋：

[一] 便：長沙國屬縣。《漢書·高惠高后文功臣表》：「孝惠六年（前194），便頃侯吳淺，以父長沙王功侯，二千户。」吳淺始封便侯國於桂陽郡之便縣。元鼎五年（前112）吳千秋「坐酎金免」，國除。馬孟龍在《西漢侯國地理》中據荊州松柏漢簡35號木牘提出便侯國在「景帝中六年（前144）由長沙國遷往南郡」，此始封地改爲便縣。

[二] 案閲：即案比。《後漢書·安帝紀》元初四年詔「方今案比之時」，注引《東觀漢記》：「方今八月案比之時，謂案驗户口次比之也。」《續漢書·禮儀志》：「仲秋之月，縣、道皆案户比民。」《周禮·地官·司徒·小司徒》：「及三年大比」，賈公彦疏：「漢時八月案比而造籍。」

[三] 長：便長，便縣之長。

[四] 五年九月丙辰朔戊午：前124年九月三日。五年，即長沙康王五年，漢武帝元朔五年。張培瑜《中國先秦史曆表》所載元朔五年（前124）九月朔日爲丙辰，與簡文合。戊午：爲該月三日。

[五] 長沙内史：長沙國内史，掌民政。《漢書·百官公卿表》：「諸侯王，高帝初置，金璽盭綬，掌治其國。有太傅輔王，内史治國民，中尉掌武職，丞相統衆官，羣卿大夫都官如漢朝。景帝中五年令諸侯王不得復治國，天子爲置吏，改丞相曰相，省御史大夫、廷尉、少府、宗正、博士官，大夫、謁者、郎諸官長丞皆損其員。武帝改漢内史爲京兆尹，中尉爲執金吾，郎中令爲光禄勳，故王國如故。」王國内史在漢武帝時期，仍稱内史，未有變化。

乙，人名。

[六] 中尉：長沙國中尉，掌武職。

[七] 癸：人名。

[八] 副：副本。

[九] 壬申：爲十七日。

[十] 勝：人名。

[十一] 遣：見簡0083「府遣非子、訢、勝自致」。

[十二] 路人：人名。

[十三] 非子：人名。

[十四] 訢：人名。

[十五] 勝：人名。

[十六] 快：人名。

[十七] 郴：縣名，長沙國轄縣。

[十八] 甲戌：十九日。

[十九] 臨湘，縣名，長沙國國都所在地，今湖南長沙。

案例二　大女南坐負罰金案　正背面編聯圖版

009
0102

010
0101

011
0103

012
0109

013
1700

009b
0102b

010b
0101b

011b
0103b

012b
0109b

013b
1700b

案例二　大女南坐負罰金案　單簡圖版及釋文

009
0102

五年九月丙辰朔丁卯[一]，都鄉佐鼻[二]敢言之：廷[三]移臨湘書曰：北平大女南[四]坐

009b
0102b

負罰金[五]臨湘庫，弗能入，居[六]。迺四年六月中去亡[七]，捕得。南辤（辭）：五年五月中自出[八]

010
0101

☐蔡土[九]所。書到，定名、史（事）、里、它坐，有罪耐以上當請[十]者非

010b
0101b

☐自出真爰書[十一]。·謹案：南名、史（事）、里定，毋（無）它坐，有罪耐以上不

011
0103

☐問蔡土，蔡土曰：五月中主治計[十二]，下視官事，不受南自出。案：南

011b
0103b

☐書。敬寫年藉[一]牒，謁移[十三]臨湘以從事。敢言之。

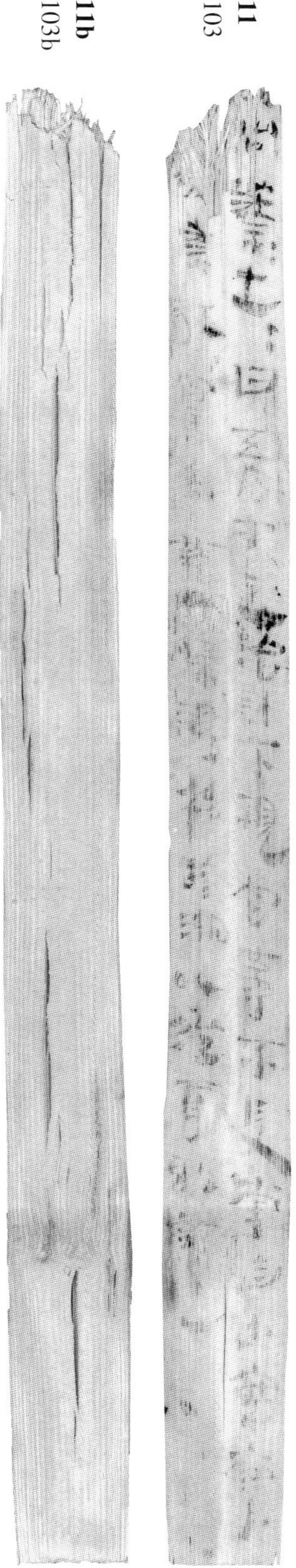

012
0109

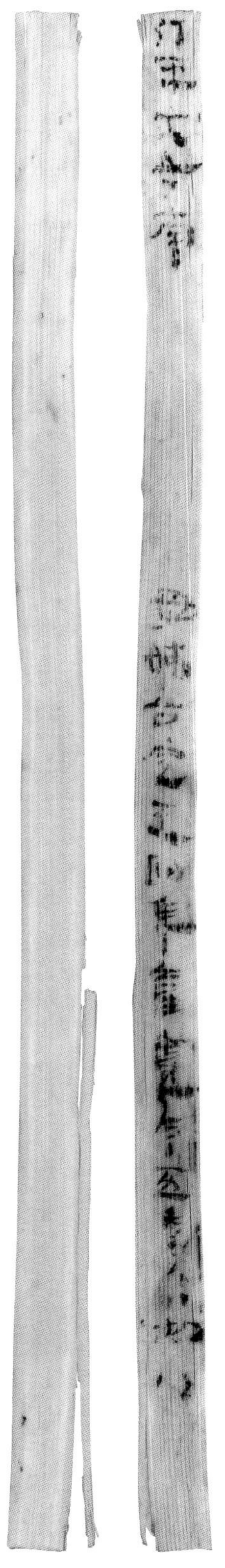

012b
0109b

北平大女南，母姊占定王四年産[十四]，盡今五年[十五]年廿八。

013
1700

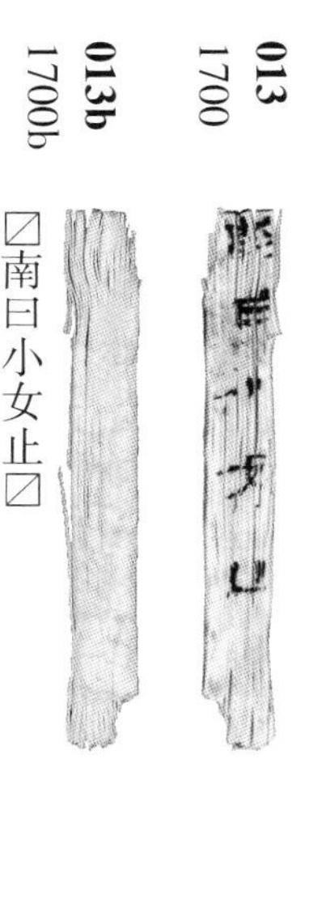

013b
1700b

☑南曰小女止☑

注釋：

［一］丁卯：十二日。

［二］鼻：爲鄉佐名。《續漢志·百官五》：『又有鄉佐，屬鄉，主民收賦稅。』

［三］廷：指縣廷。

［四］北平：里名。南，人名。

［五］罰金：一種刑罰上的財産刑，以判決犯罪人完納一定的金錢爲内容。

［六］居：秦漢法律用語，居作，罰服勞役。睡虎地秦簡《秦律十八種·金布律》：『百姓叚（假）公器及有責（債）未賞（償），……令居之。』張家山漢簡《二年律令·田律》：『貧弗能賞（償）者，令居縣官。』

［七］去亡：離開並逃亡。睡虎地秦簡《封診式·亡自出》：『以迺二月不識日去亡。』

［八］自出：自首。逃亡之後捕得和自首的量刑是不一樣的。如《二年律令》第167號簡《亡律》：『匿罪人，死罪，黥爲城旦舂，它各與同罪。其所匿未去而告之，除。諸舍匿罪人，罪人自出，若先自告，罪減，亦減舍匿者罪。』第100號簡：『其自出者，死罪黥爲城旦舂，它罪完爲城旦舂。』

［九］蔡土：人名。

［十］請：指上請或先請。《漢書·高帝紀》云：『（七年）春，令郎中有罪耐以上，請之。』『耐罪以上』是上請的條件。

［十一］真爰書：真，正，與副相對，副表示副本，真表示正本。

［十二］計：上計之事。《漢書·匡衡傳》：『明年治計時，衡問殿國界事。』

［十三］謁移：謁，表謁請之義，謁請本縣縣廷。移，移書臨湘。

［十四］定王四年：定王，劉發。四年，爲公元前152年，《史記·漢興以來諸侯王年表》記載景帝前元二年（前155）三月甲寅爲『定王發元年』。

［十五］盡今五年：至長沙康王五年，今王爲劉庸。五年，爲公元前124年，《史記·漢興以來諸侯王年表》記載武帝元朔元年（前128）爲『康王庸元年』。

案例三　長沙臨湘少内禁錢計計誤案　正背面編聯圖版

014
0389

015
0645

016
0209

017
0503

018
0505

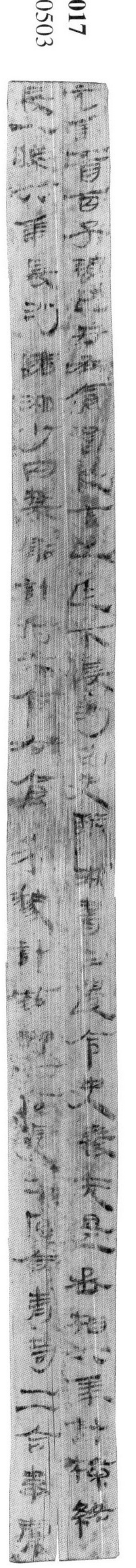

019
0502

紅外綫圖版

014b 0389b

015b 0645b

016b 0209b

017b 0503b

018b 0505b

019b 0502b

020 0203

021 0235

022 0231

023 0523

024 0334

025 0326

020b 0203b

021b 0235b

022b 0231b

023b 0523b

024b 0334b

025b 0326b

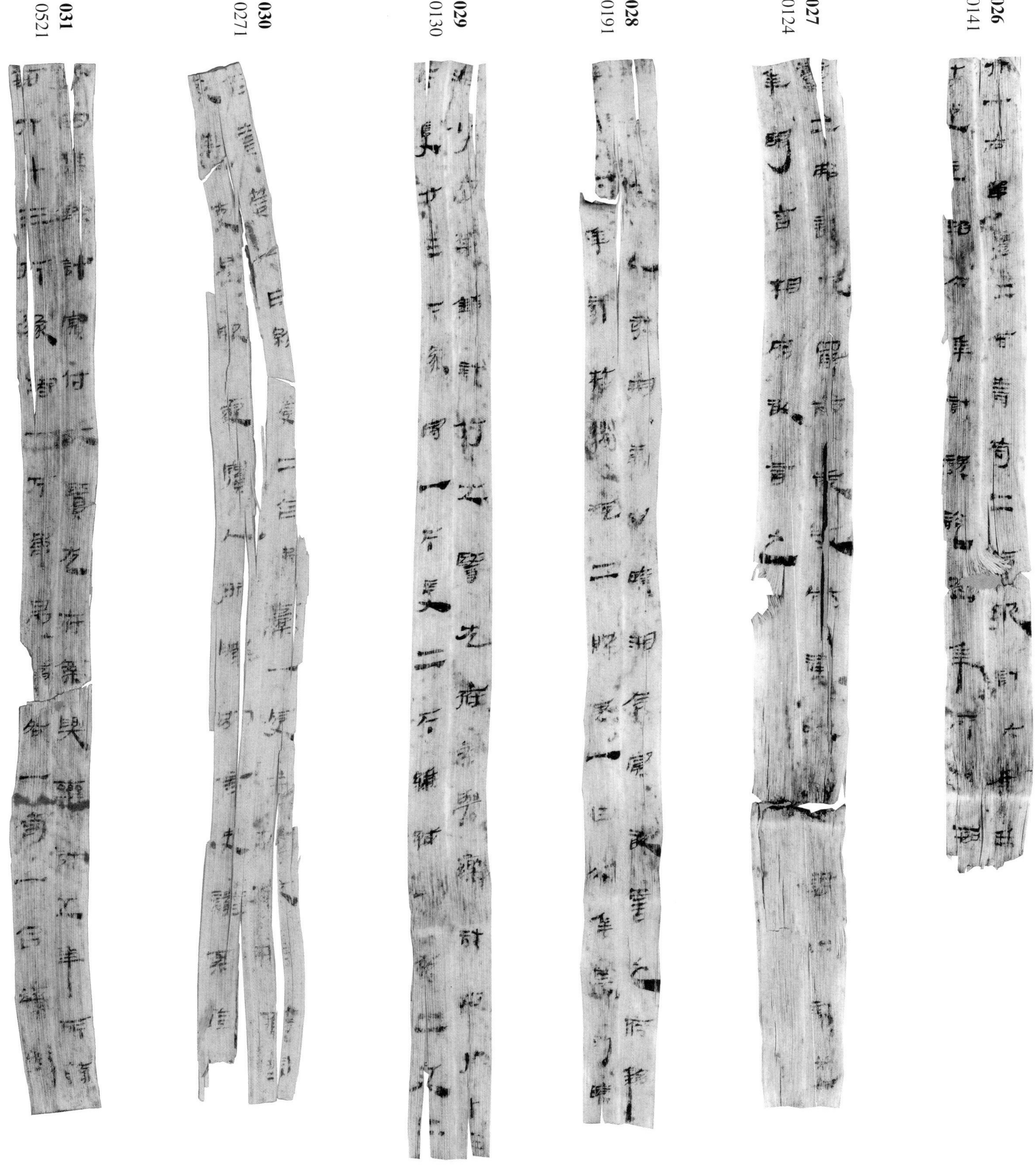

026 0141

027 0124

028 0191

029 0130

030 0271

031 0521

026b 0141b

027b 0124b

028b 0191b

029b 0130b

030b 0271b

031b 0521b

032 0527

033 0297

034 0504

035 0501

036 0506

037 0412

032b 0527b

033b 0297b

034b 0504b

035b 0501b

036b 0506b

037b 0412b

038 0618

039 0667

040 0638

041 0187

042 0201

043 0507

038b 0618b

039b 0667b

040b 0638b

041b 0187b

042b 0201b

043b 0507b

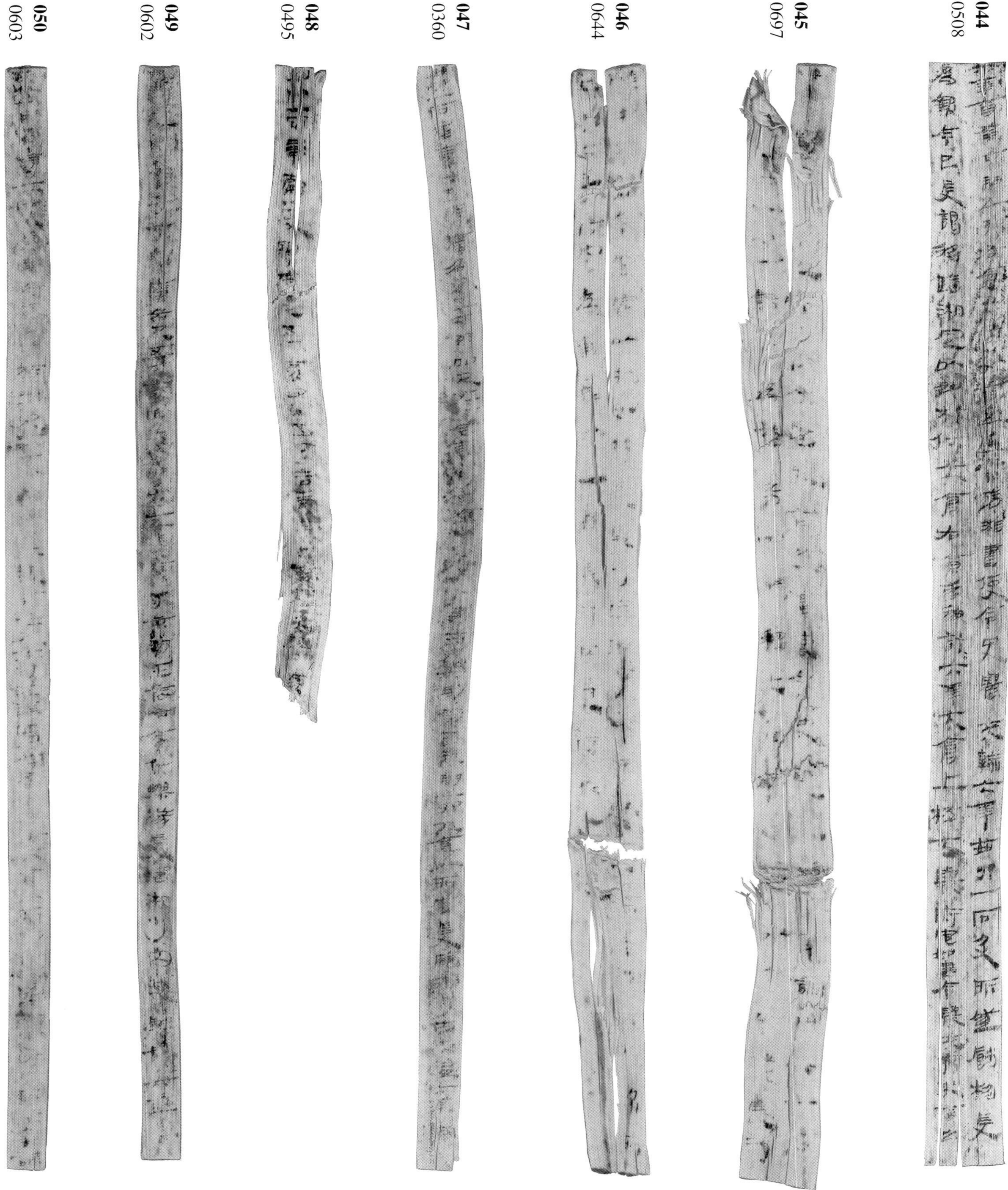

044 0508

045 0697

046 0644

047 0360

048 0495

049 0602

050 0603

044b 0508b

045b 0697b

046b 0644b

047b 0360b

048b 0495b

049b 0602b

050b 0603b

051 0149

052 0239

053 0282

054 0304

055 0329

056 0331

051b 0149b

052b 0239b

053b 0282b

054b 0304b

055b 0329b

056b 0331b

057 0333

058 0356

059 0356–1

060 0367

061 0371

062 0431

063 0443

057b
0333b

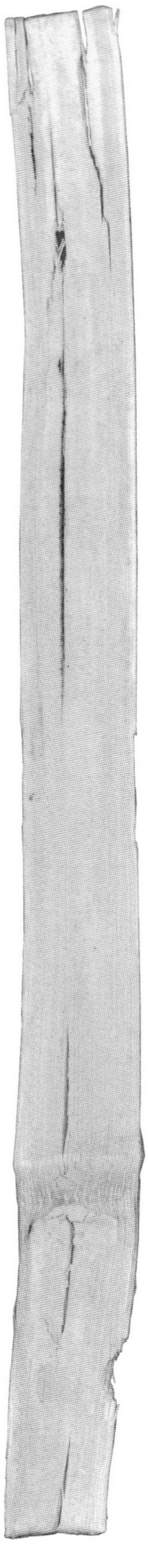

058b
0356b

059b
0356-1b

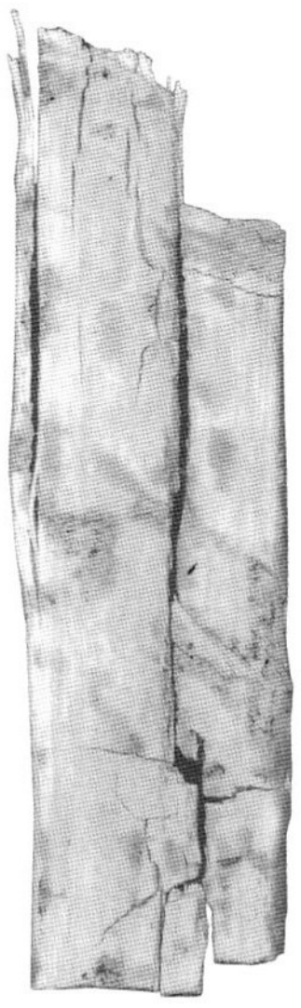

060b
0367b

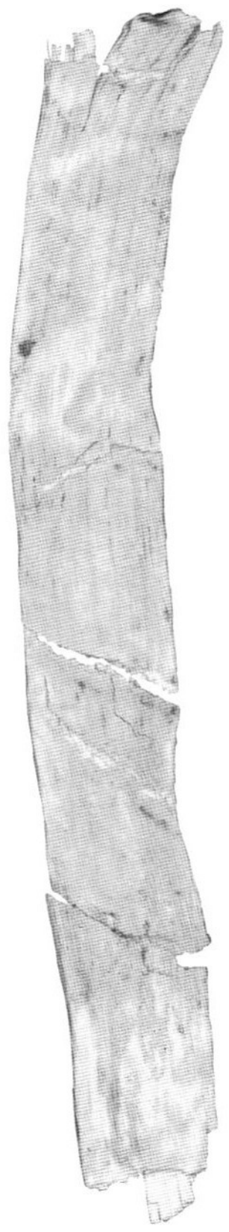

061b
0371b

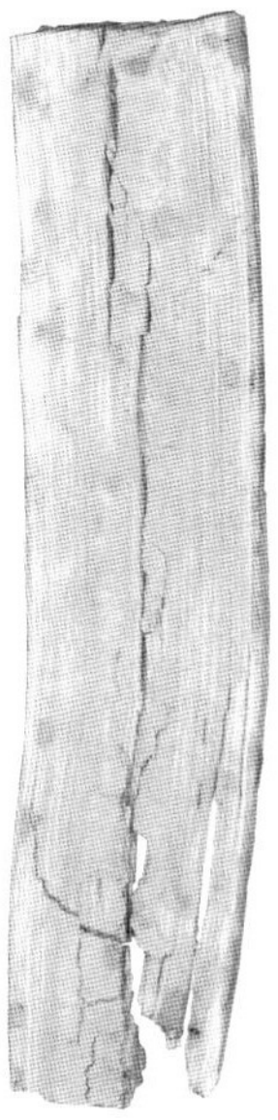

062b
0431b

063b
0443b

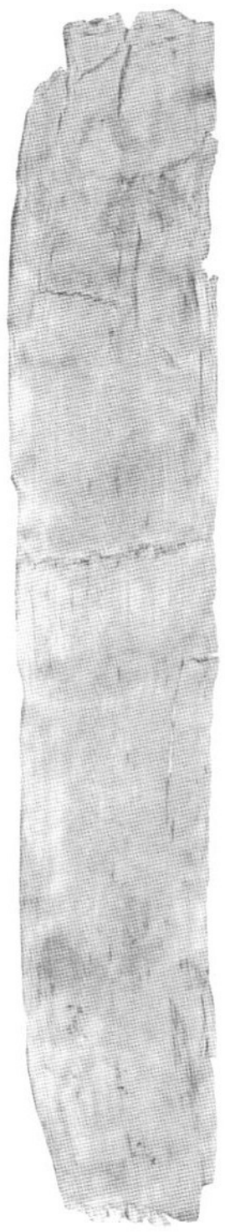

064 0526

065 0893+1386

066 0847

067 0136

068 0851

069 0912

070 0905

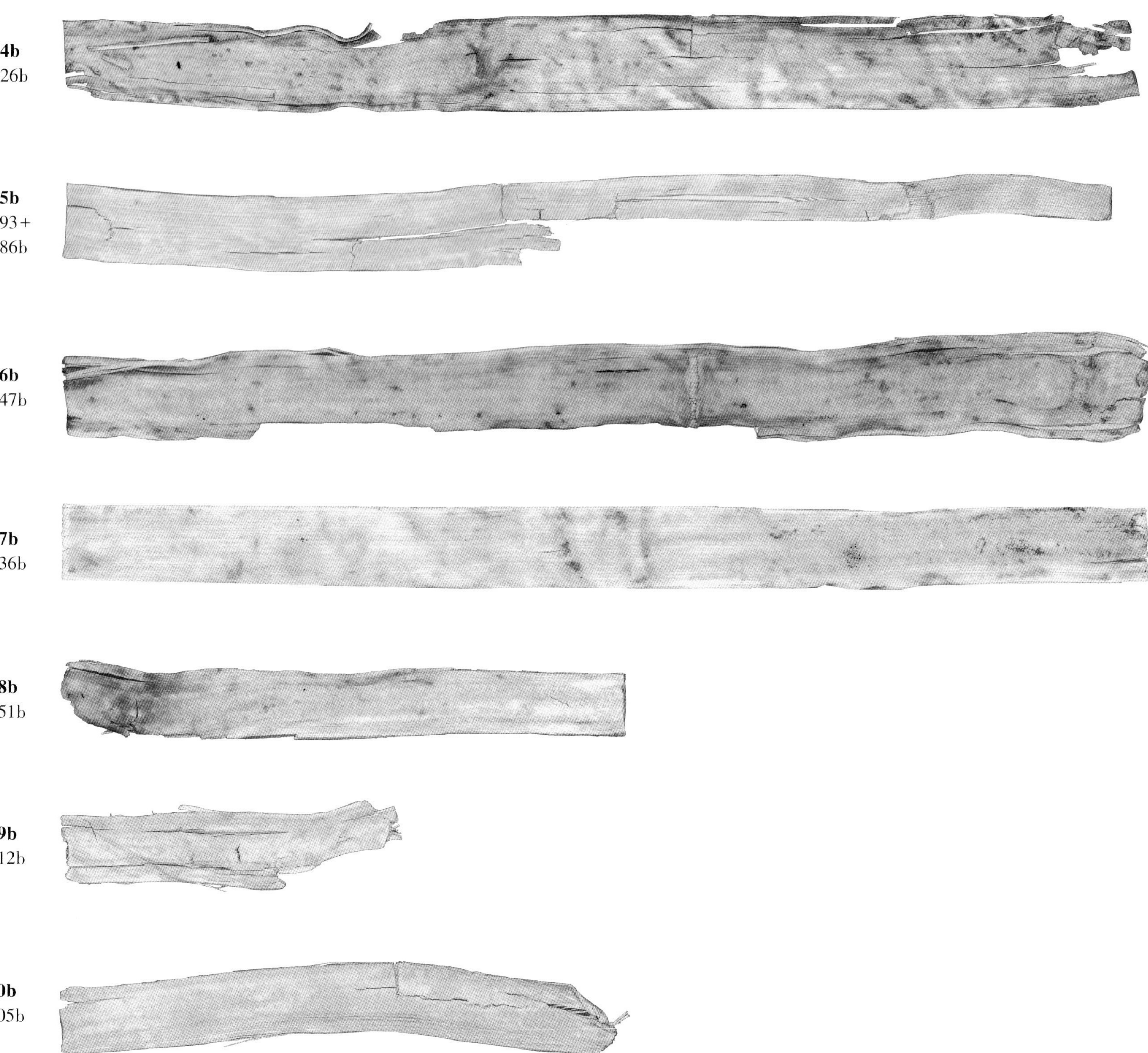

064b
0526b

065b
0893+
1386b

066b
0847b

067b
0136b

068b
0851b

069b
0912b

070b
0905b

071 0917
072 1127
073 1660
074 0627
075 0500
076 2283
077 2288
078 2371

071b 0917b

072b 1127b

073b 1660b

074b 0627b

075b 0500b

076b 2283b

077b 2288b

078b 2371b

014 0389

014b 0389b

七年二月戊申朔壬戌[一]，御史☐

計校繆長沙相長一短☐

015 0645

015b 0645b

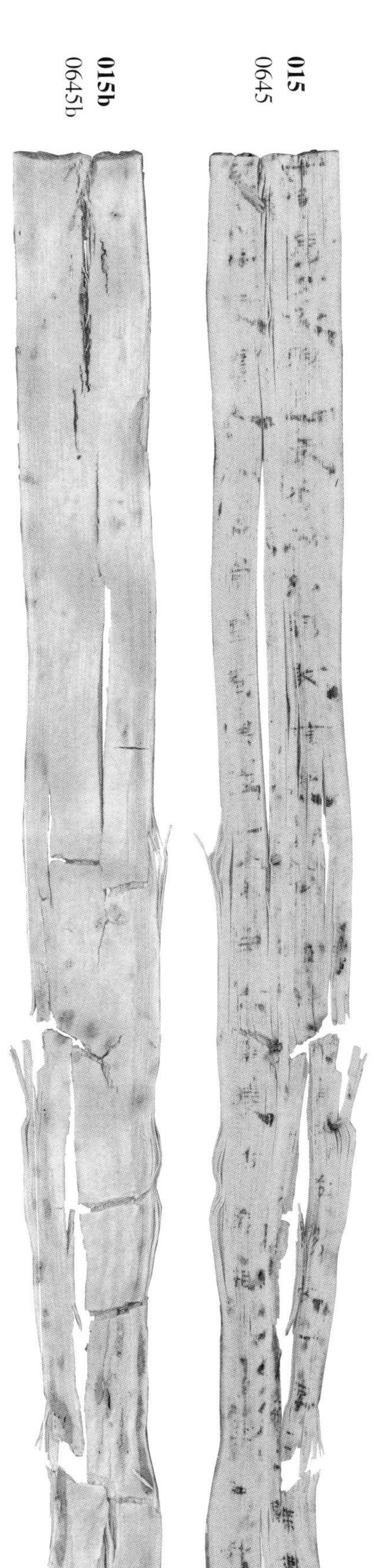

七年三月丁丑朔己亥[二]，少内佐福〈堅〉敢言之。府移臨湘六年計校繆長一短二牒。遣

吏是【服】[三]。處實入所定當坐者。其短一，☐☐曰六年長沙臨湘少内禁錢計。

016 0209

016b 0209b

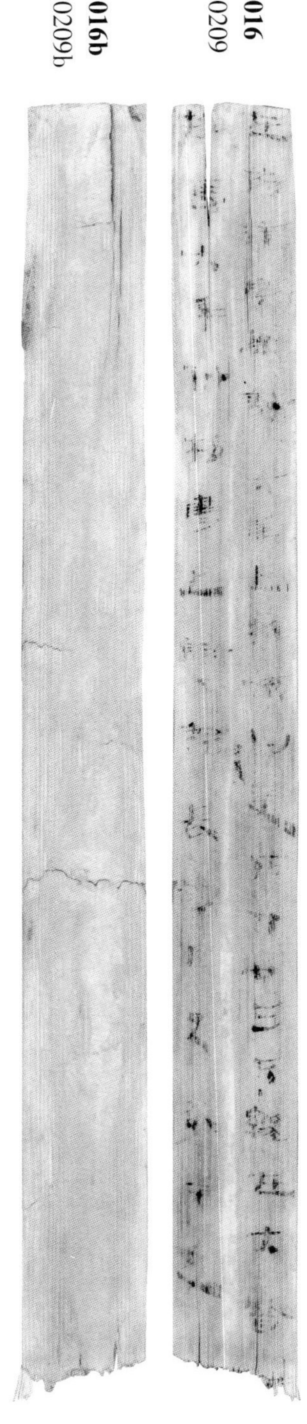

左府乘與藥計，六年上校不曰受茹卯廿三斤。·繆在大（太）醫☐☐

校券。六年計校書上謁，移長沙内史。敢言之。☐

紅外綫圖版

017
0503

017b
0503b

元年五月丙子朔己丑[四]，右倉昌敢言之。廷下長沙内史臨湘書曰：遣令史農夫是丞相六年計楝〈校〉終〈繆〉
長一牒。六年長沙臨湘少内禁錢計付大（太）倉、右倉[五]禾稼計，茹卵一石受二石，合青笥二合，韋橐

018
0505

018b
0505b

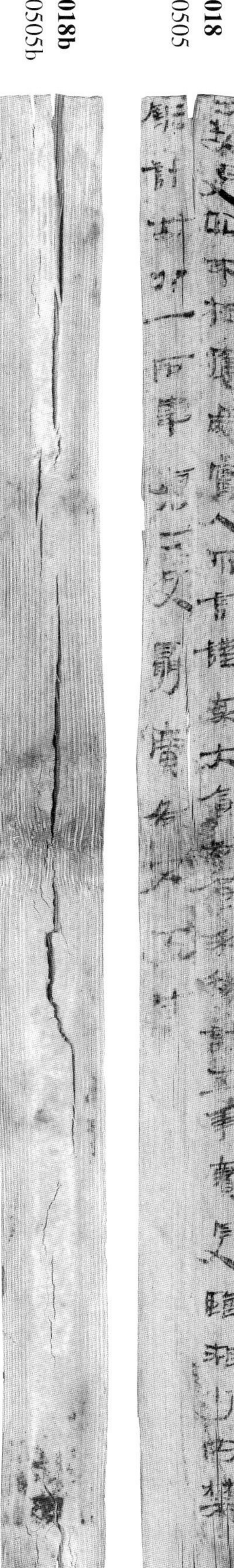

二枚，受四，不相應，處寫〈實〉[六]入所言。謹案：大（太）倉、右倉禾稼計五年實受臨湘少内禁
錢計茹卵一石，韋橐二枚，聶（攝）[七]廣各尺五寸，

019
0502

019b
0502b

衮四尺五寸，及六年受如卵一石，韋橐二枚，聶（攝）廣尺五寸，衮各四尺五寸，合青笥二合，廣尺五寸，衮
三尺五寸。【五】年[八]六年所輸茹卵往來書□曰計六年大（太）倉□并爲校牒入計六年，上丞相府。繆

020
0203

020b
0203b

不在大（太）食〈倉〉，已與令史農夫是服。曰佐堅坐計六年誤脱。案：計五年所輸如卵一石、韋橐二，聶（攝）廣各

尺五寸，袤四尺五寸，寫真券往來書上謁報，臨湘以繆書上謁，元年自證。主者敢言之。

021
0235

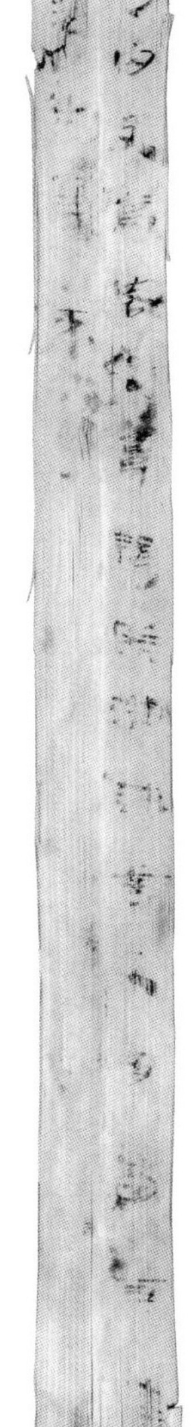
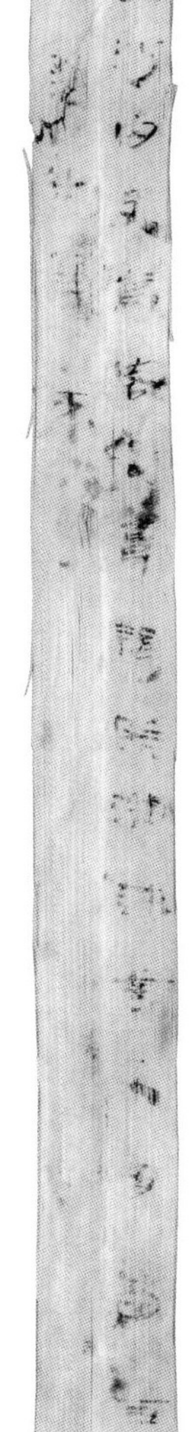
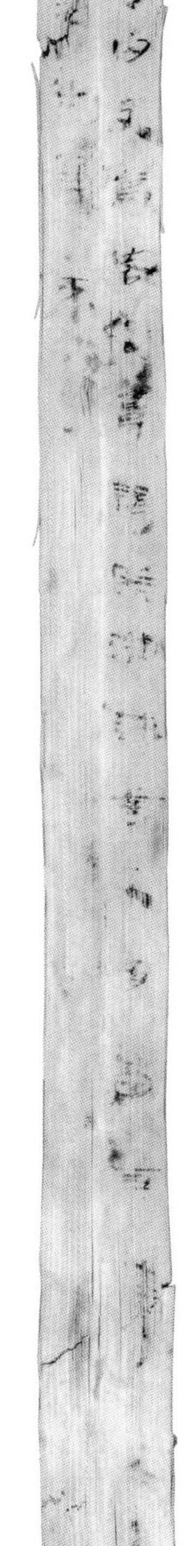

021b
0235b

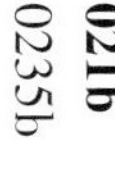

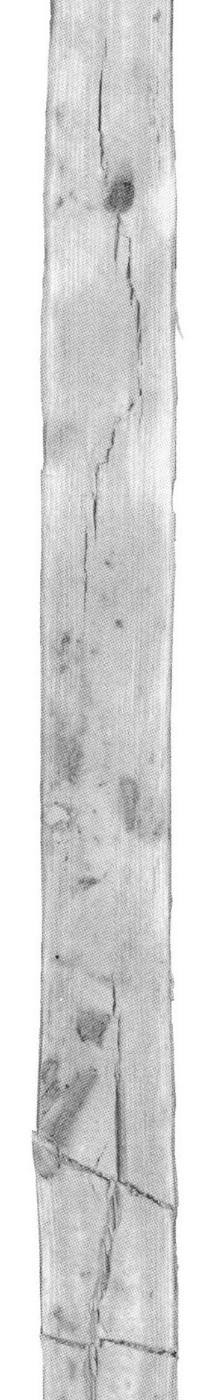
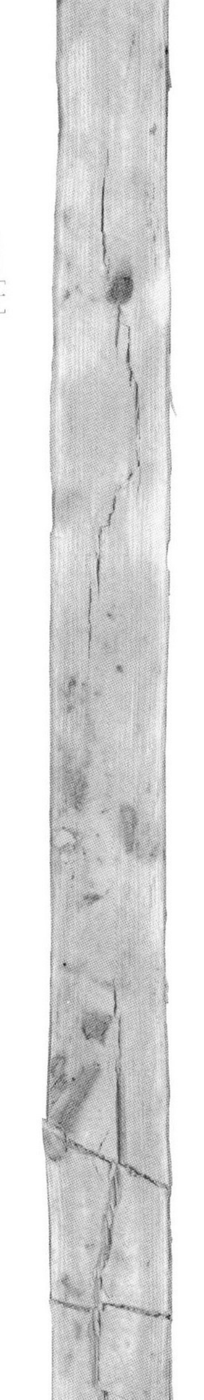
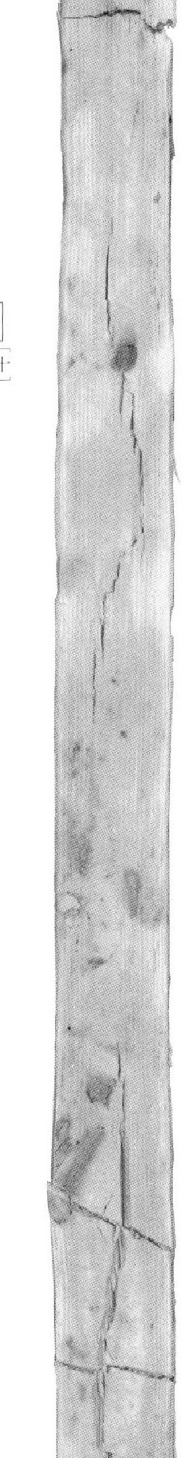
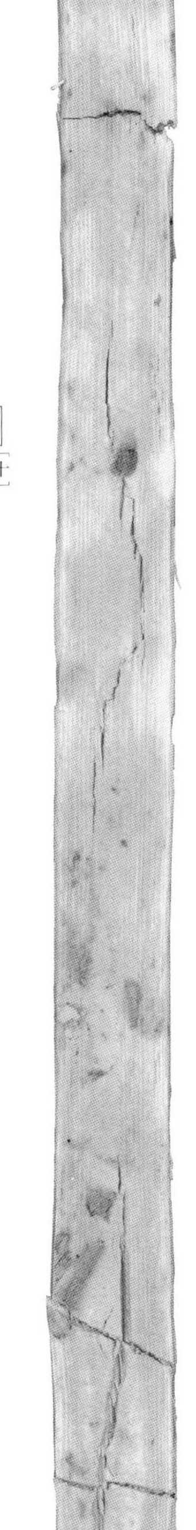
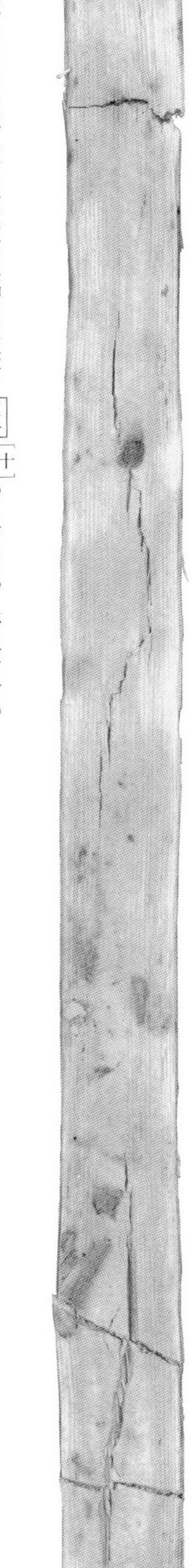

七月乙酉[九]，長沙內史齊客丞尊謂臨湘趣言報[十]，毋留，若律令。

卒史當、書佐膊來。[十一]

022
0231

022b
0231b

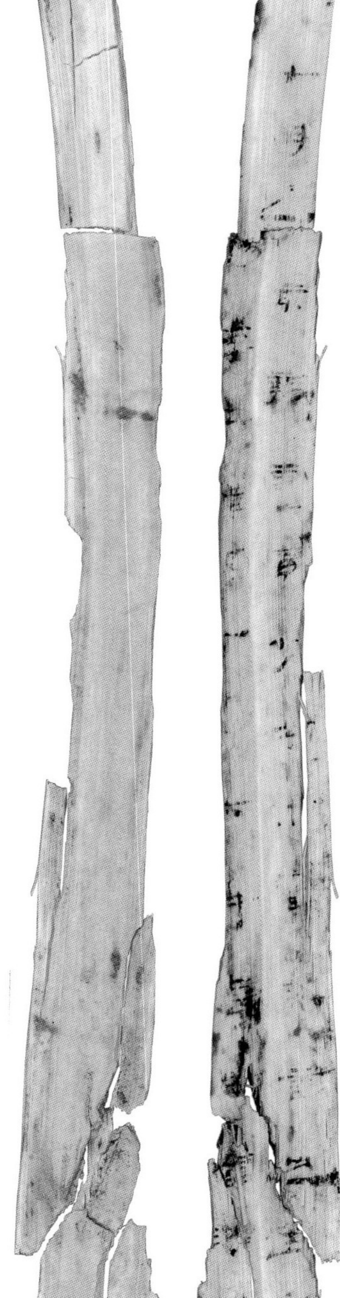

七年七月乙亥朔庚寅[十二]，少內佐堅敢言之。廷移丞相

計校繆短二牒，其一曰六年長沙臨湘少內禁

023
0523

023b
0523b

錢計付大（太）醫左府乘與藥計。茹卯十三斤受廿三斤，象骨一斤受二斤，縑織一，袤二丈二尺，受二

024
0334

024b
0334b

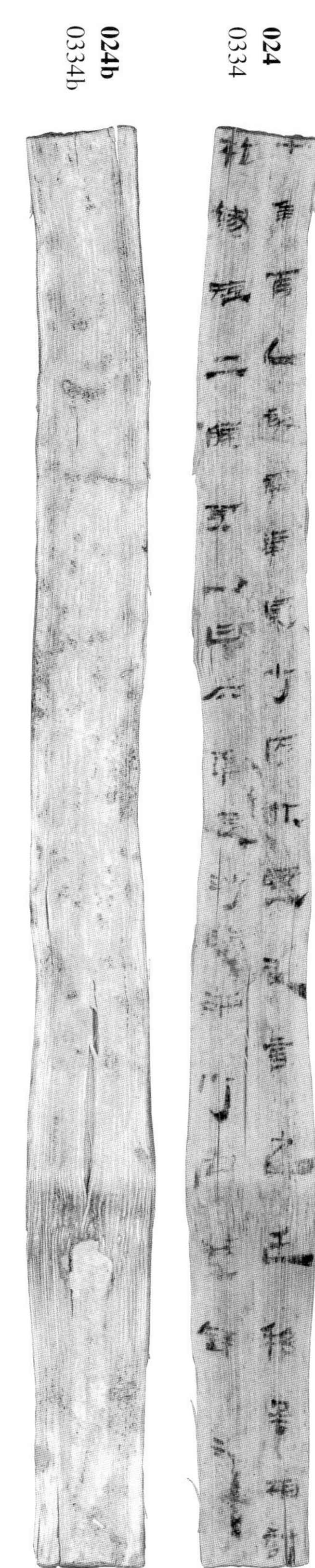

七年七月乙亥朔庚寅，少內佐堅敢言之：廷移丞相計校繆短二牒。其一曰六年長沙臨湘少內禁錢計

025
0326

025b
0326b

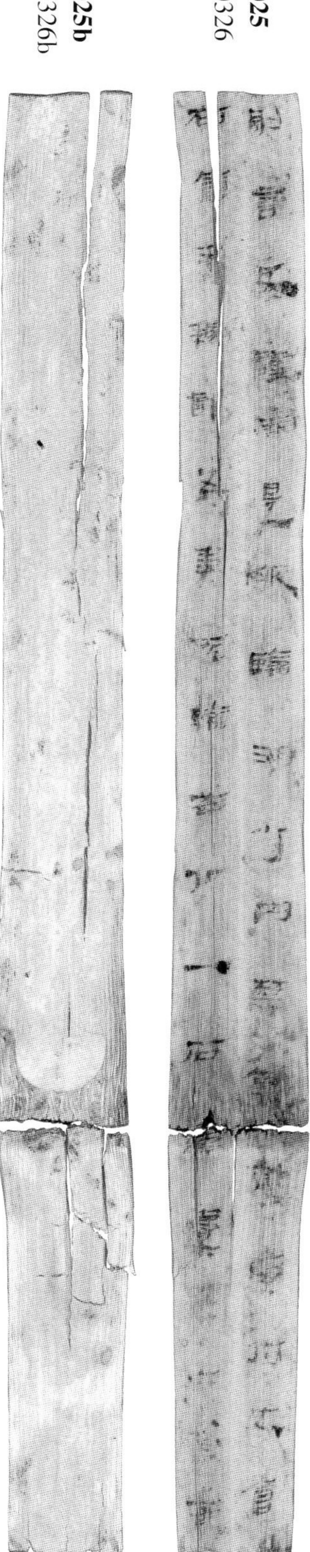

別言夬（決）[十三]。謹問是服。臨湘少內禁錢計實付大（太）倉、右倉禾稼計，五年所輸茹卯一石、韋橐二，六年茹

026 0141

026b 0141b

卯一石、韋橐一，合青笥二合，報計六年并▨

佐監主治六年計，誤説〈脱〉五年所輸茹▨

027 0124

027b 0124b

橐二，弗計，在四月丙辰赦前，謹以繆書上謁，元

年謁言相府。敢言之。

028 0191

028b 0191b

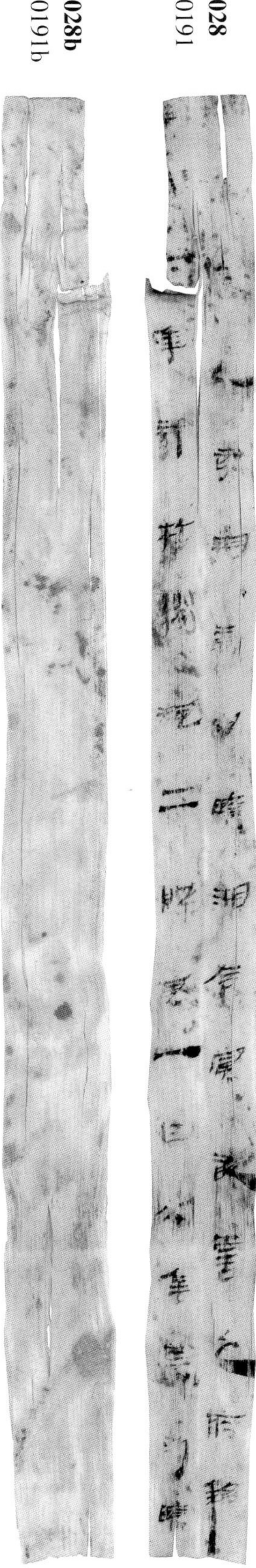

七年七月乙亥朔庚寅，臨湘令寅[十四]敢言之。府移

臨湘六年計校繆短二牒，其一曰六年長沙臨

029 0130

029b 0130b

湘少内禁錢計付大（太）醫左府乘與藥計，茹卵十三
斤，受廿三斤，象骨一斤，受二斤，縑織一，衰二丈二

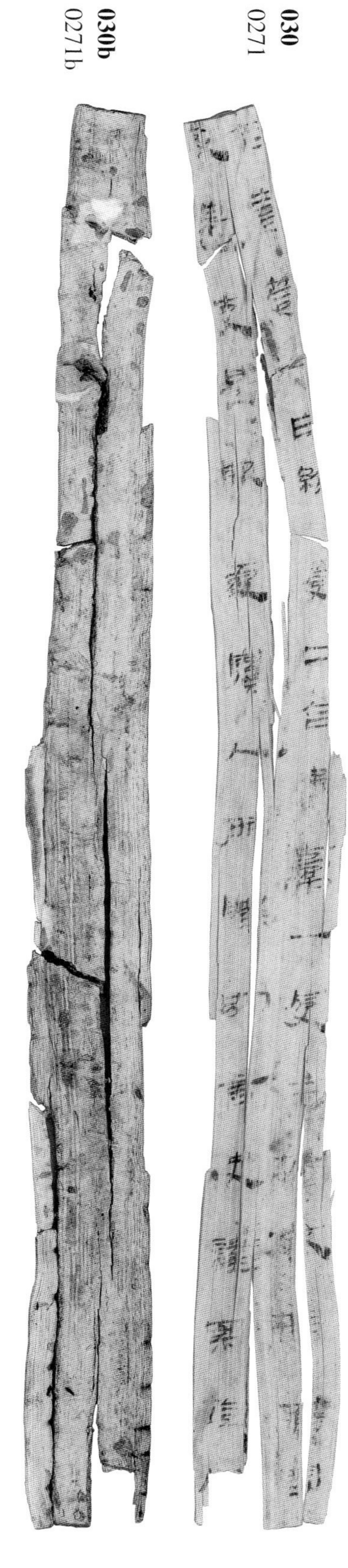

030 0271

030b 0271b

合青笥一、白綄受二合，韋橐一受二，校不相應。問
故。遣吏是服，處實入所，牒別言夬（決）。謹案監□

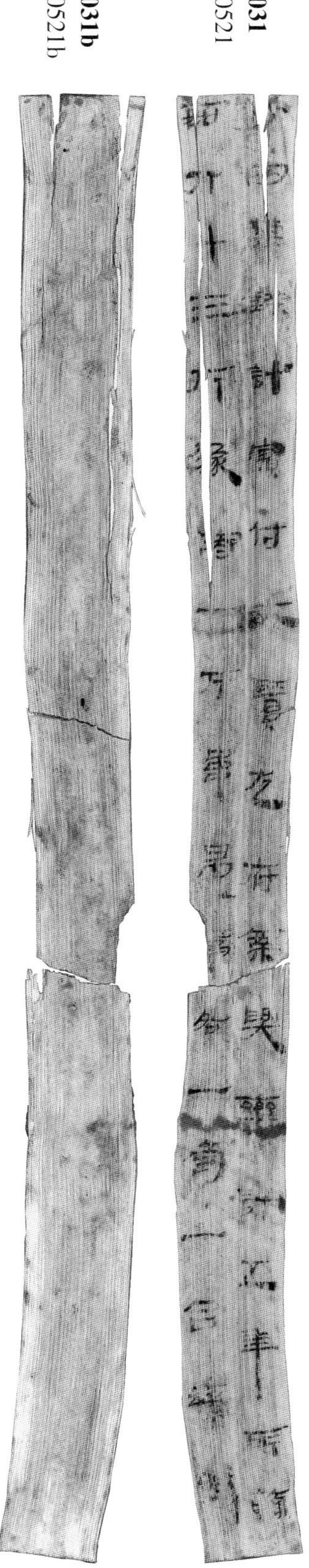

031 0521

031b 0521b

少内禁錢計實付大（太）醫左府乘與藥計。五年所輸
茹卵十三斤，象骨一斤，韋、帛乚橐各一，笥一合，縑織

032
0527

032b
0527b

一。六年茹卯十三斤，象骨一斤，韋橐一，筩一合，縑織一，大（太）醫報計六年并爲校。少内佐監主治六年

033
0297

033b
0297b

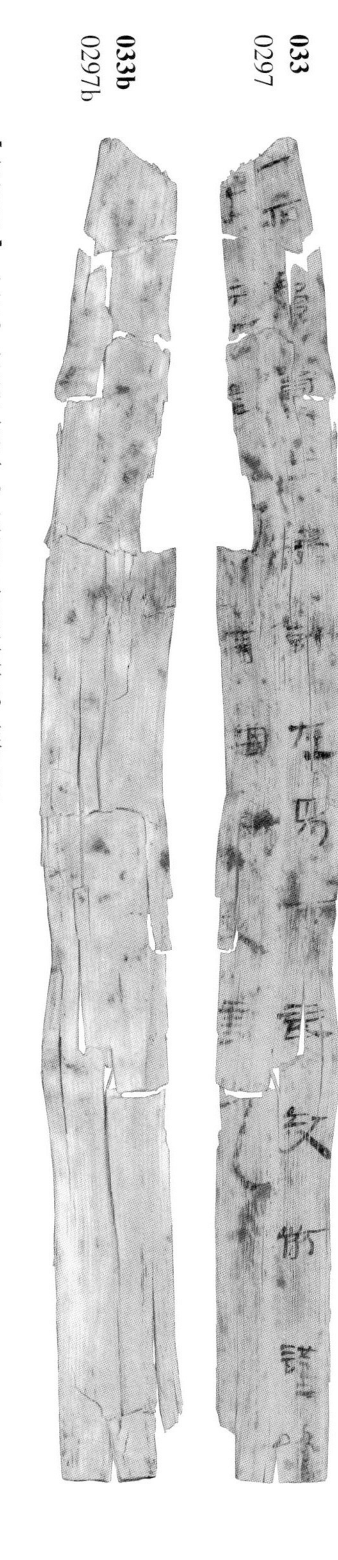

【輸茹卯】一石，韋橐二弗計。在四月丙辰赦前，謹以☐

【謬書上】謁，元年謁言相府。敢言之。

034
0504

034b
0504b

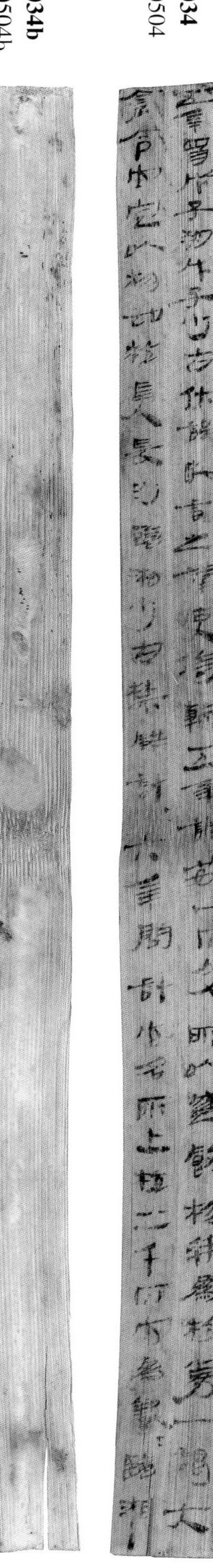

五年四月戊子朔戊子，少内佐誤[十五]敢言之：謹使倚輸五年調茹一石及所以盛飭物并校券一，謁大（太）倉。今官定以物如校，受長沙臨湘少内禁錢計，計六年。問計官名所上校二千石官爲報，報臨湘

035
0501

035b
0501b

上校長沙内史府。敢言之。·四月辛卯，臨湘令越、都水丞摩行丞事移大（太）倉。／令史賀。

七月壬辰，大（太）倉章告右下真券，受爲報。如律令。／令史中·第·□□

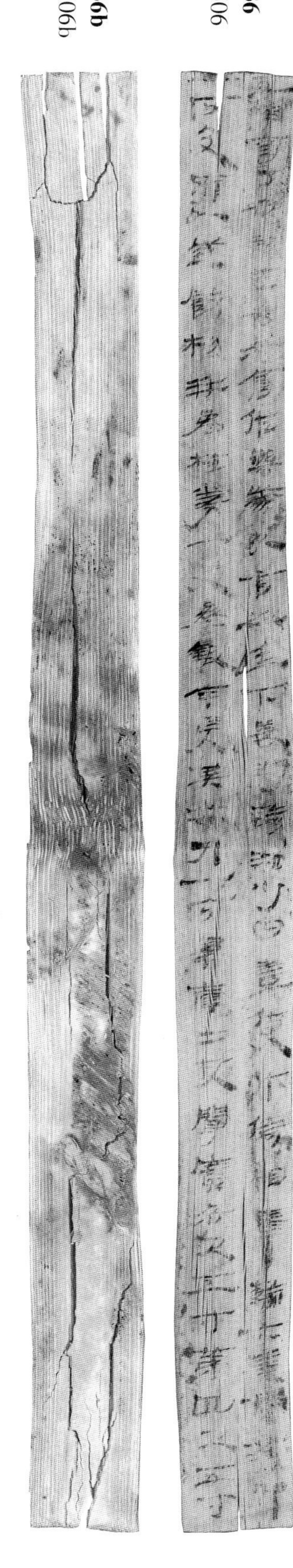

036
0506

036b
0506b

五年六月丁亥朔壬辰[十六]，右倉佐樂歲[十七]敢言之。廷下長沙臨湘少内：謹使佐倚相奉輸六年調茹卵一石及所以盛飭物并爲校券一，受爲報。今受其茹卵一石，韋橐二枚，聶廣各尺五寸，袤四尺五寸。

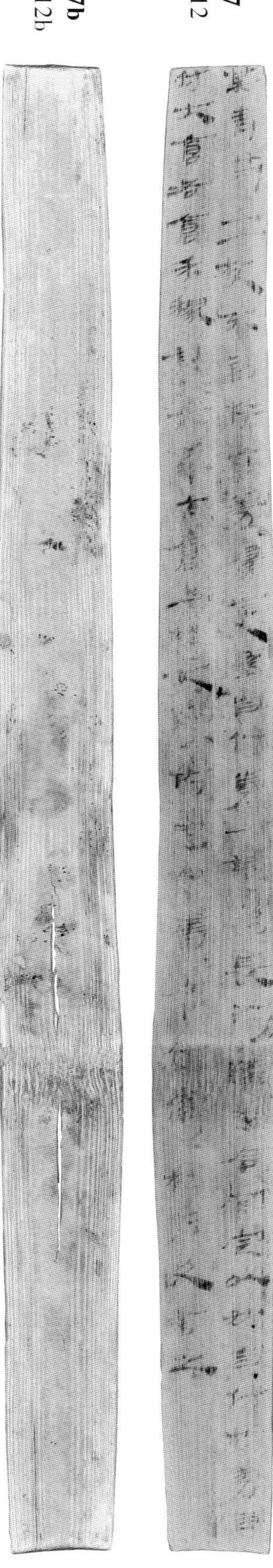

037
0412

037b
0412b

其青笥二枚不到，并真券書[十八]更爲自付券一，謁移長沙臨湘，令官定以如自付校券，自付大（太）倉右倉禾稼計，其六年大（太）倉上校大農[十九]府，它如書，書令佐倚相校。敢言之。

038
0618

038b
0618b

五年四月戊子朔戊子，少內佐誤敢言之：謹使佐倚相輸五年調茹卵
十三斤、象骨一斤大（太）醫及所以盛飭物并爲校券一，謁關內史府，移少

039
0067

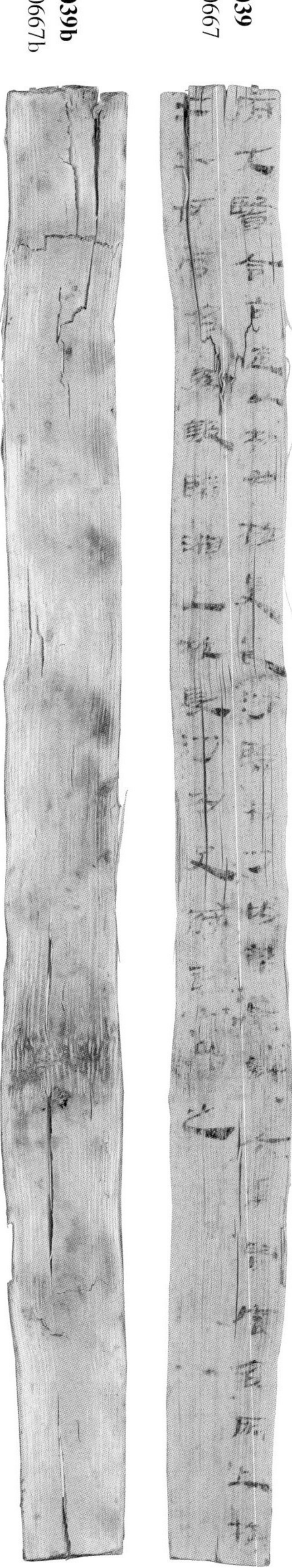

039b
0067b

府大（太）醫，令官定以物如校，受長沙臨湘少內禁錢計。六年問。官名所上校
二千石官名爲報，臨湘上校長沙內史府。敢言之。

040
0638

040b
0638b

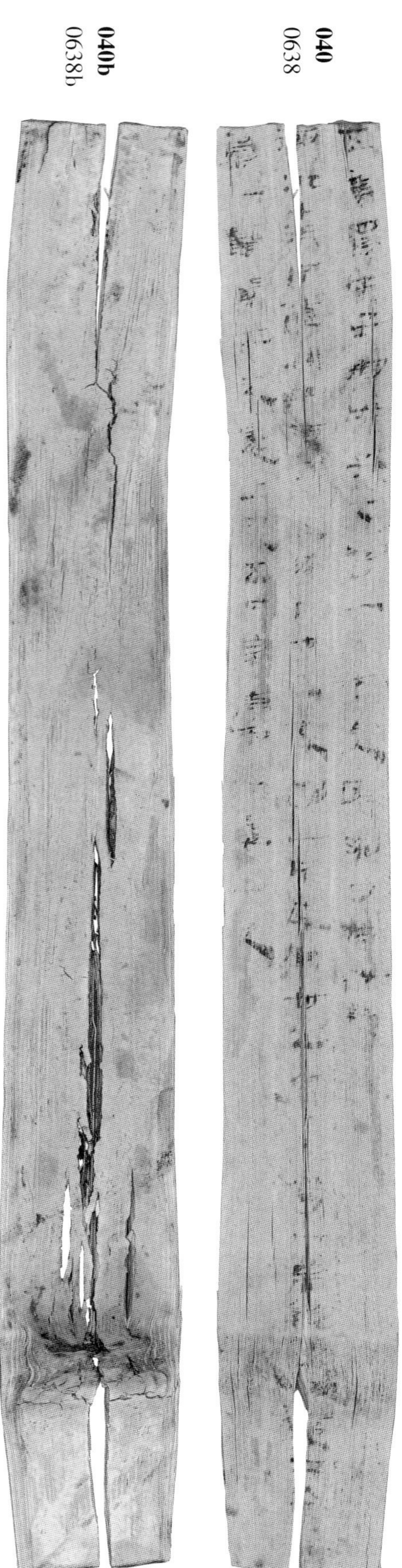

五年四月戊子朔戊子，大（太）醫入所官受臨湘少内佐誤

茹卯十三斤直（值）錢四百五十五，率斤卅五，象骨一斤，直（值）錢卅五，橐笥一，帛繞□□衺二丈二尺，韋

橐一，聶（攝）廣二尺、衺二尺五寸，帛橐一，衺二尺

041
0187

041b
0187b

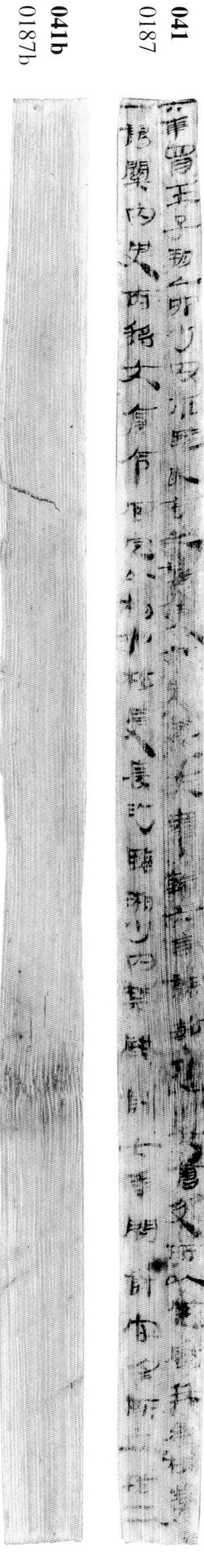

六年四月壬子朔乙卯[二十]，少内佐監敢言之：謹使令史農夫奉輸六年調茹卯一石大（太）倉所以盛餝并爲校券

一，謁關内史府移大（太）倉，令官定以物如校，受長沙臨湘少内禁錢，計六年，問計官名所上校二

042
0201

042b
0201b

千石官爲報。臨湘上校内史府。敢言之。四月乙卯，臨湘丞尊[二十一]敢言之。謹書問□□移大（太）倉。敢言之。／令

史倚相

043
0507

043b
0507b

四月乙卯，長沙内史齊客，南山長行守丞移大（太）倉。丿卒史擴、書佐丙

六月癸亥，大（太）倉令正里、丞萬年謂右倉下真券一，以律令從事。丿令史福

044
0508

044b
0508b

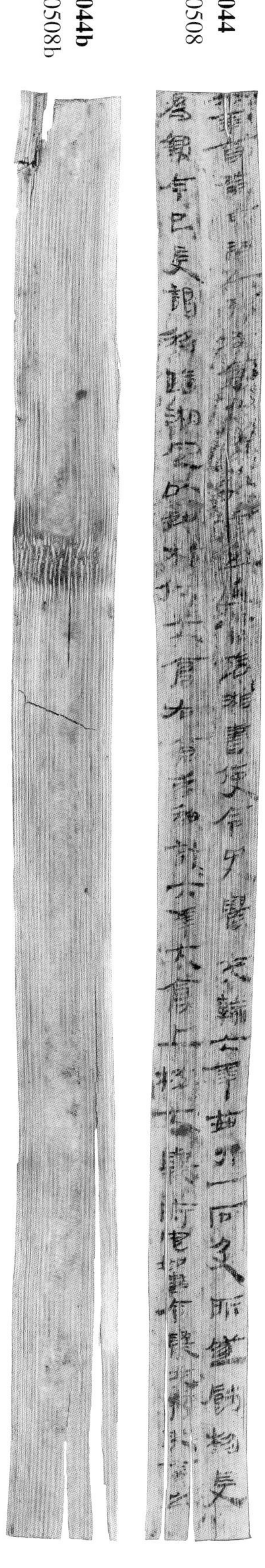

六年六月癸亥朔乙亥，右倉佐□敢言之：廷下臨湘書：使令史農夫輸六年茹卵一石及所盛飭物，受

爲報。今已受，謁移臨湘。定以如校付大（太）倉右倉禾稼計。計六年，大（太）倉上校大農府。它如書。令農夫校。敢言之。

045
0697

045b
0697b

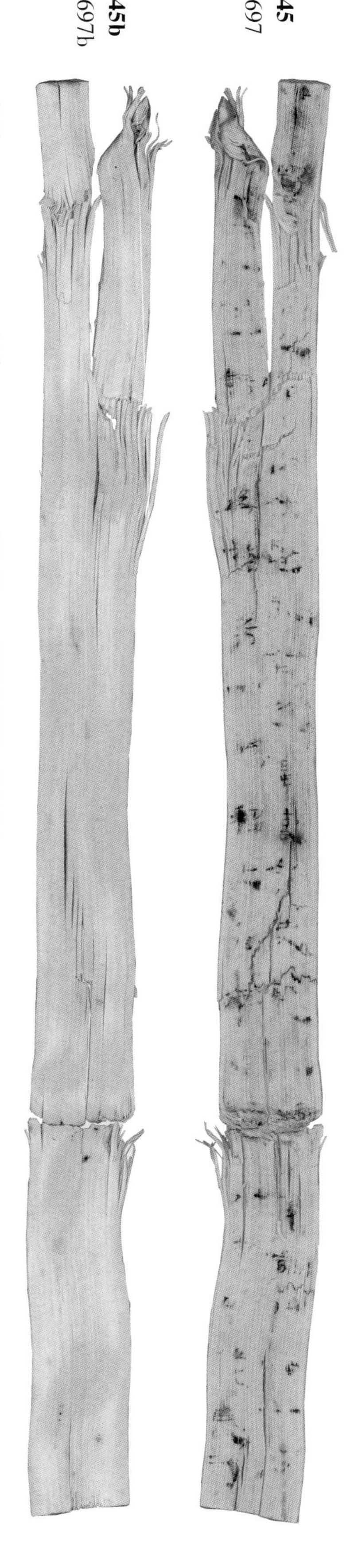

六年四月壬子朔乙卯，少内佐堅敢言之。謹使令史農夫輸六年調茹卵一石

大（太）倉所以盛飭并爲校券一，謁移大（太）倉，令官定以物如校。受長沙

046 0644

046b 0644b

□□大（太）倉。令官定以物爲校受長沙臨湘少內禁錢計。計六年，問計官名所

上校二千石官爲報。臨湘上校長沙內史府。敢言之。

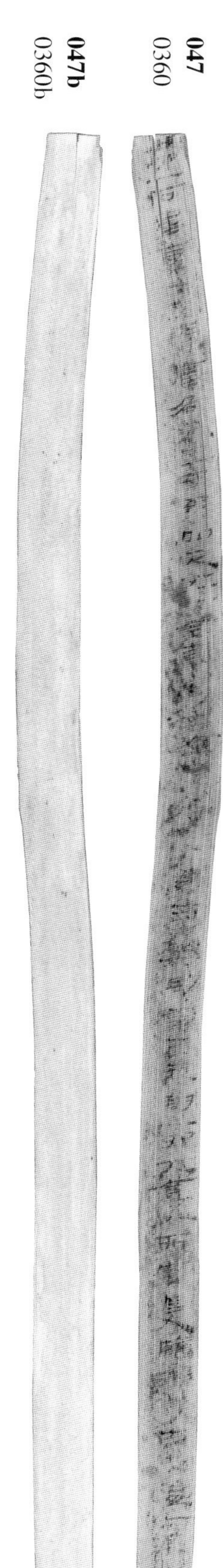

047 0360

047b 0360b

如卯一石、韋橐二枚、聶（攝）廣各尺五寸、袤四尺五寸、合青笥二合□□□□□□□□六年四月壬辰朔乙卯，大（太）倉入所官受臨湘少內佐監六年調

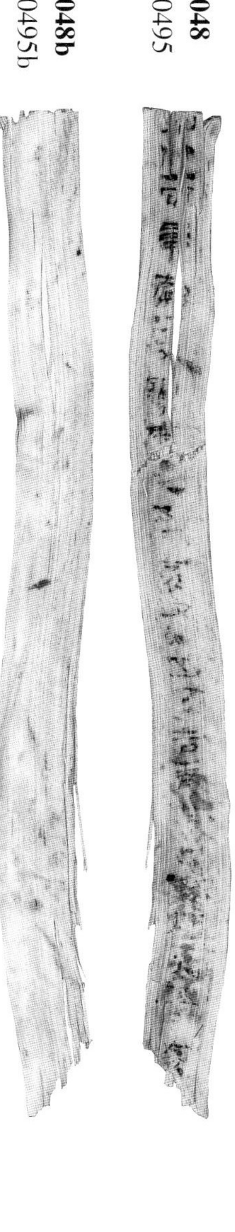

048 0495

048b 0495b

如卯一石、韋橐二枚、聶（攝）廣尺五寸、袤四尺五寸，合青笥二合，廣尺五寸，袤☐

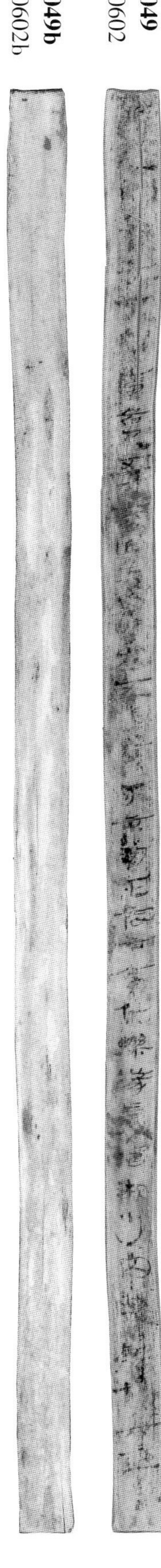

049 0602

049b 0602b

茹卯一石，韋橐二枚，聶（攝）廣各尺五寸、袤四尺五寸。在五年六月丁亥朔壬辰，右倉佐樂歲受臨湘少內禁錢計。計六年

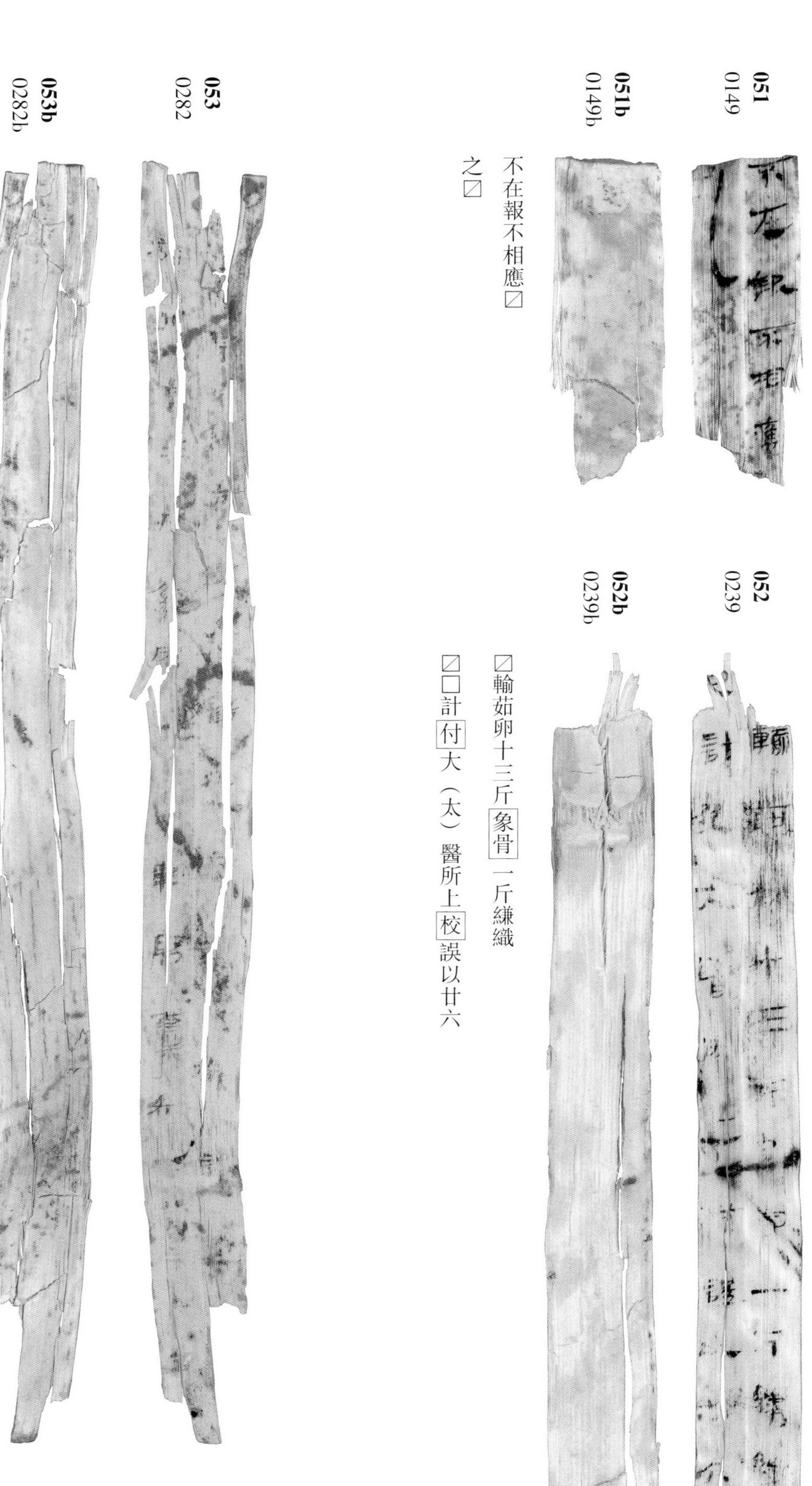

050 0603

050b 0603b

茹卵一石，韋橐二枚。聶廣各尺五寸、袤四尺五寸……大（太）倉入所官受臨湘少內誤六年調

051 0149

051b 0149b

不在報不相應☒

之☒

052 0239

052b 0239b

☒輸茹卵十三斤象骨一斤縑纖

☒□計付大（太）醫所上校誤以廿六

053 0282

053b 0282b

……☒

茹卵十三斤，象骨一斤，韋帛橐各一，笥一合□

054
0304

054b
0304b

石乚韋橐二，六年茹卵一石乚韋橐☑

計六年并爲校，少內佐堅主治六☑

055
0329

055b
0329b

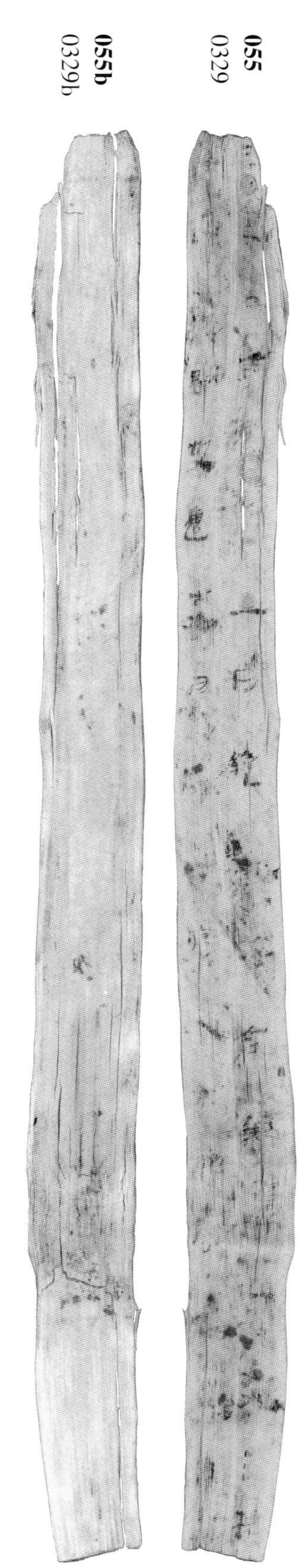

□□□合青笥一、白綄，受二合，韋橐一，受三，校

不相應，問故？遣吏是服，處實入……

056
0331

056b
0331b

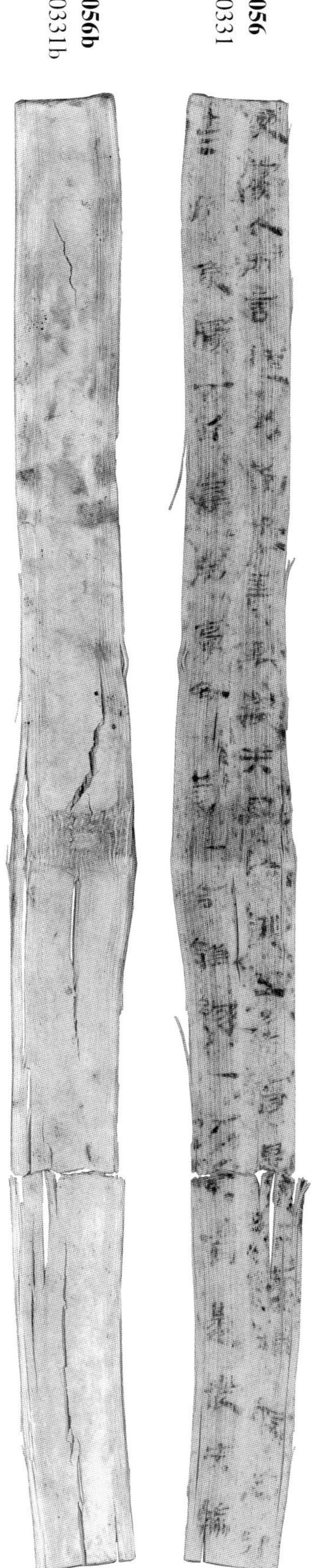

處實入所言。□□□□書與農夫□。臨湘五年六月遣佐倚相輸茹卵

十三斤、象骨一斤、韋乚帛橐各一，笥一合，縑織一。六年六月遣農夫輸

057
0333

057b
0333b

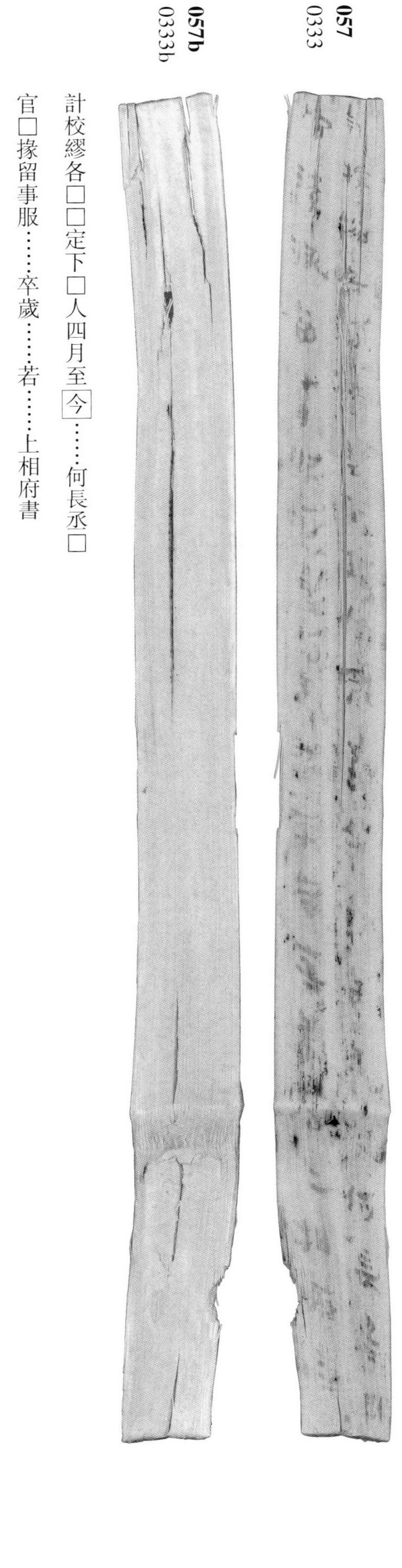

計校繆各□□定下□人四月至今……何長丞□

官□掾留事服……卒歲……若……上相府書

058
0356

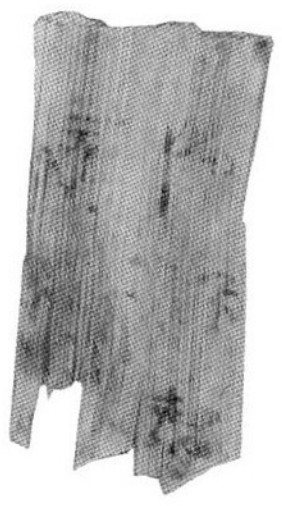

058b
0356b

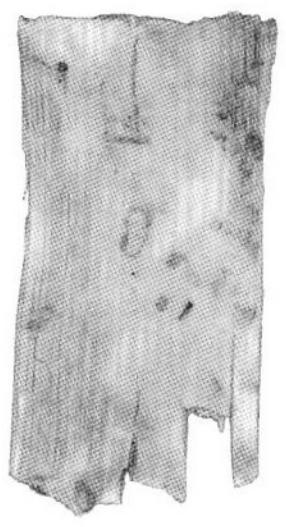

☐陽□智（知）☐

☐券□☐

059
0356-1

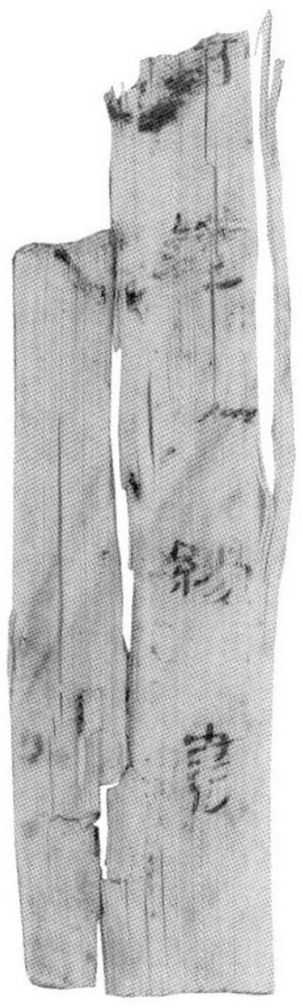

059b
0356-1b

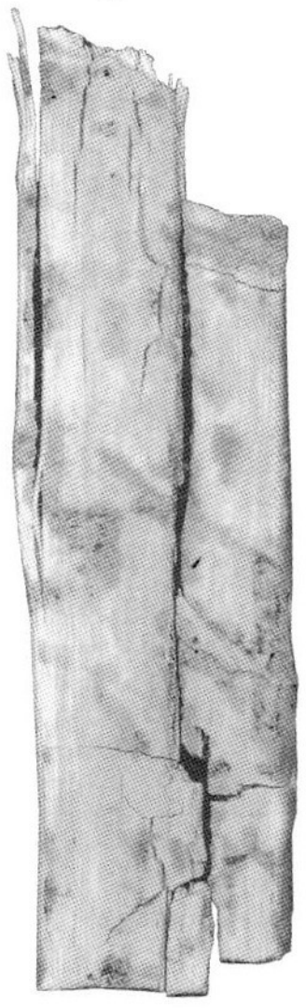

☐前謹以繆書

☐□……☐

060
0367

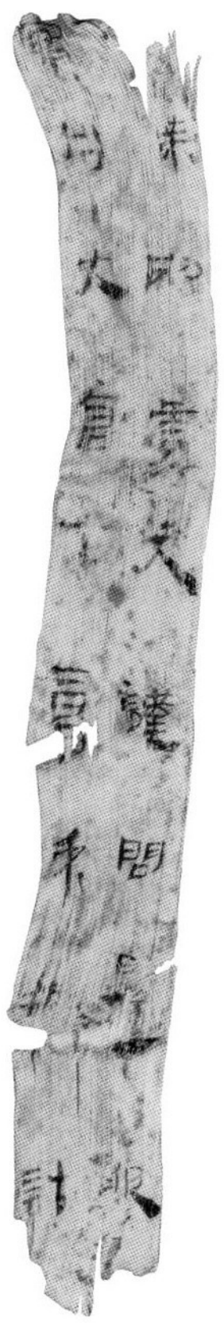

060b
0367b

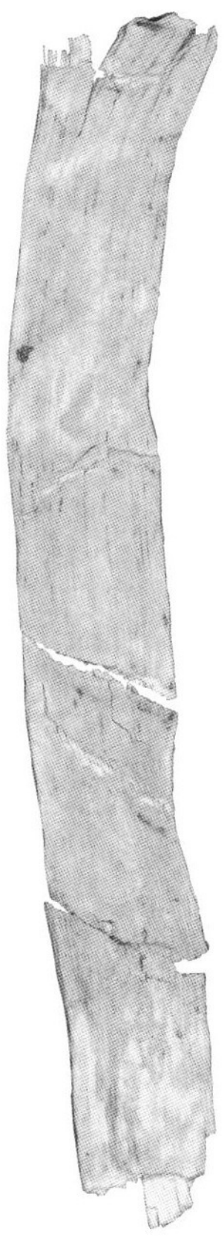

☐牒別言夬（決）謹問是服☐

☐實付大（太）倉右倉禾稼計☐

061
0371

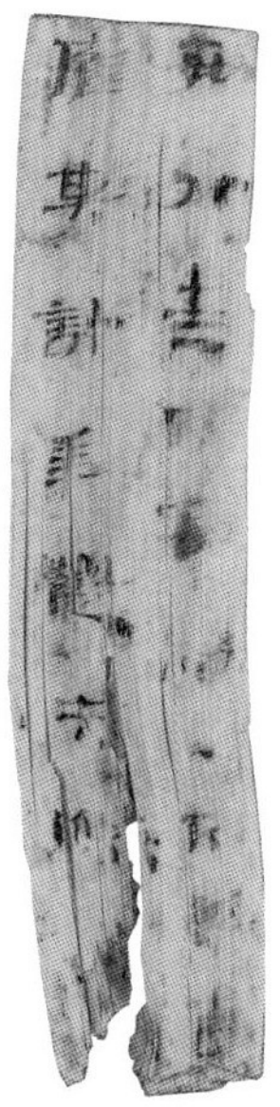

061b
0371b

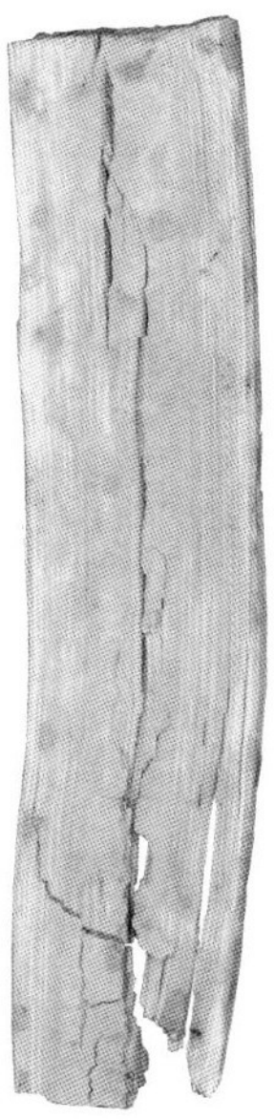

茹卯十三斤象骨一斤韋橐☐

雁（應）其計年農夫□□☐

062
0431

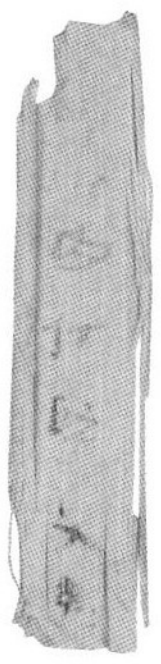

062b
0431b

☐少內佐堅史□☐

063
0443

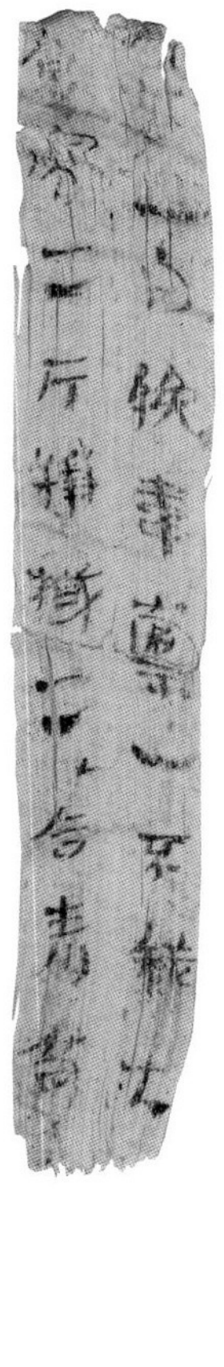

063b
0443b

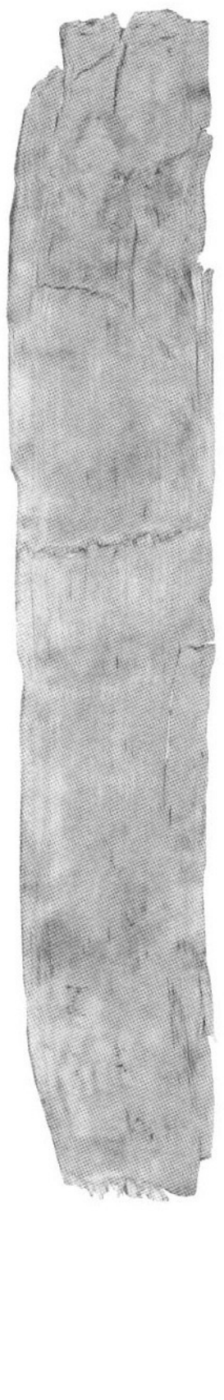

☐□□一白繞韋橐一不智（知）大☐

☐象骨二斤縑纖二ㄥ合青笥☐

064
0526

064b
0526b

□□故謹使令史農夫是服處，舉校□券書謁關内史

府移少府令大（太）醫聽舉從事處實入所定坐者名狀□

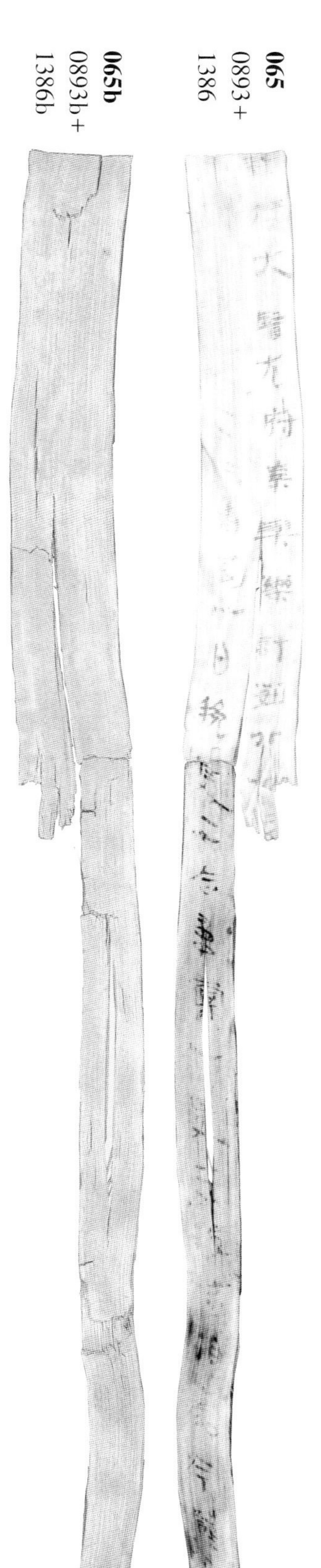

065
0893+
1386

065b
0893b+
1386b

計付大醫左府乘與樂（藥）計茹卯十三☐

……受二合青笥一白綄□受二合韋槖一受三校不相應今謹□

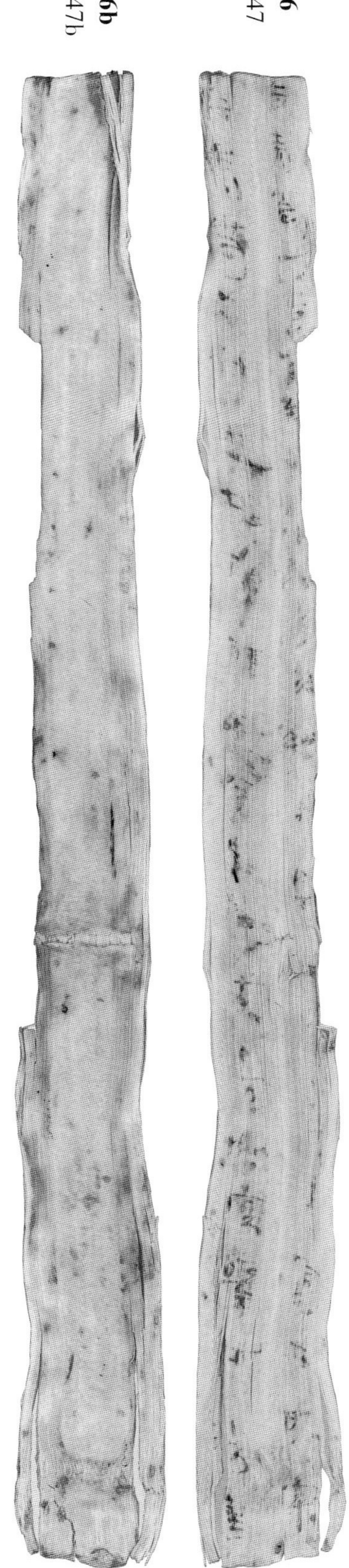

066
0847

066b
0847b

合青笥二合……所案

合青笥二付出相應謹使令史農夫是服，寫舉校券書

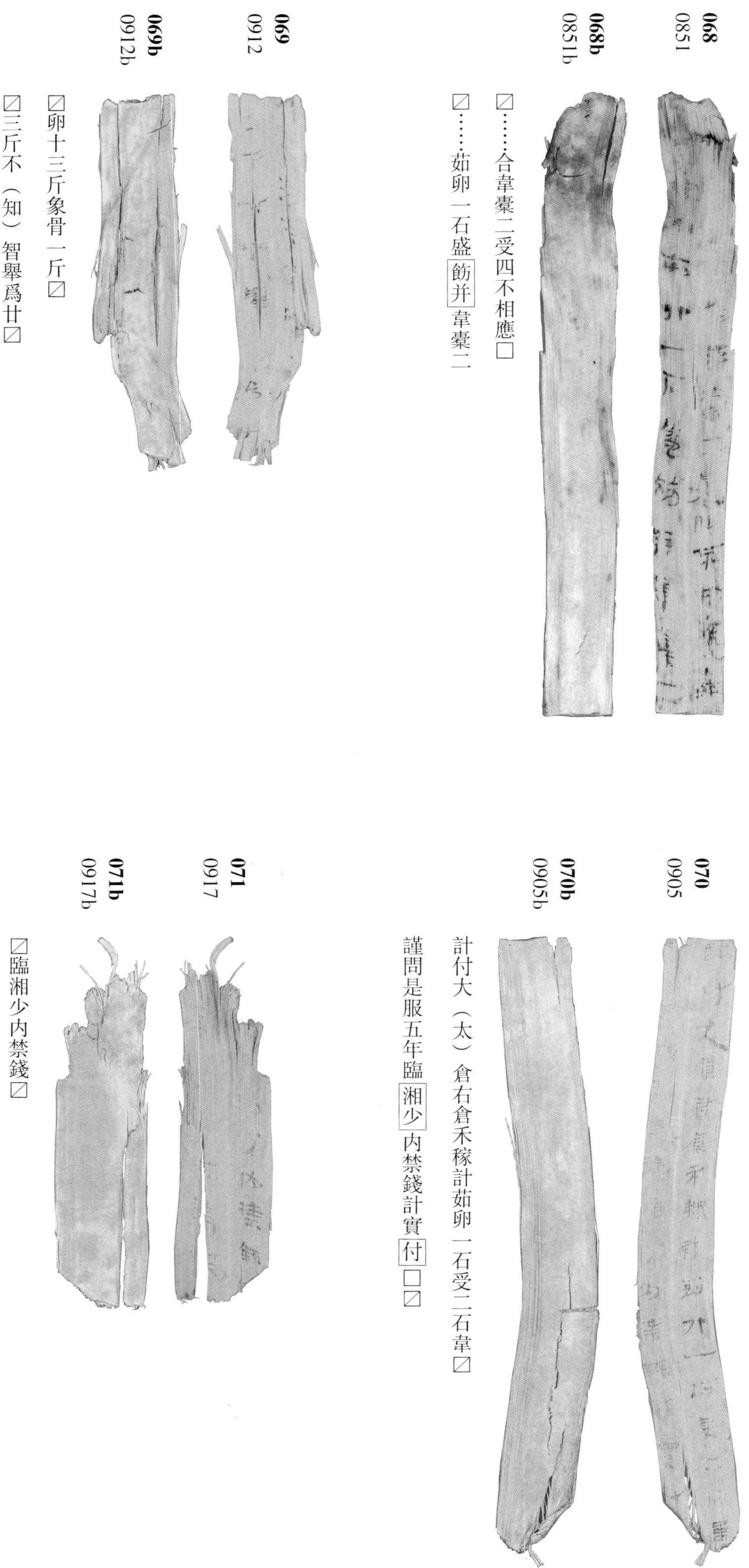

067 0136
067b 0136b

謁關內史府移大（太）倉，令官聽與從事，處實入所當坐者
名，繆邮不在。報不相應，免，具移其書予農夫□臨湘□□

068 0851
068b 0851b

☐……合韋橐二受四不相應□
☐……茹卵一石盛飭并韋橐二

069 0912
069b 0912b

☐卵十三斤象骨一斤☐
☐三斤不（知）智舉爲廿☐

070 0905
070b 0905b

計付大（太）倉右倉禾稼計茹卵一石受二石韋☐
謹問是服五年臨湘少內禁錢計實付□☐

071 0917
071b 0917b

☐臨湘少內禁錢☐
☐韋橐一合青笥☐

072 1127
072b 1127b

☒卯一石韋☒

073 1660
073b 1660b

付大（太）倉右倉禾☒
茹卯一石受二石一☒

074 0627
074b 0627b

笥一合

075 0500
075b 0500b

□□□□大（太）倉令正里移長沙內史ノ令史樂歲☒
七月乙酉長沙內史齊客丞□謂臨湘趣言史毋留ノ卒史當□佐解□☒

076
2283

076b
2283b

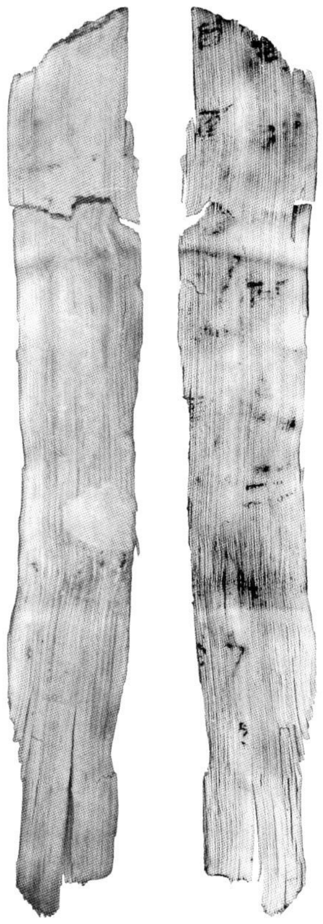

☒茹卵一石受二……☒

☒……☒

077
2288

077b
2288b

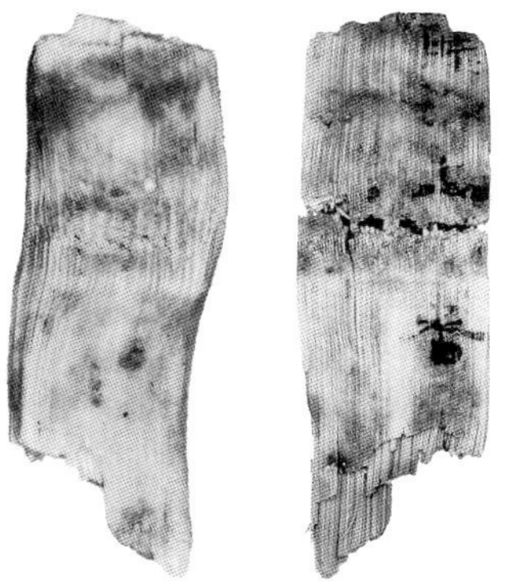

☒牒上丞☒

078
2371

078b
2371b

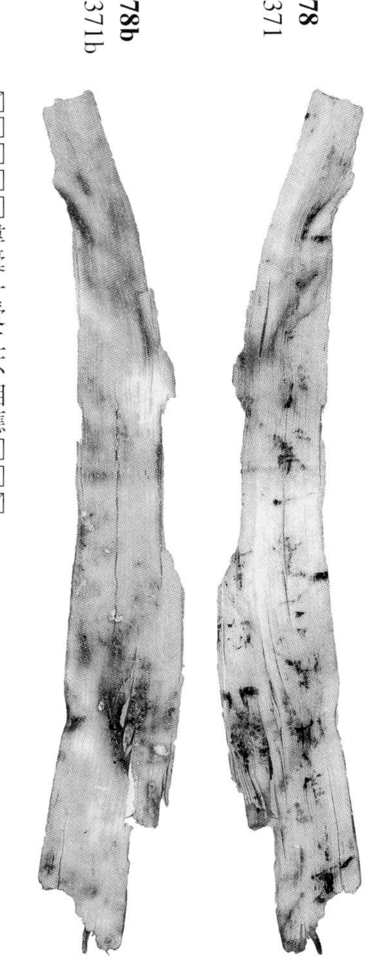

☒□□□□韋橐一受二不相應□□☒

☒……卵……☒

注釋：

〔一〕七年二月戊申朔壬戌：前122年七月十五日。七年爲長沙王劉庸七年，爲漢武帝元狩元年（前122）。壬戌，爲十五日。

〔二〕乙亥：爲二十三日。

〔三〕服：據文意擬補的脱文。

〔四〕己丑：爲二十三日。

〔五〕斷句參看《里耶秦簡·貳》。

〔六〕根據文意及圖版，此處當釋爲『處實』，如實之意。《居延新簡》簡317.6：『書到，拘校處實，牒別言。遣尉史弘齎。』

〔七〕聶：通攝。《説文解字注》：『引持也，謂引進而持之也。』

〔八〕五：根據文意擬補的脱文。

〔九〕乙酉：爲十日。

〔十〕齊客，人名。尊，人名。

〔十一〕當，人名。膞來，人名。

〔十二〕庚寅：爲十六日。

〔十三〕夬：通決，斷也，判也。《禮·曲禮》：『夫禮者，所以定親疏、決嫌疑。』

〔十四〕寅：人名。

〔十五〕誤：人名。

〔十六〕壬辰：爲六日。

〔十七〕樂歲：人名。

〔十八〕真券書，正本原件券書。自付券，定官名之後換成新的自付券。

〔十九〕大農：漢中央大農。《漢書·百官公卿表》：『治粟内史，秦官，掌穀貨，有兩丞。景帝後元年更名大農令，武帝太初元年更名大司農。屬官有太倉、均輸、平準、都内、籍田五令丞，斡官、鐵市兩長丞。又郡國諸倉農監、都水六十五官長丞皆屬焉。……初，斡官屬少府，中屬主爵，後屬大司農。』

〔二十〕乙卯：爲四日。

〔二十一〕尊：人名。

079
0707

080
2019

081
0544

082
0514

083
0513

084
0396

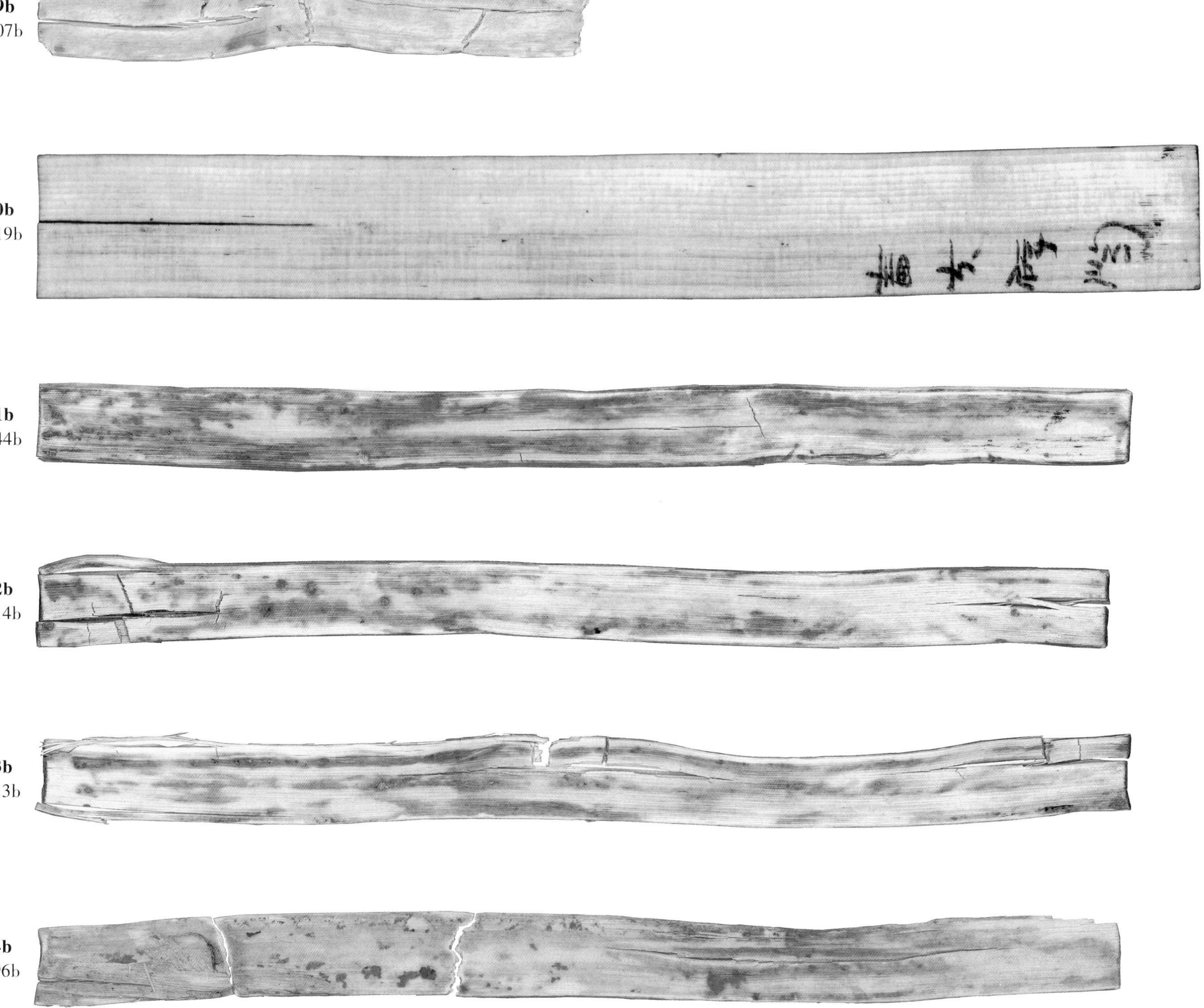

079b 0707b

080b 2019b

081b 0544b

082b 0514b

083b 0513b

084b 0396b

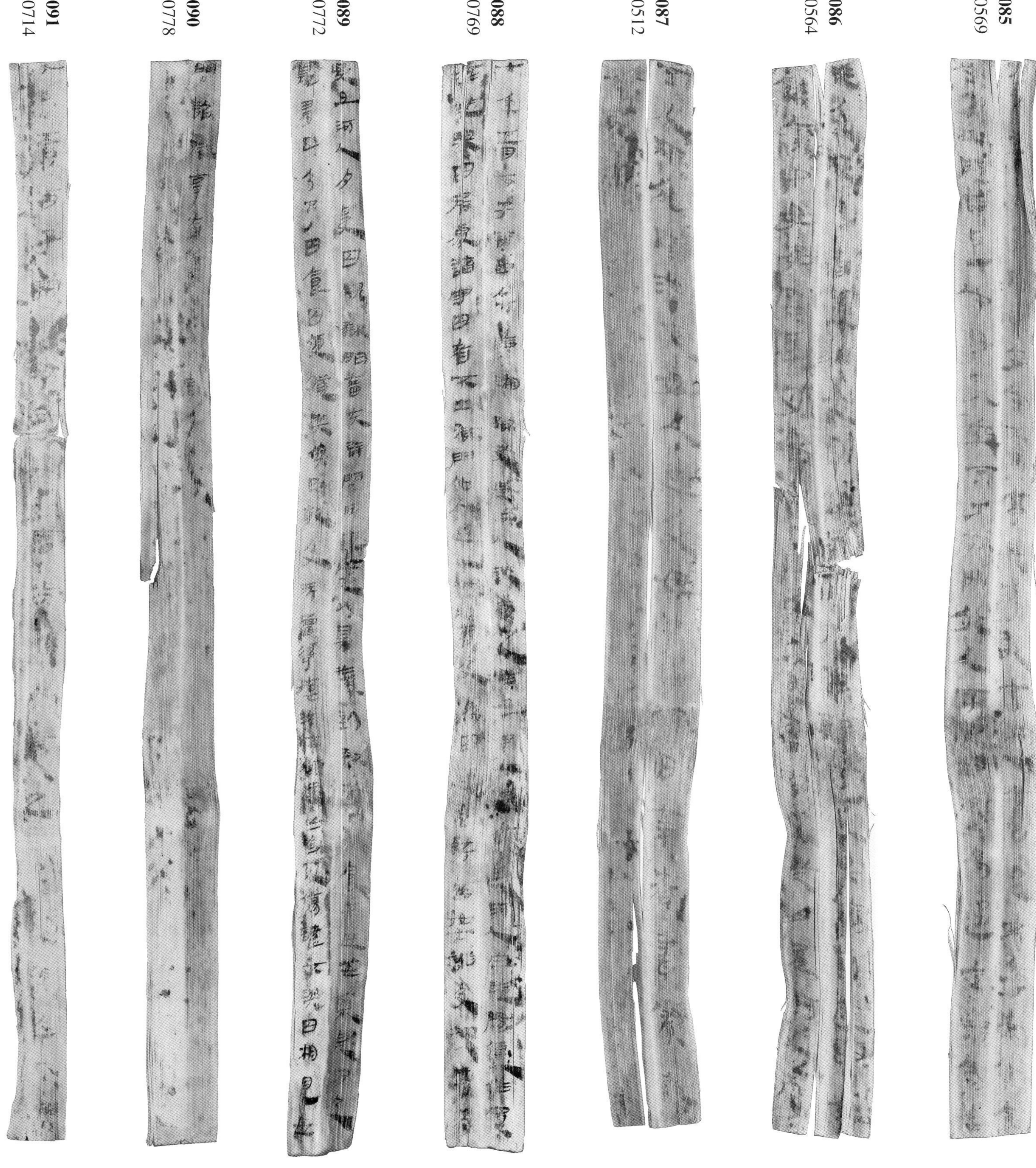

085 0569

086 0564

087 0512

088 0769

089 0772

090 0778

091 0714

085b 0569b

086b 0564b

087b 0512b

088b 0769b

089b 0772b

090b 0778b

091b 0714b

092 0566

093 0563

094 0561

095 0312

096 1801

097 1804

098 0753

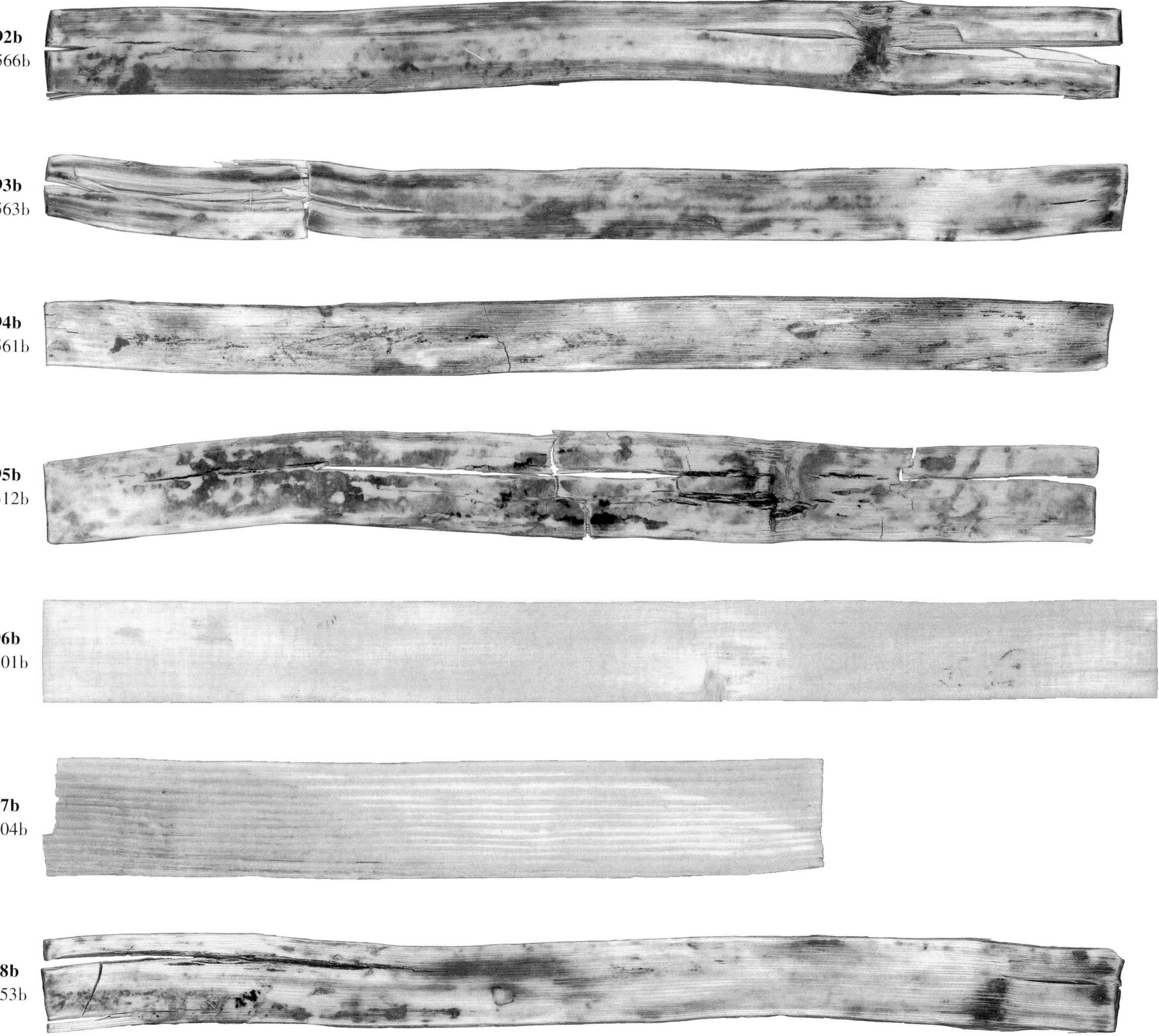

092b 0566b

093b 0563b

094b 0561b

095b 0312b

096b 1801b

097b 1804b

098b 0753b

099 0617

100 0567

101 0771

102 0551

103 0419

104 0882

105 0418

099b 0617b

100b 0567b

101b 0771b

102b 0551b

103b 0419b

104b 0882b

105b 0418b

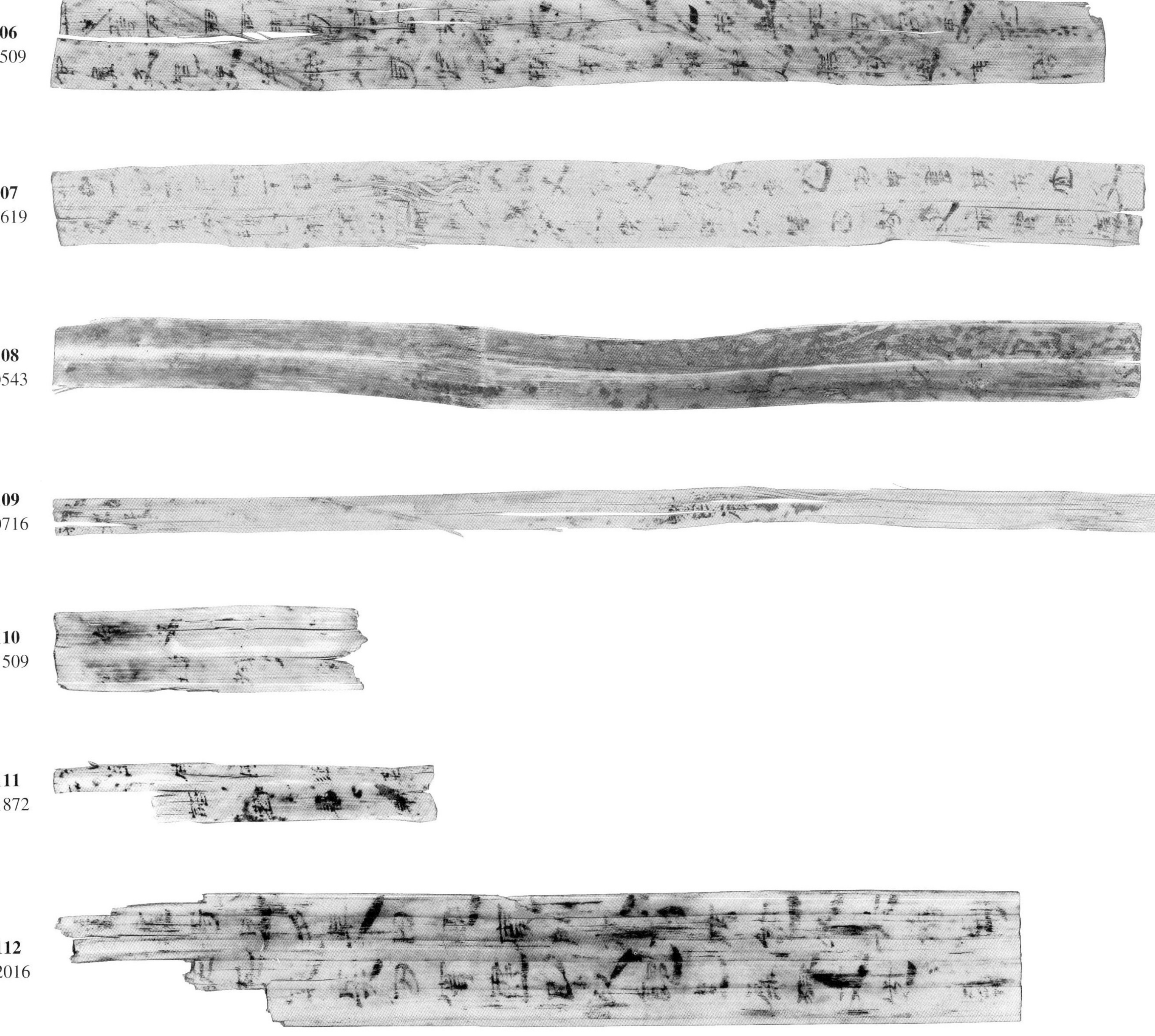

106 0509

107 0619

108 0543

109 0716

110 1509

111 1872

112 2016

106b 0509b

107b 0619b

108b 0543b

109b 0716b

110b 1509b

111b 1872b

112b 2016b

079 0707

七年五月丙子朔壬辰[一]，治移[二]長沙内史[三]卒史□☐

079b 0707b

卒守治囚者不出獄門及見人與言語爲☐

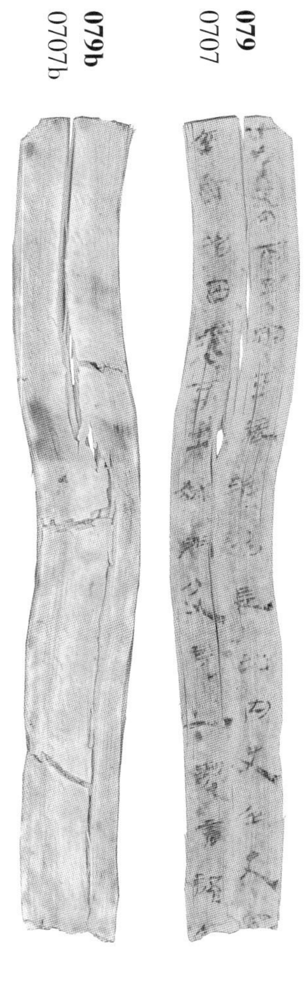

080 2019

七年五月丙子朔癸巳[四]，守獄門臨湘安陽嗇夫辟閭敢言之：壬辰盡其夜，常宿食牢獄門，諸主守囚吏卒不出[五]

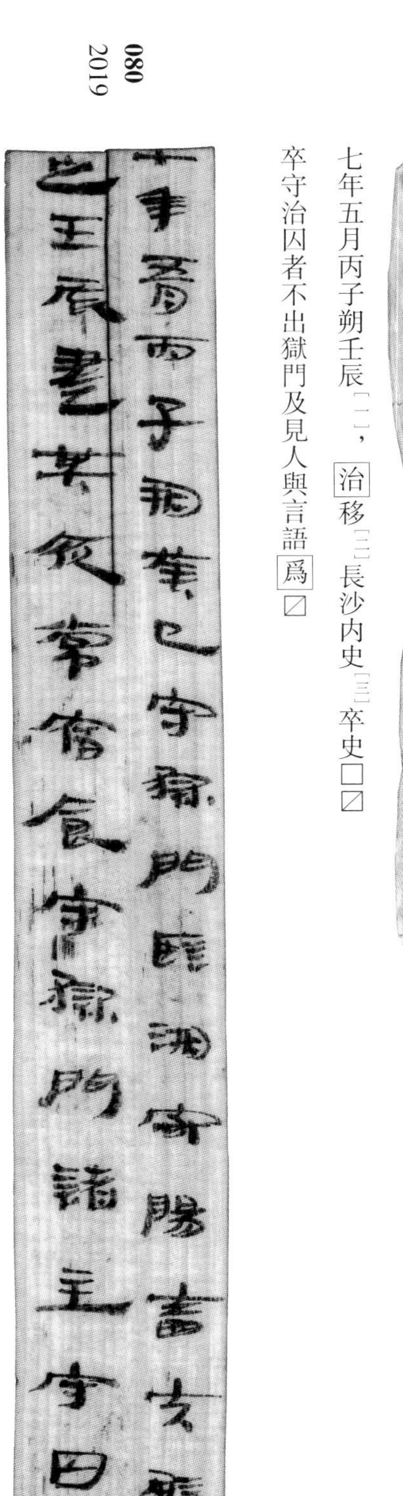

080b 2019b

（背面）嗇夫辟閭

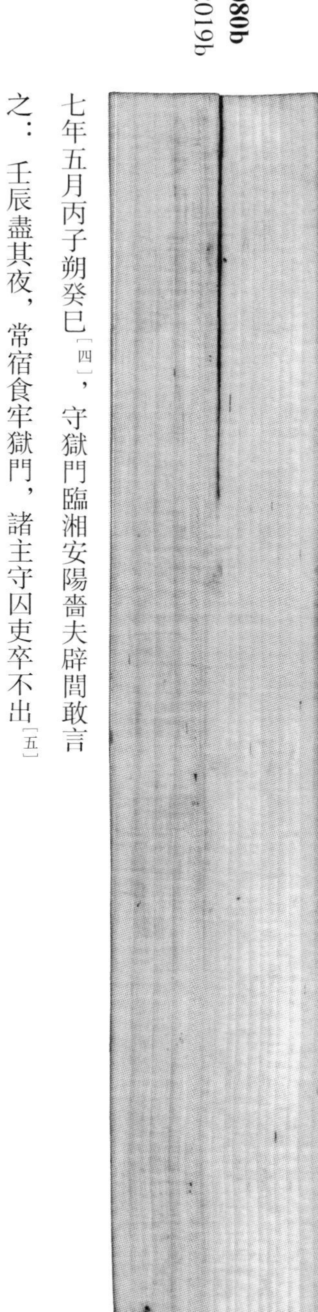

081 0544

七年五月丙子朔甲申〈午〉[六]，令史□敢言之：癸

081b 0544b

巳夜案行廷獄周桓（垣）[七]，城外到城東門，毋（無）人

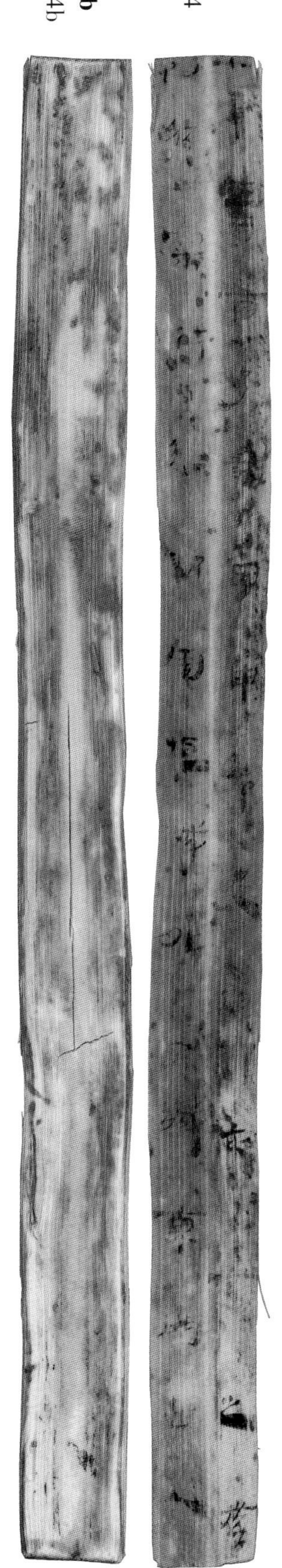

紅外綫圖版

082 0514

082b 0514b

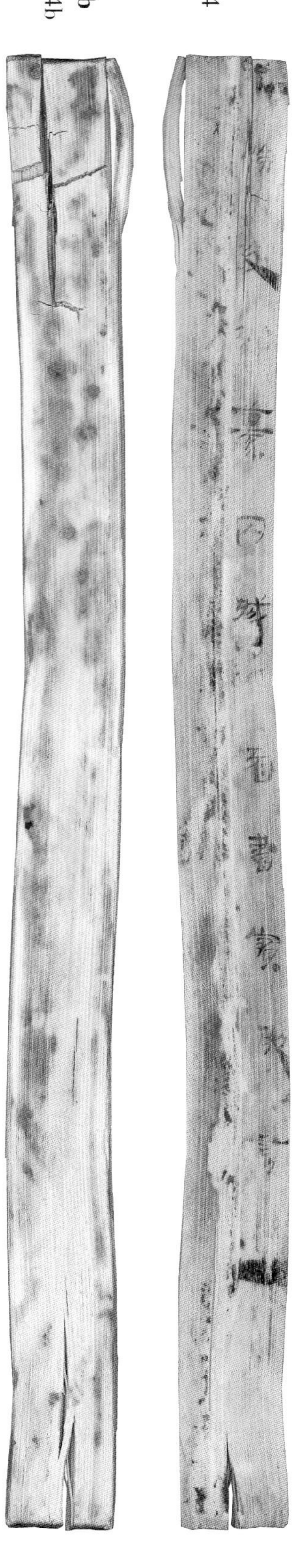

從（蹤）跡及欲纂〈篡〉囚城者[八]。書實。敢言之。

……

083 0513

083b 0513b

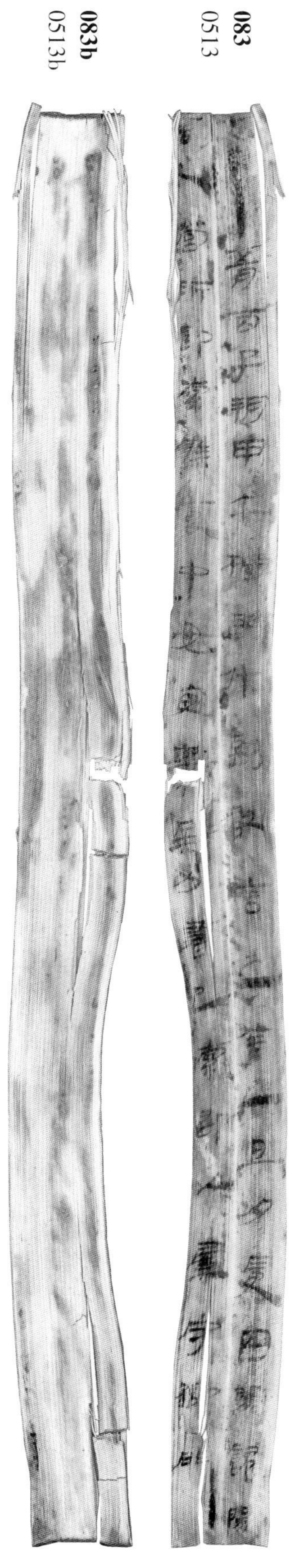

七年五月丙子朔甲午，擴門佐到敢言之[九]：癸巳旦夕受囚陽魄陽

舍人營所[十]，即索餘食中毋（無）毒藥、兵刃、書[十一]。已索。即以屬守獄門[十二]

084 0396

084b 0396b

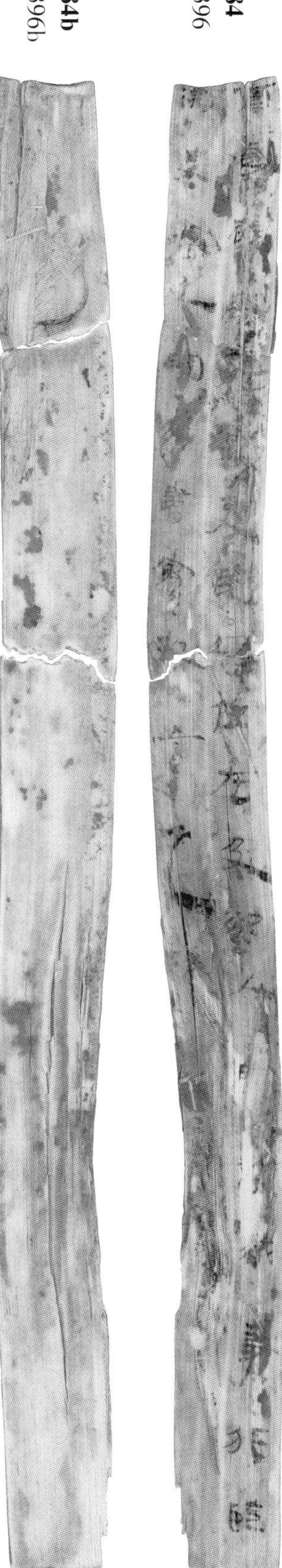

亭长辟閭[十三]。□毋（無）吏民久位在及欲入問詔獄事[十四]。非臨

湘吏毋入門者[十五]。書實。敢言之。

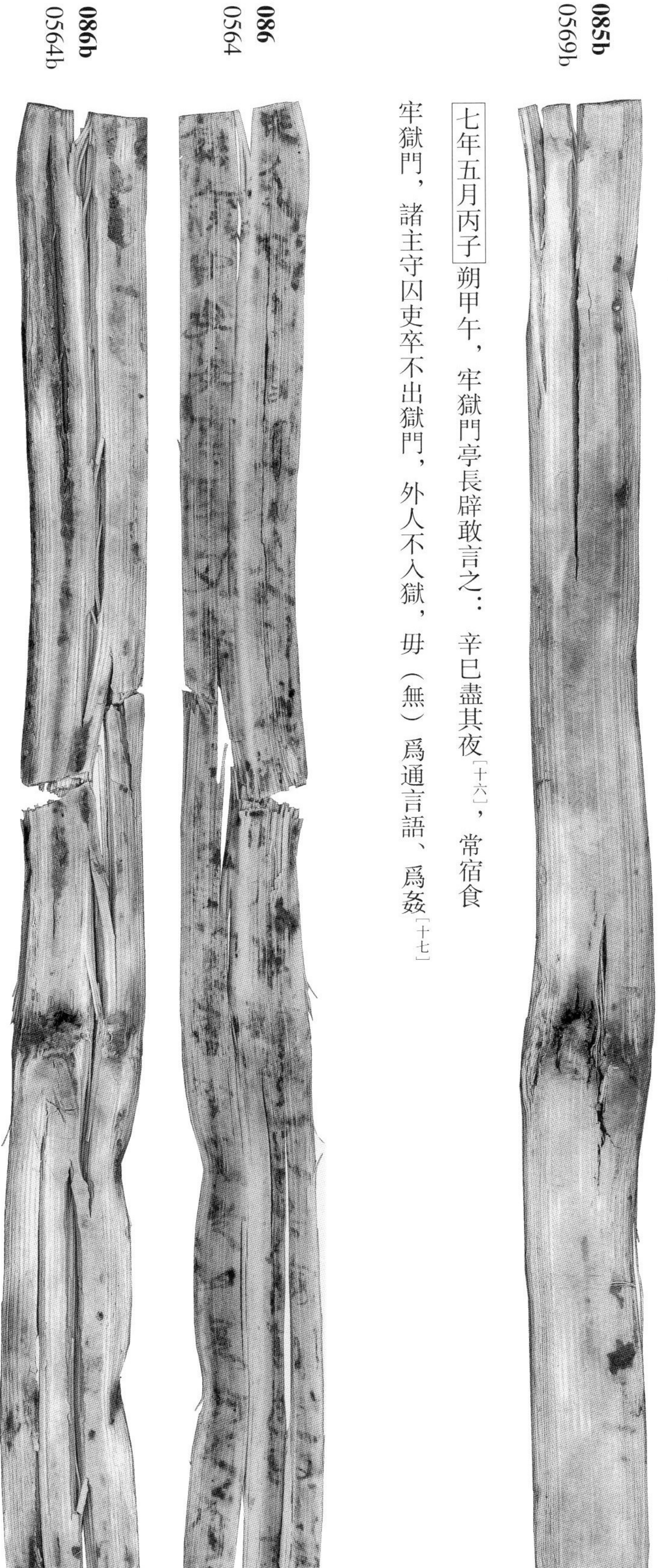

085 0569

085b 0569b

七年五月丙子朔甲午，牢獄門亭長辟敢言之：辛巳盡其夜[十六]，常宿食牢獄門，諸主守囚吏卒不出獄門，外人不入獄，毋（無）爲通言語、爲姦[十七]

086 0564

086b 0564b

詐（詐）及投書者[十八]。旦夕受囚餽擴門佐到所，盛以具檢到廷中[十九]，索餘食中毋（無）毒藥、兵刃、竄書。以餽[二十]旦屬獄史吳，夕屬河人，辟

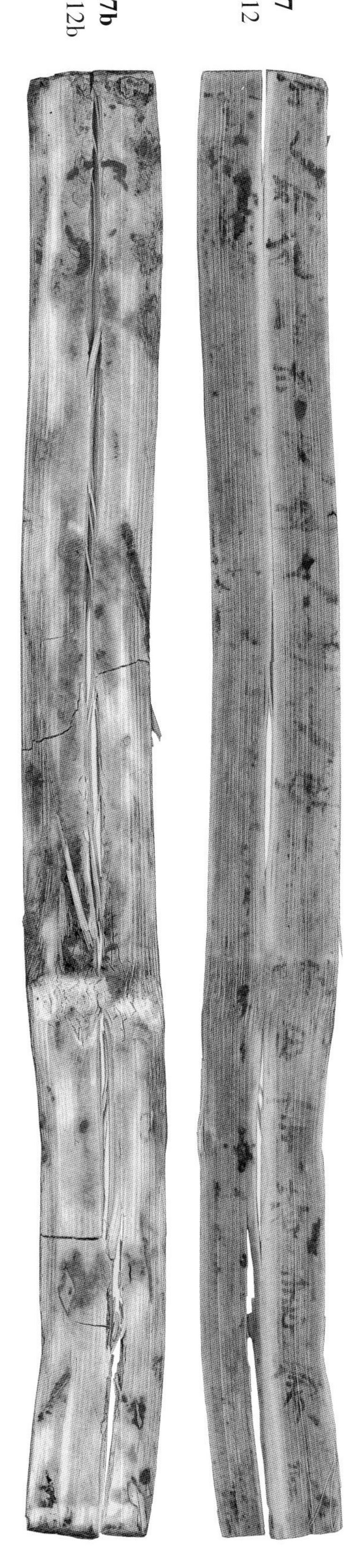

087 0512

087b 0512b

不入獄，非臨湘吏毋（無）入廷及毋（無）問詔獄囚事者。書實。敢言之。

088
0769

088b
0769b

七年五月丙子朔甲午，臨湘獄史吳、河人敢言之：癸巳盡其夜，吳、河人牢監陽復作[二十一]，覆

卒武與囚居處[二十二]，諸守囚者不出獄門，外人毋（無）入獄門者及爲囚通言語、爲姦詐（詐）及投書者。

089
0772

089b
0772b

吳旦、河人夕，受囚餽獄門嗇夫辟閭所。餽盛以具攘〈檢〉到獄。索餘食中毋（無）毒藥、兵刃及

竄書。已。乃予囚食[二十三]。囚復脕（脱）[二十四]，與俱[二十五]。囚毄（繫）及所當得雁（應）法[二十六]，不願〈能〉遂亡[二十七]、自殺傷[二十八]。

證不與囚相見[二十九]，毋（無）

090
0778

090b
0778b

問詔獄事者。書實。敢言之。

091 0714

091b 0714b

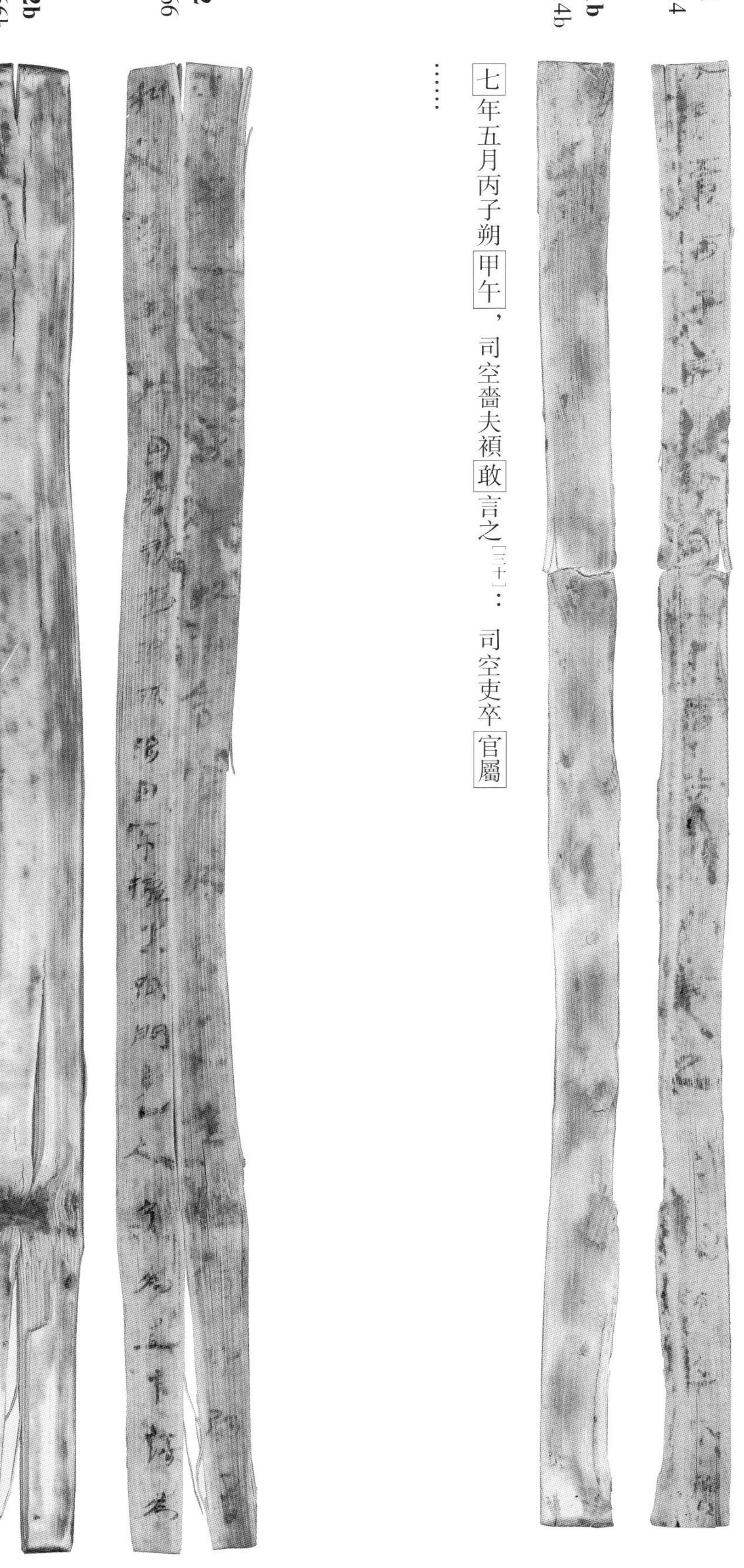

七年五月丙子朔甲午，司空嗇夫禎敢言之[三十]：司空吏卒官屬

……

092 0566

092b 0566b

七年五月丙子朔甲午，臨湘令寅敢言之：□□備中尉[三十一]、丞、

獄史、及卒守囚者皆在治所治囚。不擅出獄門見人及爲通言語，爲

093 0563

093b 0563b

姦，囚不與證相見，囚轂（繫）及所當得應法，不能遂亡、自賊殺傷。囚食中毋（無）

毒藥、兵刃、投書。案[三十二]獄周桓（垣）皆完，毋（無）人【從】（蹤）跡[三十三]，毋（無）問詔獄事。告常宿食廷中

094
0561

094b
0561b

七年五月丙子朔甲午，……敢言之。謹移府書。吳、河
人、獄史……佐朝、……及卒□

095
0312

095b
0312b

七年五月丙子朔乙未[三十四]，守令史□敢言之：甲午夜案行廷獄周
垣，城外到城東門，毋（無）人從（蹤）跡及欲篡囚城者。書實。敢

096
1801

096b
1801b

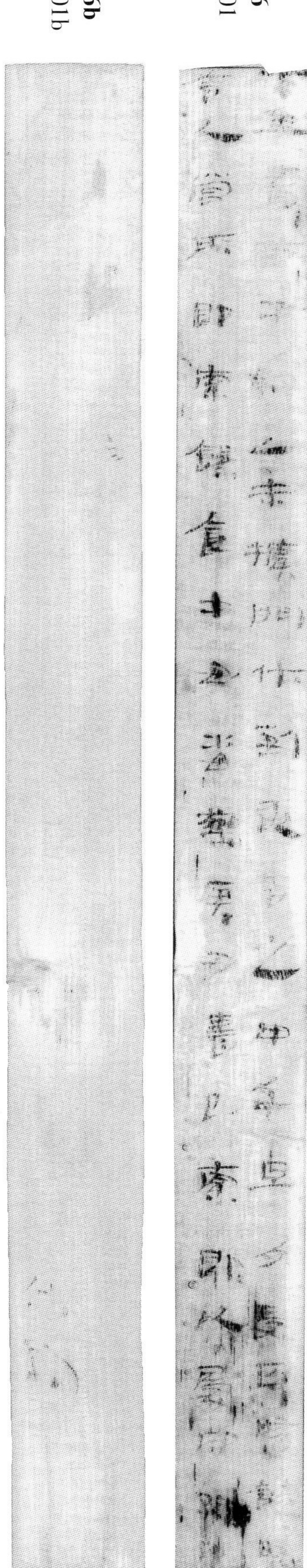

七年五月丙子朔乙未，擴門佐到敢言之：甲午旦夕受囚陽魄陽
舍人營所。即索餘食中毋（無）毒藥、兵刃、書。已索。即以屬守獄門
（背面）佐到

097 1804

097b 1804b

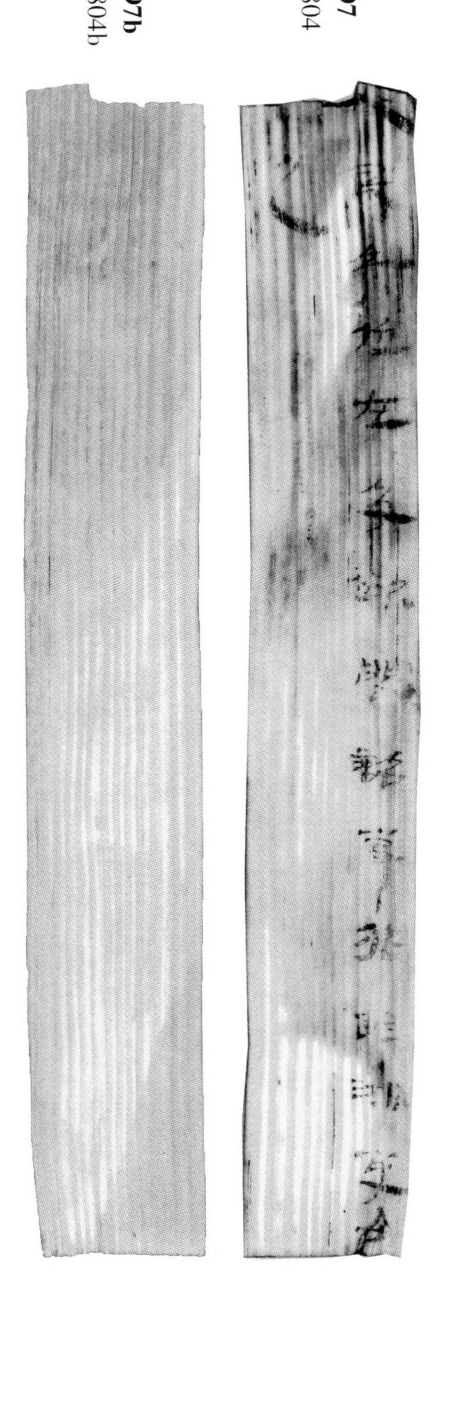

☐吏民久位在及欲問詔事，非臨湘吏毋（無）
☐言之

098 0753

098b 0753b

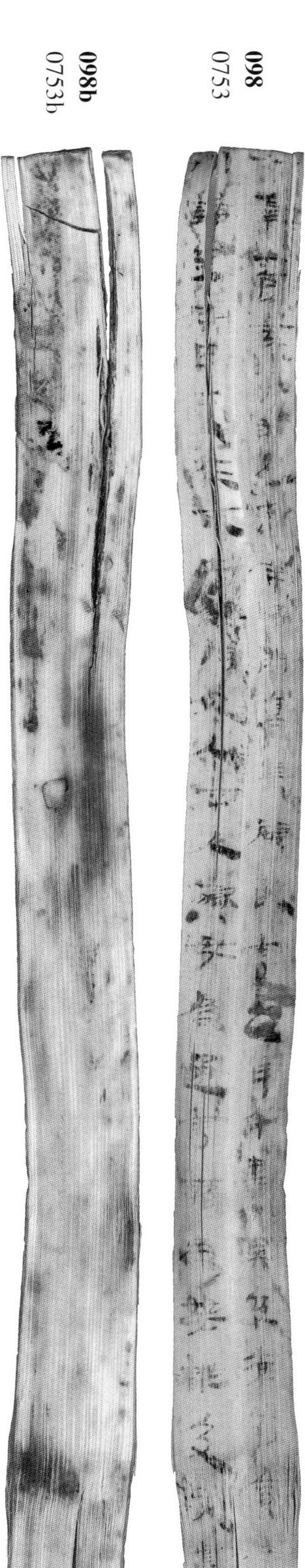

七年五月丙[子]朔[乙][未]，牢[獄]門亭長辟敢言之：甲午盡其夜，常宿食牢[獄]
門，諸主守囚吏卒不出獄門，外人不入獄，毋（無）爲通言語、爲姦詐（詐）及投書者。

099 0617

099b 0617b

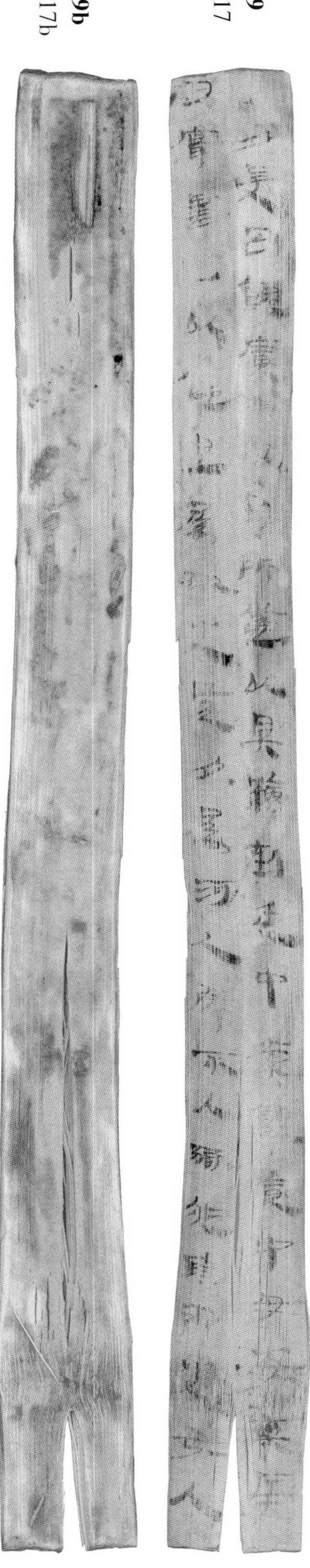

[旦]夕受囚餽廣（擴）門[三十五]佐到所，盛以具檢到廷中，索餘食中毋（無）毒藥、兵
刃、竄書。ノ以餽旦屬獄史吳，夕屬河人，辟不入獄，非臨湘史毋入

100 0567

100b 0567b

廷及毋（無）問詔獄囚事者。書實。敢言之

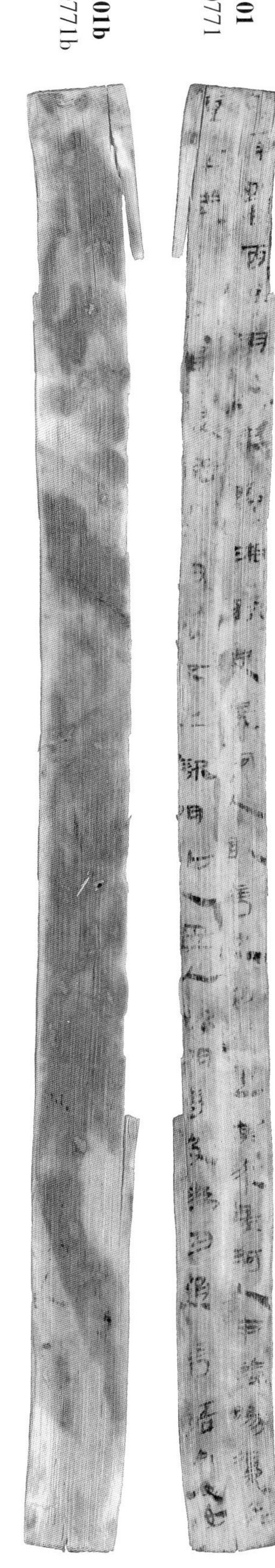

101 0771

101b 0771b

七年五月丙子朔乙未，臨湘獄史吳、河人敢言之：甲午盡其夜，吳、河人牢監陽復作，
覆卒武與囚居處。諸守囚者不出獄門，外人毋（無）入獄門者，及爲囚通言語爲姦

102 0551

102b 0551b

詐（詐）及投書者。吳旦、河人夕，受囚餽守獄門亭長辟所。餽盛以具致獄[三十六]。索餘食中毋（無）毒
藥、兵刃及竄書。以餽。已。乃予囚食[三十七]。囚以脕（脱），與俱。囚毄（繫）及所當得應法，不能遂亡、自殺傷

103
0419

103b
0419b

七年五月丙子朔乙未，司空嗇夫禎敢言之：甲午盡夜，司空吏卒官屬

及它吏卒毋入司空[三十八]，從（縱）擅[三十九]來見獄中人，爲囚通言語。問禎□

104
0882

104b
0882b

七年五月丙子朔丙☐

案行廷獄周桓（垣）☐

105
0418

105b
0418b

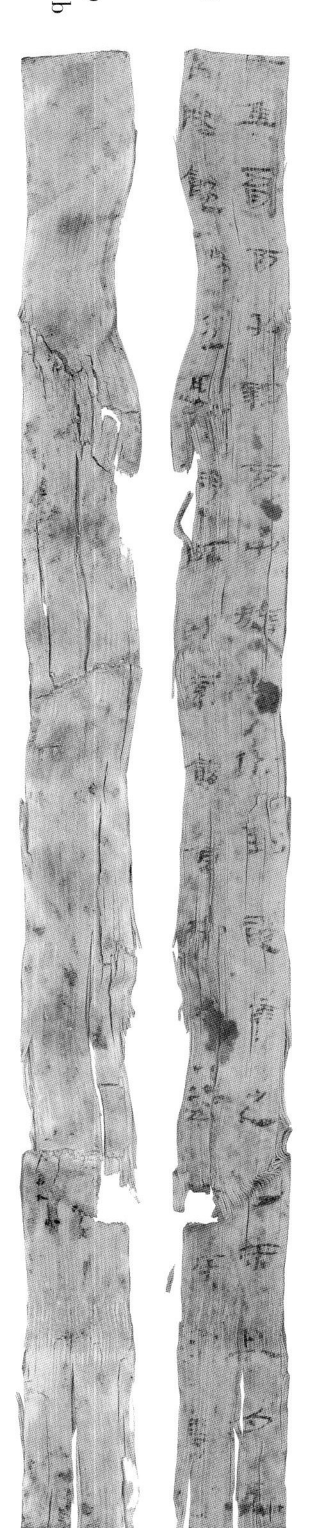

七年五月丙子朔丙申[四十]，擴門佐到敢言之：乙未旦夕受

囚陽餽陽從吏營所，即索餘食中毋（無）毒藥、兵刃、書。已

106 0509
106b 0509b

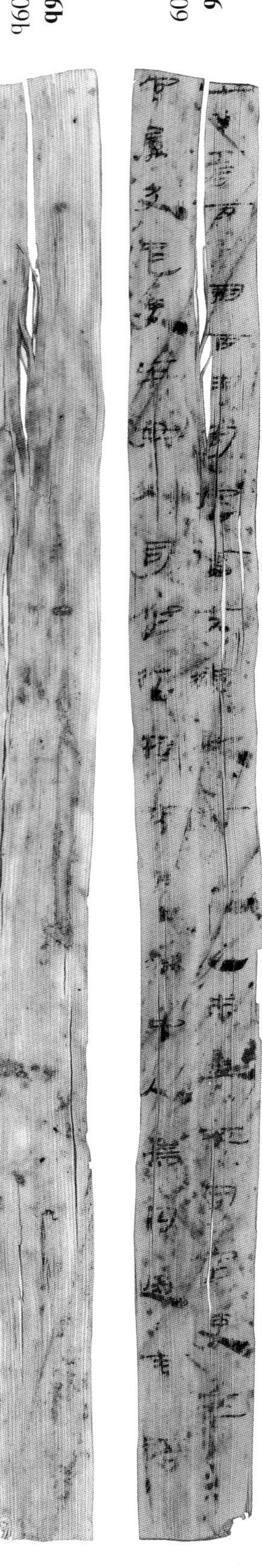

七年五月丙子朔丙申，司空嗇夫禎敢言之：乙未盡夜，司空吏卒
官屬及它吏卒毋（無）入司空，從（縱）擅來見獄中人，爲囚通言語。

107 0619
107b 0619b

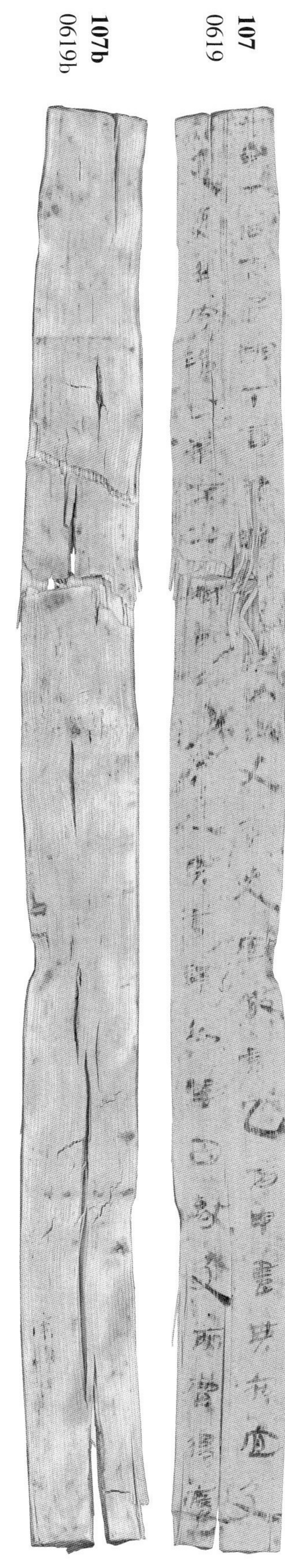

七年五月丙子朔丁酉[四十一]，臨湘獄史吳人、獄史卒史宜[四十二]敢言之。丙申盡其夜，宜及
獄史、吏卒、守治囚者不出獄門，外人毋（無）入與言語爲姦。囚毄（繫）及當得應

108 0543
108b 0543b

書實敢言之

109
0716

109b
0716b

獄史吳　與囚居

110
1509

110b
1509b

〼令史□□〼
〼□到城東〼

111
1872

111b
1872b

□主守囚盜至〼
□□語者書實〼

112
2016

112b
2016b

〼投書者旦夕受囚餽廣門佐到所。盛以具檢到
〼毋（無）毒藥、兵刃、竄書。已。以餽。旦屬獄史吳，夕屬
（背面）〼□□□□□

注釋：

〔一〕七年五月丙子朔壬辰，長沙康王七年，即漢武帝元狩元年（前122）。據朔閏表，五月丙子朔，壬辰爲十七日。

〔二〕治，類似文例見《二年律令·具律》『都吏所覆治，廷及郡各移旁近郡，御史、丞相所覆治移廷』，『治移』指將『治』的情況向上彙報。

〔三〕長沙内史，《漢書·百官公卿表》：『諸侯王，高帝初置，金璽盭綬，掌治其國。有太傅輔王，内史治國民，中尉掌武職，丞相統衆官，羣卿大夫都官如漢朝。景帝中五年令諸侯王不得復治國，天子爲置吏，改丞相曰相，省御史大夫、廷尉、少府、宗正、博士官，大夫、謁者、郎諸官長丞皆損其員。武帝改漢内史爲京兆尹，中尉爲執金吾，郎中令爲光祿勳，故王國如故。』王國内史在漢武帝時期，仍稱内史，未有變化。但置内史者，不是王國，而由中央任命。長沙内史掌治國民。

〔四〕癸巳，爲十八日。

〔五〕常宿食牢獄門，指定崗在監獄守門的崗位上，吃住皆在此。

吏指官府小吏，卒是服力役者。《史記·滑稽列傳》：『〔西門豹〕即使吏卒共抱大巫嫗投之河中。』常宿食牢獄門修飾『守囚吏卒』，表明這些守衛囚徒的吏卒，食宿在獄門内，不得出獄門。

〔六〕甲午，爲十九日。『申』爲『午』之誤，後文均作甲午。甲午前一日爲癸巳，與簡文合。

〔七〕案行，巡視。《漢書·蓋寬饒傳》：『寬饒初拜爲司馬，未出殿門，斷其襌衣，令短離地，冠大冠，帶長劍，躬案行士卒廬室，視其飲食居處，有疾病者身自撫循臨問，加致醫藥，遇之甚有恩。』

廷，縣廷。《漢書·田儋傳》：『儋陽爲縛其奴，從少年之廷，欲謁殺奴。』顔師古注：『廷，縣廷之中也。』

獄，監獄。《漢書·刑法志》：『今郡國被刑而死者歲以萬數，天下獄二千餘所，其冤死者多少相覆。』

〔八〕周桓，即周垣，即周邊的圍牆、城牆。《漢書·佞幸傳·董賢》：『〔詔〕又令將作爲賢起冢塋義陵旁，内爲便房，剛柏題湊，外爲徼道，周垣數里。』

從：通蹤。《釋名·釋言語》：『蹤，從也，人形從也。』《玉篇·足部》：『蹤，蹤跡也。』

纂，『篡』的誤書。篡，奪取也。《字匯補》：《揚子》：『鴻飛冥冥，弋人何篡焉。』別本作纂，非。篡原字從艹，不從竹。』纂囚指劫獄、劫囚。《漢書·衛青傳》：『大長公主執囚青，欲殺之。其友騎郎公孫敖與壯士往篡之，故得不死。』城，指都邑四周的牆垣。纂囚城者，劫獄囚出城者。

〔九〕擴門，此門或爲縣廷與監獄共用，或位於縣廷與監獄之間的通道上，兩個可能都存在。

〔十〕旦夕，指早晨與傍晚。陽，人名。

〔十一〕索，搜查。書，簡文也稱作『竄書』『投書』，指匿名信。竄，藏匿。《國語·周語上》『而自竄於戎、狄之間』，韋昭注：『竄，匿也。』『投書』指匿名信。《漢書·趙廣漢傳》：『又教吏爲缿筩，及得投書，削其主名，而託以爲豪桀大姓子弟所言。』

〔十二〕屬，交給。《國語·越語下》『請委管籥屬國家』，韋昭注：『屬，付也。』

〔十三〕亭長，秦漢時在鄉村每十里設一亭，置亭長，掌治安，捕盜賊，理民事，兼管停留旅客，也有設於城門的稱『門亭』，亦設亭長。《後漢書·耿弇列傳》有『會薊中亂』，李賢注引《續漢書》曰『弇歸，主人食未已，薊中擾亂，上駕出南城門，頗遮絕輜重，城中相掠。弇既與上相失，以馬與城門亭長，乃得出』也。這裏指設立的獄門亭長。

辟閭，人名，簡文也稱作『辟』。簡（0513+0396）擴門佐到十九日報告説十八日與其交接食物者是獄門亭長辟閭，但簡（0569+0564+0512）獄門亭長十九日報告十八日情況時兩次自稱『辟』。根據以上可知辟與辟閭爲一人。

〔十四〕久位，長久滯留。

〔十五〕『門』指『擴門』。

〔十六〕辛巳，應是『癸巳』之誤。

[十七] 通言語，爲囚犯私相傳話。

[十八] 爲姦詐，指各種不法行爲。

[十九] 具檢，具奩，指盛物的器具。廷中，應指獄門與監獄之間的地帶。

[二十] 以餽，謂以餐食供給囚犯。

[二十一] 牢指牢房；陽，囚犯名。復作，漢代徒刑的一種，一般刑期爲三月到一年。

[二十二] 覆，核查。《爾雅·釋詁下》：『覆，審也。』卒武，卒，從事守囚任務的差役，歸屬獄史管轄，即『守囚者』。武，或爲守囚者之名。居處，日常，《漢書·刑法志》：『居處同樂，死生同憂，禍福共之。』或可認爲指居所，《後漢書·袁安傳》：『居處仄陋，以耕學爲業。』

[二十三] 予囚食，以食餽囚。

[二十四] 復，除。朧，讀『脱』，指囚犯進食時解脱部分刑具。

[二十五] 與俱，謂監囚者與囚犯處在一起，守囚者負責看守。《孟子·告子上》：『雖與之俱學，弗若之矣。』

[二十六] 囚轂及所當得㢊（應）法，『及』指達到、符合，整句話或指用刑具囚繫囚徒符合法律的規定。

[二十七] 願，對讀其他簡文，此處皆釋作『能』。不能遂亡，不能成功逃亡。

[二十八] 自殺傷，自殘。

[二十九] 證，證人。

[三十] 司空，《漢書·百官公卿表》注引如淳云：『律，司空主水及罪人。賈誼曰：「輸之司空，編之徒官」。』《漢書·陳萬年附子咸傳》顔師古注：『司空，主行役之官。』嗇夫，長官的稱謂。

[三十一] 中尉，《漢書·百官公卿表》：『中尉，秦官，掌徼循京師，有兩丞、候、司馬、千人。』『諸侯王，高帝初置，金璽盭綬，掌治其國。有太傅輔王，内史治國民，中尉掌武職，丞相統衆官，羣卿大夫都官如漢朝。景帝中五年令諸侯王不得復治國，天子爲置吏，改丞相曰相，省御史大夫、廷尉、少府、宗正、博士官，大夫、謁者、郎諸官長丞皆損其員。武帝改漢内史爲京兆尹，中尉爲執金吾，郎中令爲光禄勳，故王國如故。』顔師古注引如淳：『所謂遊徼，徼循禁備盗賊也。』《漢書·何武傳》：『往者諸侯王斷獄治政，内史典獄事，相總綱紀輔王，中尉備盗賊。』

[三十二] 案，案行、巡視。

[三十三] 從：同蹤，據文意擬補的脱文，前文見『毋人從（蹤）跡』。

[三十四] 乙未爲二十日。

[三十五] 廣門，即擴門。

[三十六] 致獄，『致』表示『到』義，致獄，送至獄。

[三十七] 『以餽』『予囚食』意思接近，書手可能抄寫重複。

[三十八] 司空，指司空獄。

[三十九] 從，与縱同，放任、放縱。《禮·曲禮》：『欲不可從。』擅，擅自、隨意。《墨子·號令》：『諸吏卒民，非其部界而擅入他部界，輒收。』

[四十] 丙申爲二十一日。

[四十一] 丁酉爲二十二日。

[四十二] 宜，人名。

案例五　臨湘都鄉户隸計　正背面編聯圖版

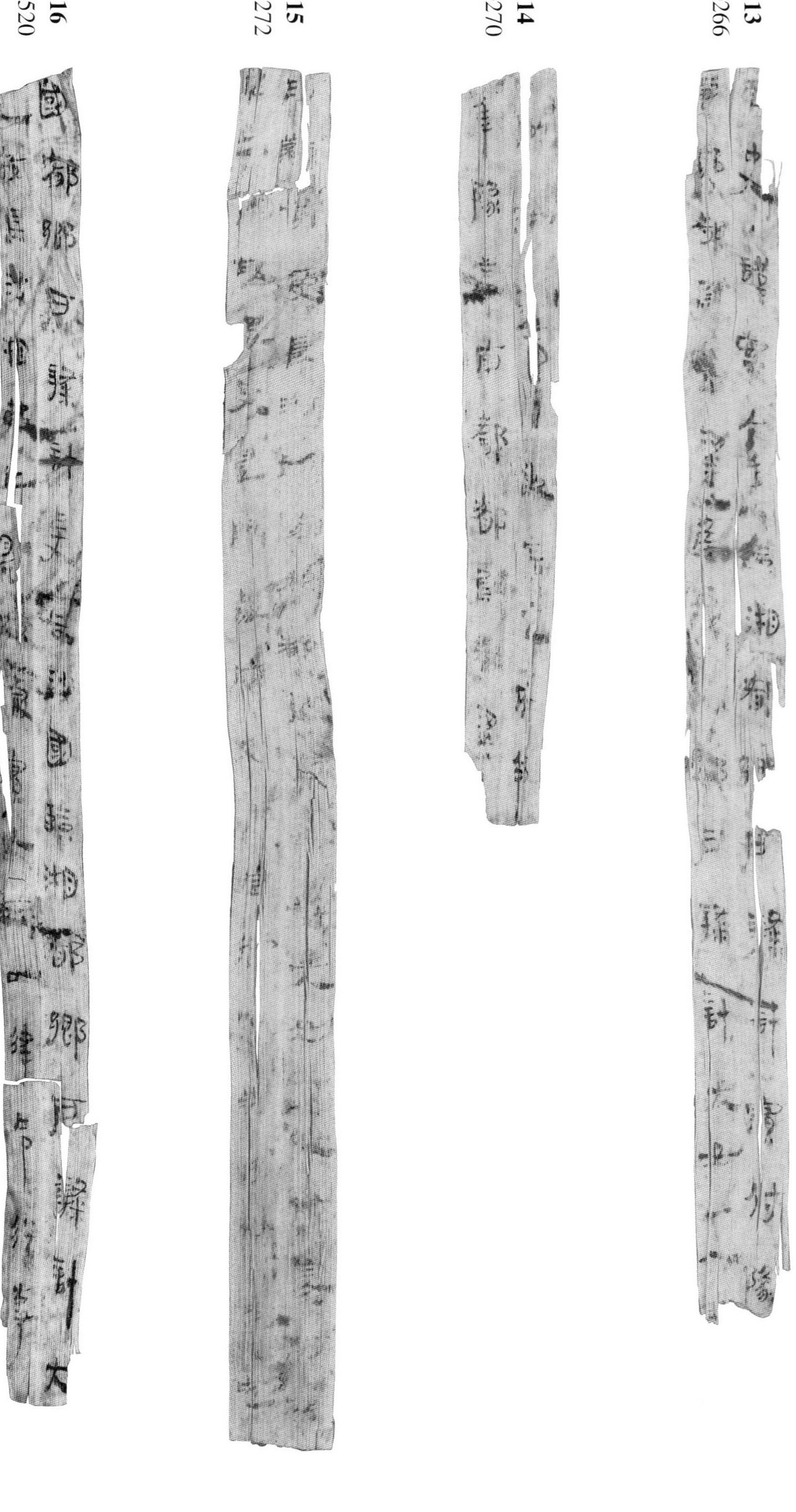

113b
0266b
114b
0270b
115b
0272b
116b
0520b

案例五　臨湘都鄉户隸計　單簡圖版及釋文

113
0266

[言]夬（決），謹案今年以臨湘都鄉户隸計，實付豫〼

113b
0266b

南部都尉都梁侯移都鄉户隸計大女一人□〼

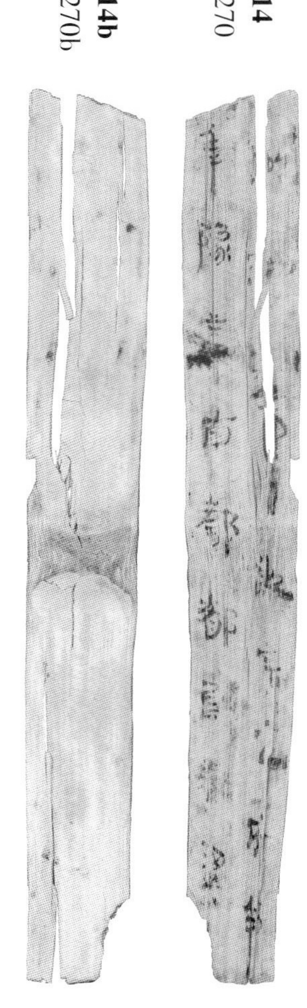

114
0270

〼[臨湘]令敢言之府移

114b
0270b

〼年豫[章]南部都尉[都]梁

115
0272

115b
0272b

户隸計受長沙國臨湘都鄉户隸計大女□入校長沙相
弗上問故遣吏是服處實，入所定當作者□□坐它

116
0520

116b
0520b

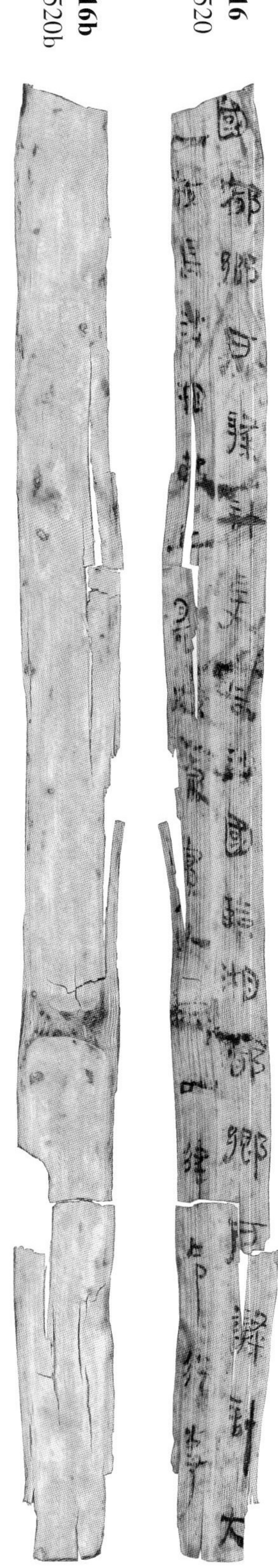

〼國都鄉户隸計受長沙國臨湘都鄉户隸計大
〼入校長沙相弗上是服處實入所以律令從事

案例六　大女如、麥等販米案　正背面編聯圖版

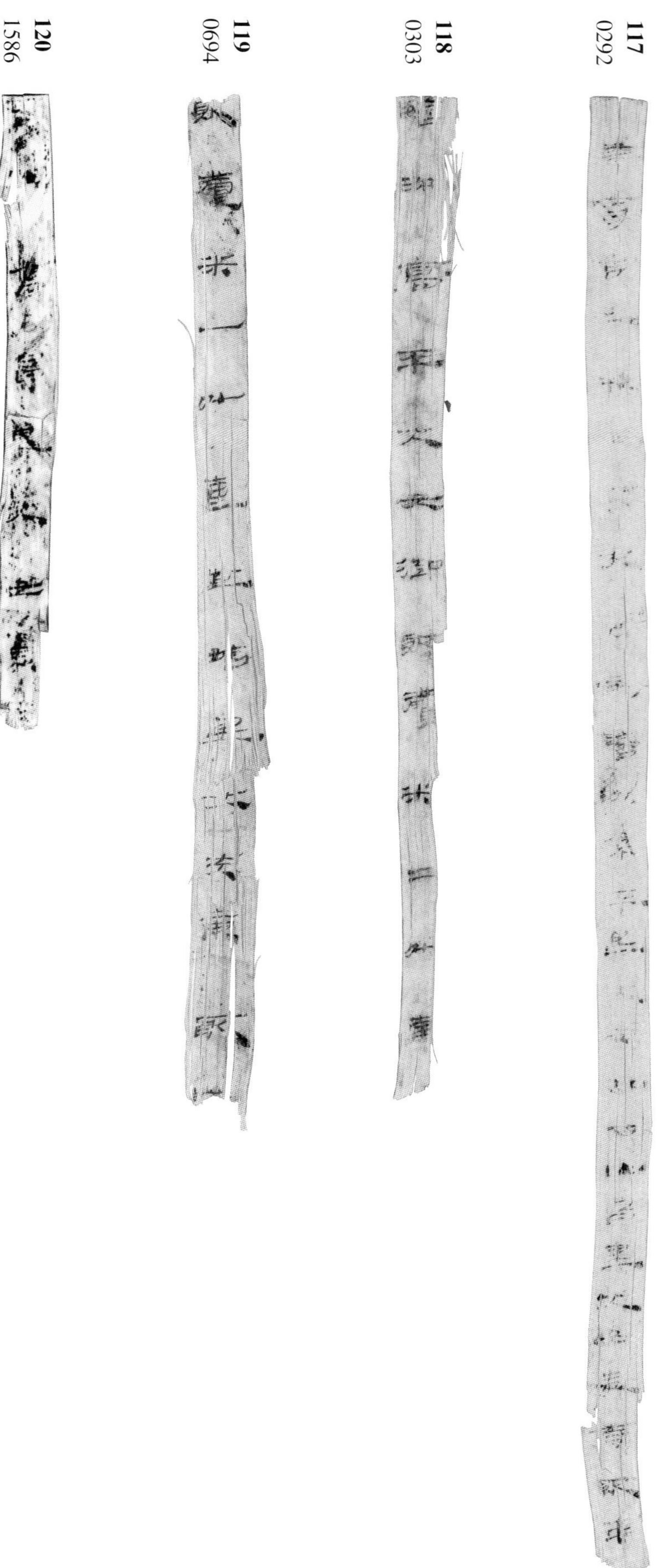

117 0292　118 0303　119 0694　120 1586

117b
0292b

118b
0303b

119b
0694b

120b
1586b

案例六　大女如、麥等販米案　單簡圖版及釋文

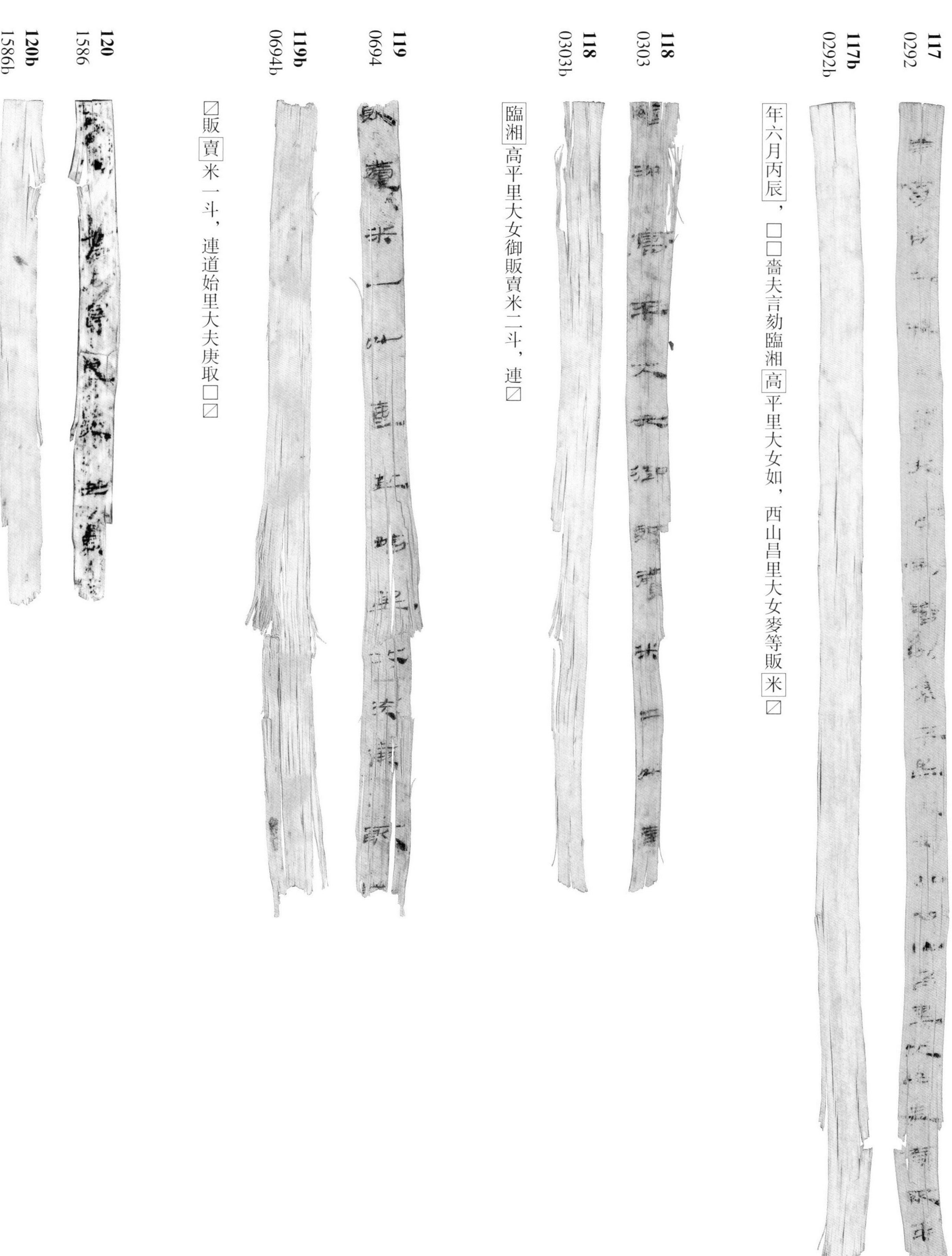

117 0292

117b 0292b

年六月丙辰，□□嗇夫言劾臨湘高平里大女如，西山昌里大女麥等販米☑

118 0303

118 0303b

臨湘高平里大女御販賣米二斗，連☑

119 0694

119b 0694b

☑販賣米一斗，連道始里大夫庚取☑

120 1586

120b 1586b

□高昌里大女麥□☑

未歸類簡圖版及釋文

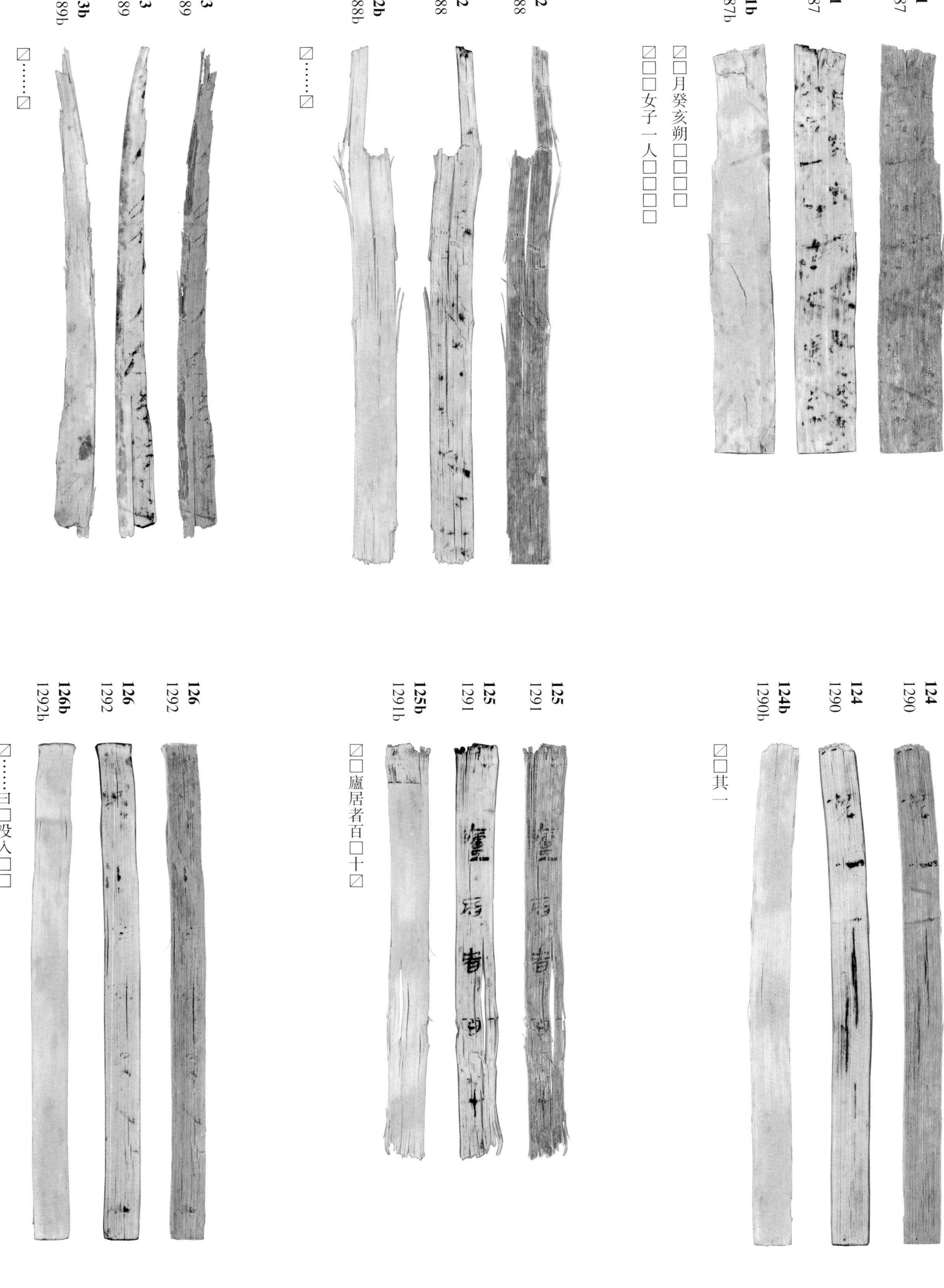

121 1287　121 1287　121b 1287b

⧄□月癸亥朔□□□□
⧄□□女子一人□□□□

122 1288　122 1288　122b 1288b

⧄……⧄

123 1289　123 1289　123b 1289b

⧄……⧄

124 1290　124 1290　124b 1290b

⧄□其一

125 1291　125 1291　125b 1291b

⧄□盧居者百□十⧄

126 1292　126 1292　126b 1292b

⧄……曰□没入□□

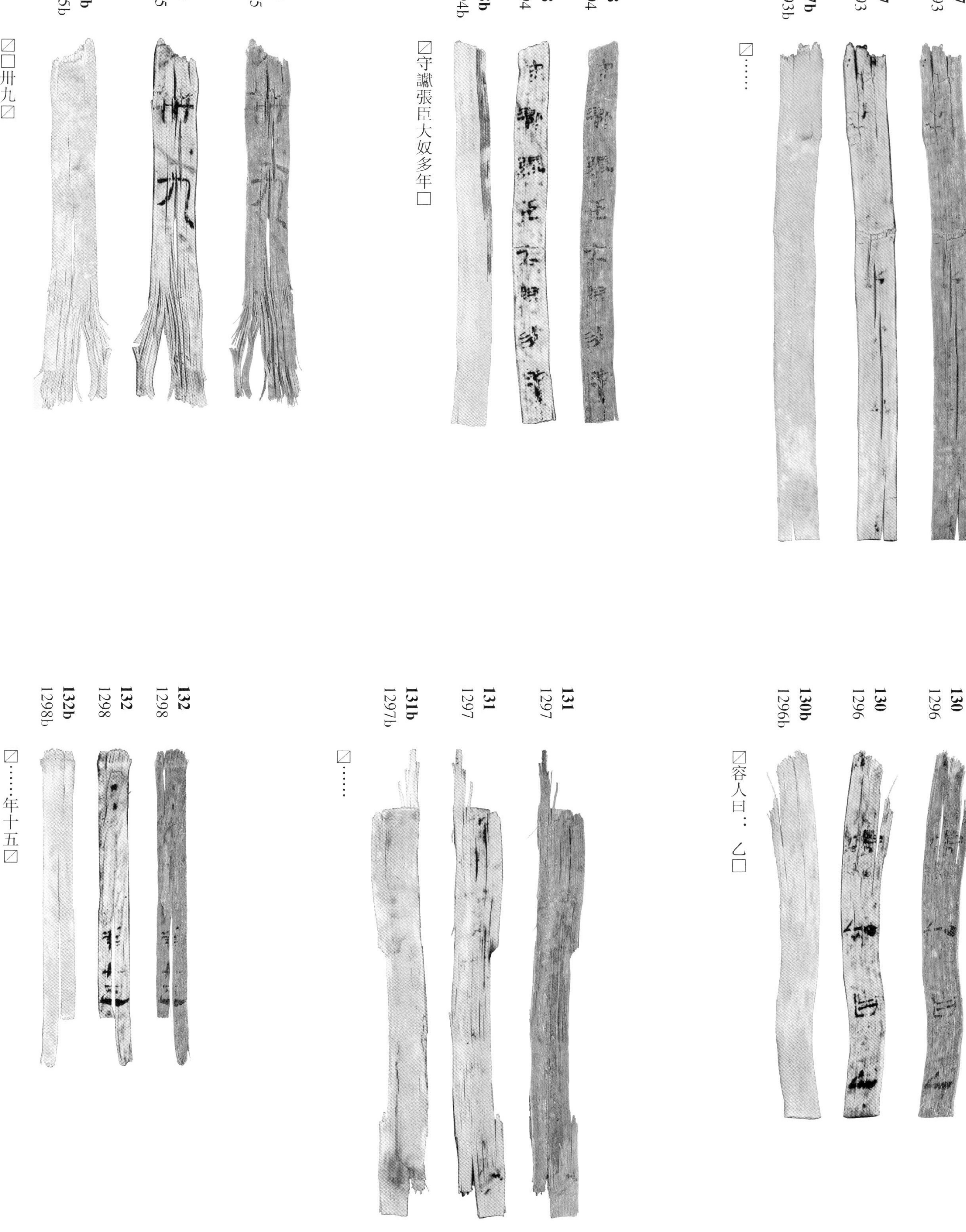

127 1293
127 1293
127b 1293b
☒……

128 1294
128 1294
128b 1294b
☒守讞張臣大奴多年☐

129 1295
129 1295
129b 1295b
☒☐卅九☒

130 1296
130 1296
130b 1296b
☒容人曰：乙☐

131 1297
131 1297
131b 1297b
☒……

132 1298
132 1298
132b 1298b
☒……年十五☒

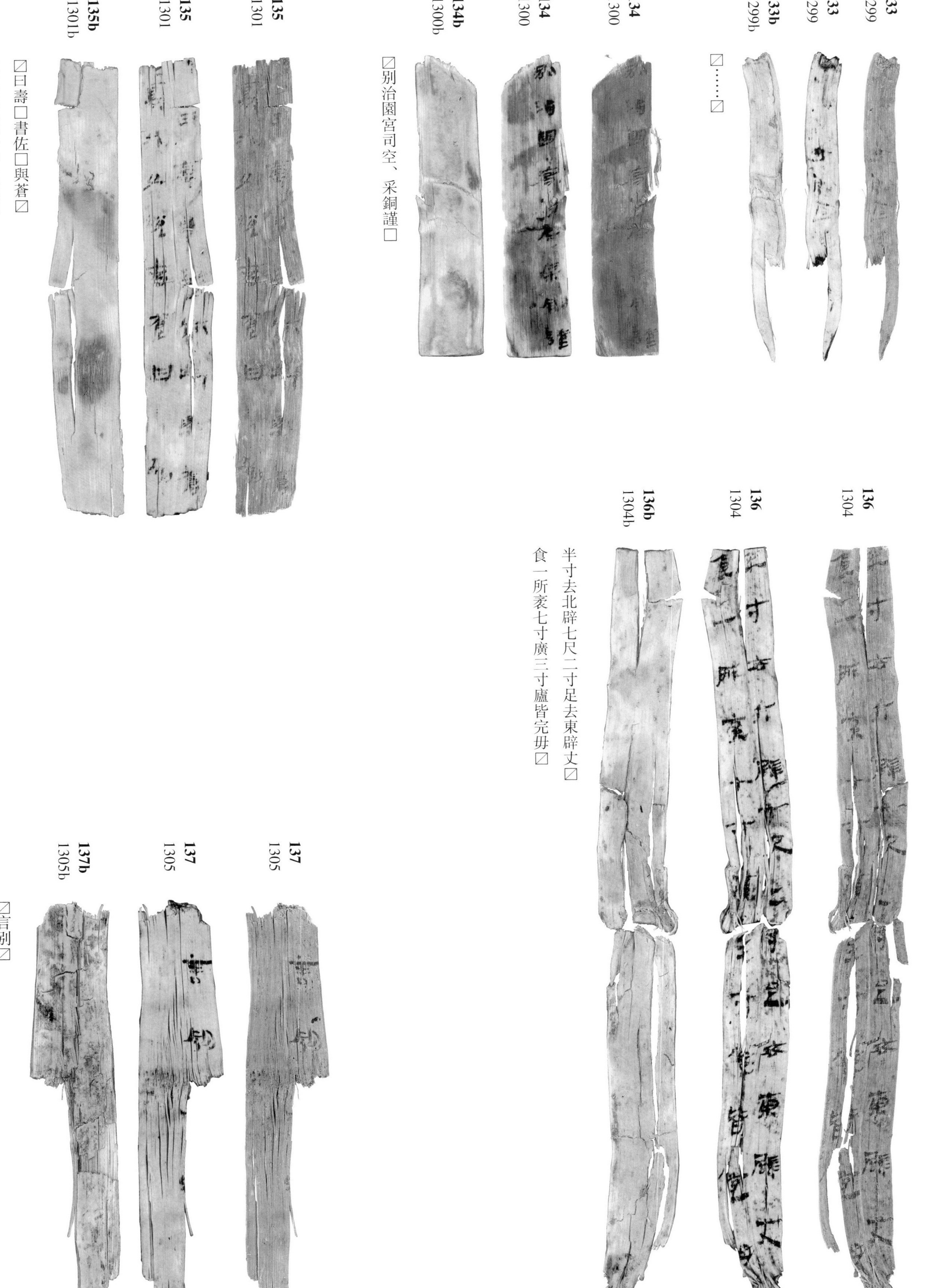

133 1299

133 1299

133b 1299b

⧄……⧄

134 1300

134 1300

134b 1300b

⧄別治園宮司空、采銅謹□

135 1301

135 1301

135b 1301b

⧄日壽□書佐□與蒼⧄

⧄□□父蜕告蒼曰□□

136 1304

136 1304

136b 1304b

半寸去北辟七尺二寸足去東辟丈⧄

食一所袤七寸廣三寸廬皆完毋⧄

137 1305

137 1305

137b 1305b

⧄言別⧄

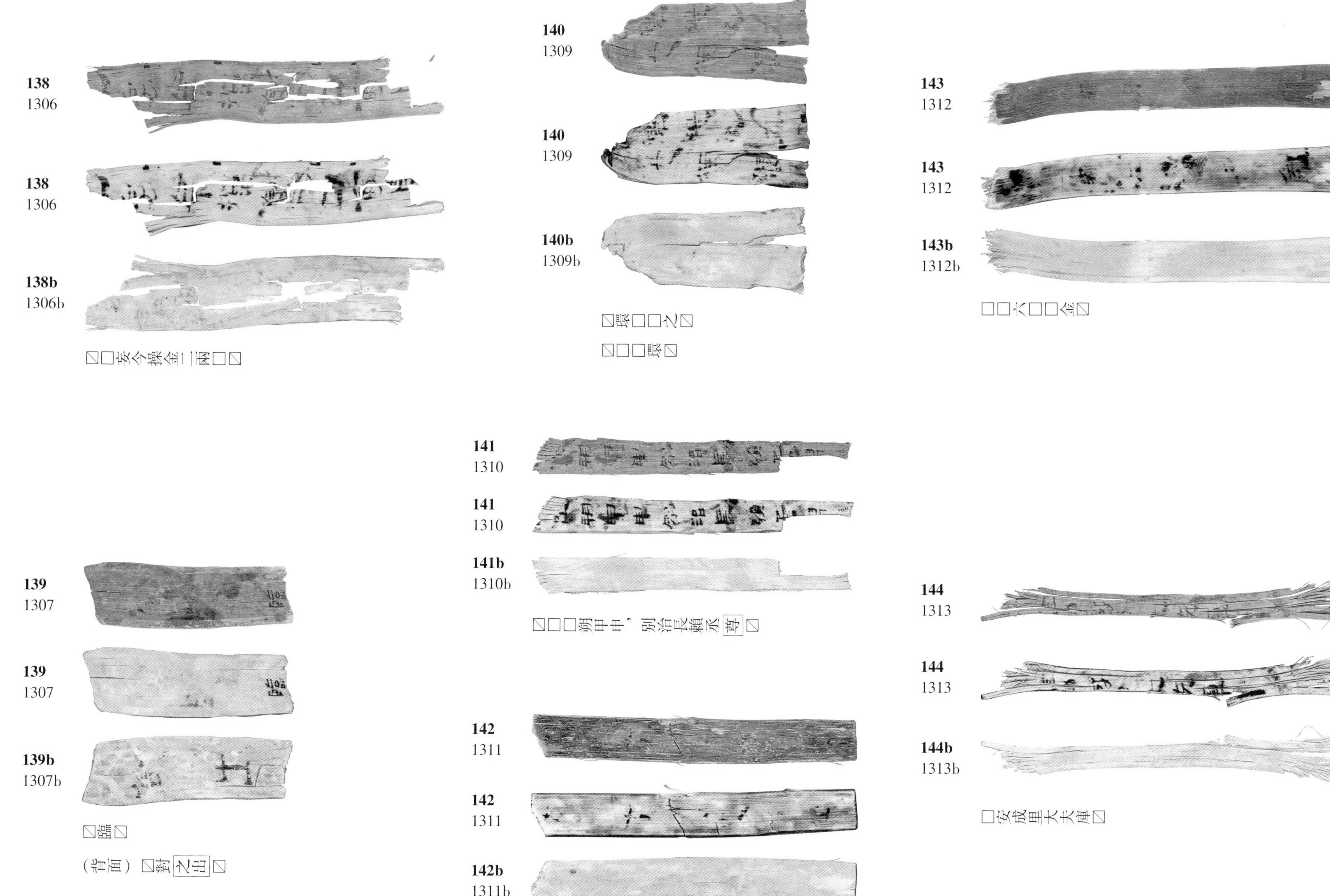

138
1306

138
1306

138b
1306b

☐☐安今操金二兩☐☐

140
1309

140
1309

140b
1309b

☐環☐☐之☐

☐☐☐環☐

143
1312

143
1312

143b
1312b

☐☐六☐☐金☐

139
1307

139
1307

139b
1307b

☐臨☐

（背面）☐對之出☐

141
1310

141
1310

141b
1310b

☐☐☐朔甲申，別治長賴丞尊☐

142
1311

142
1311

142b
1311b

☐嗇夫☐坐

144
1313

144
1313

144b
1313b

☐安成里大夫庫☐

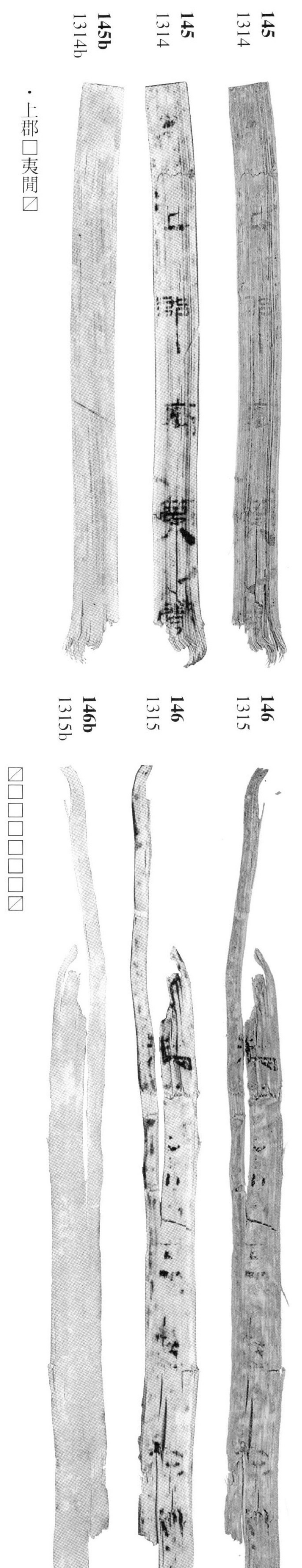

145
1314

145
1314

145b
1314b

·上郡□夷閒▨

146
1315

146
1315

146b
1315b

▨□□□□□□▨

147
1316

147
1316

147b
1316b

▨坐論行髡鉗得出士五（伍）

148
1317

148
1317

148b
1317b

毋以法<ins>並</ins>鞫訊劾者▨

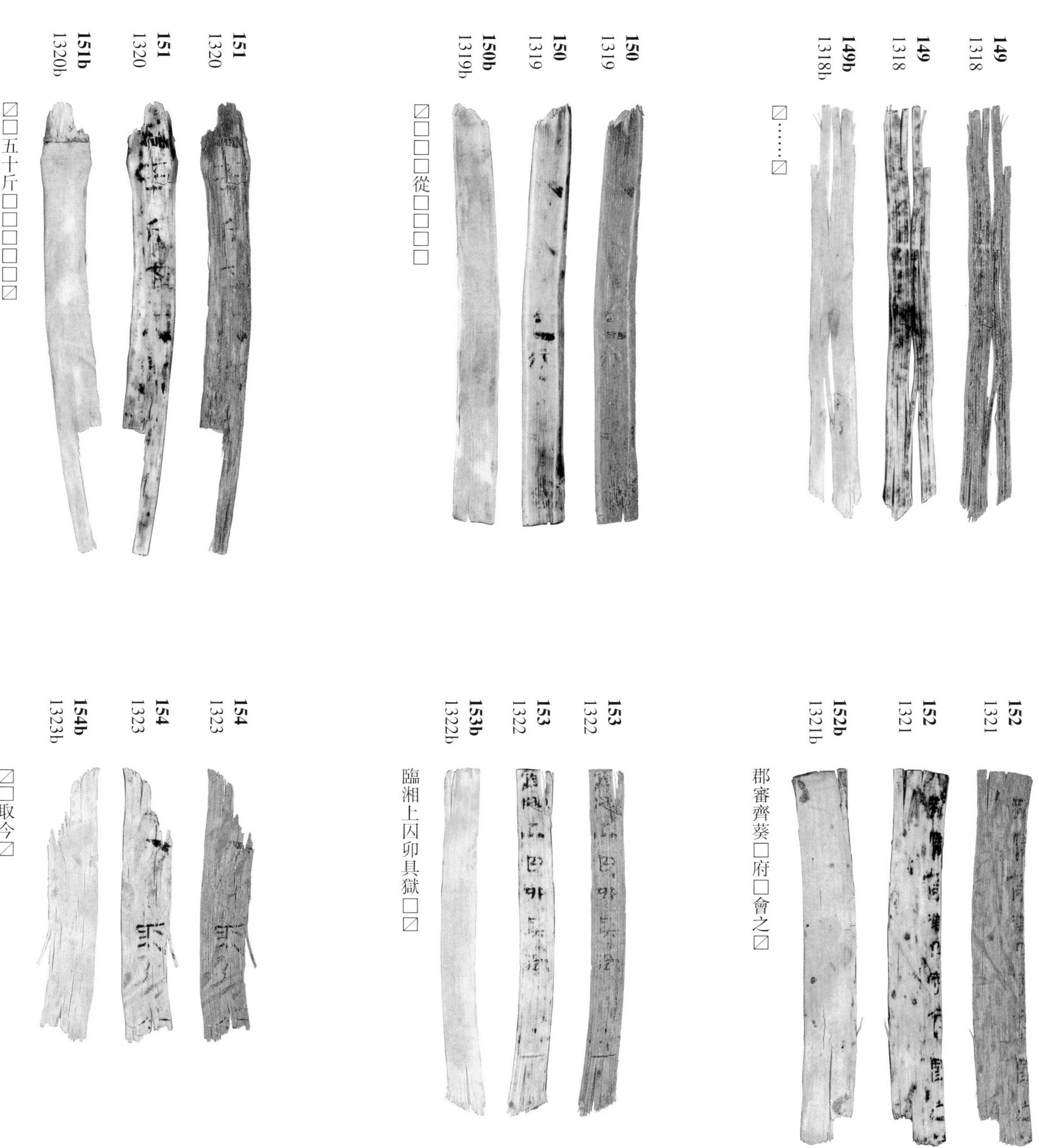

149
1318

149
1318

149b
1318b

□……□

150
1319

150
1319

150b
1319b

□□□□從□□□□

151
1320

151
1320

151b
1320b

□□五十斤□□□□□□

152
1321

152
1321

152b
1321b

郡審齊葵□府□會之□

153
1322

153
1322

153b
1322b

臨湘上囚卯具獄□□

154
1323

154
1323

154b
1323b

□□取今□

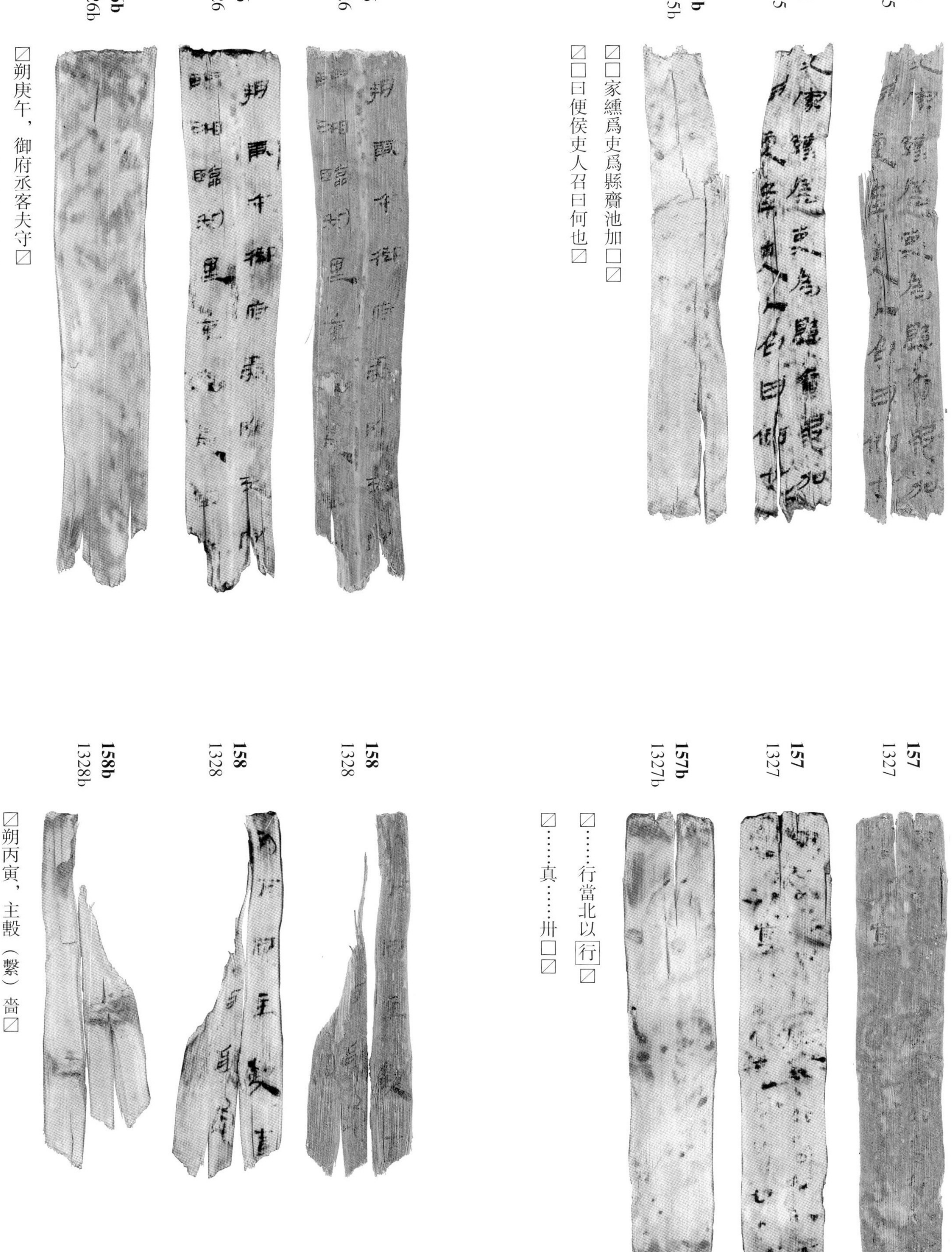

155 1325

155 1325

155b 1325b

☐☐家纏爲吏爲縣齋池加☐☐
☐☐曰便侯吏人召曰何也☐

156 1326

156 1326

156b 1326b

☐朔庚午，御府丞客夫守☐
☐臨湘臨利里重土髡鉗城☐

157 1327

157 1327

157b 1327b

☐……行當北以行☐
☐……真……卅☐☐

158 1328

158 1328

158b 1328b

☐朔丙寅，主轂（繫）嗇☐
☐☐邸邑☐

159
1329

159
1329

159b
1329b

☑丞客夫守臨湘丞告尉謂倉☑
☑青肩坐□□纚□嗇里士☑

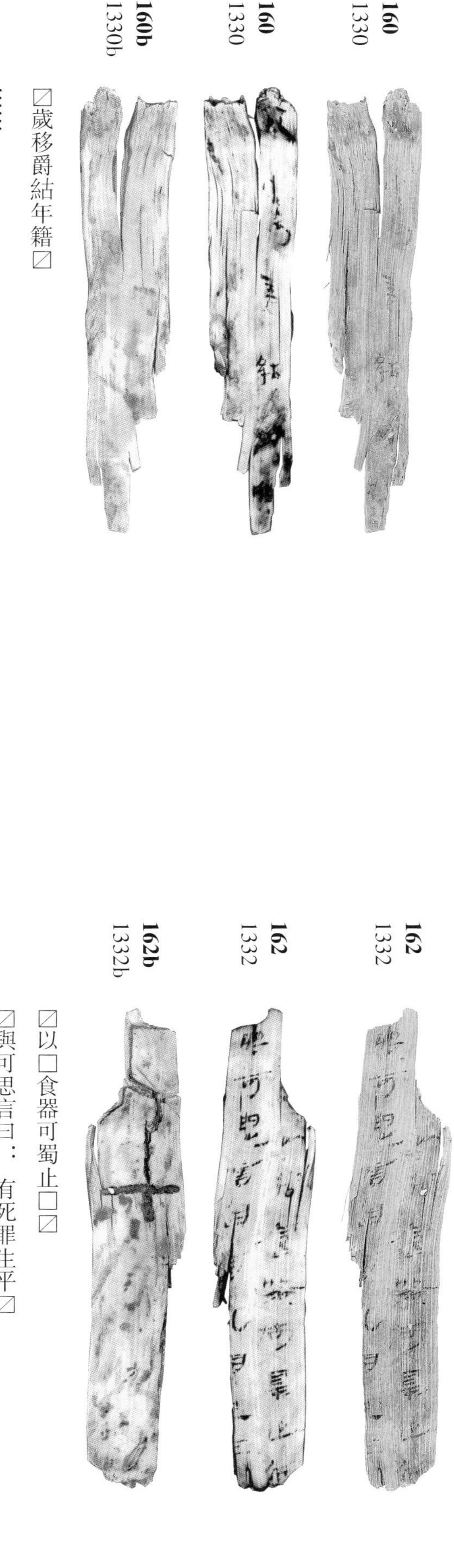

160
1330

160
1330

160b
1330b

☑歲移爵結年籍☑
……

161
1331

161
1331

161b
1331b

六年六月辛亥朔辛未，臨湘令越敢言☑
計偕，謹案臨湘毋應書，敢言之。☑

162
1332

162
1332

162b
1332b

☑以□食器可蜀止□☑
☑與可思言曰：有死罪生平☑

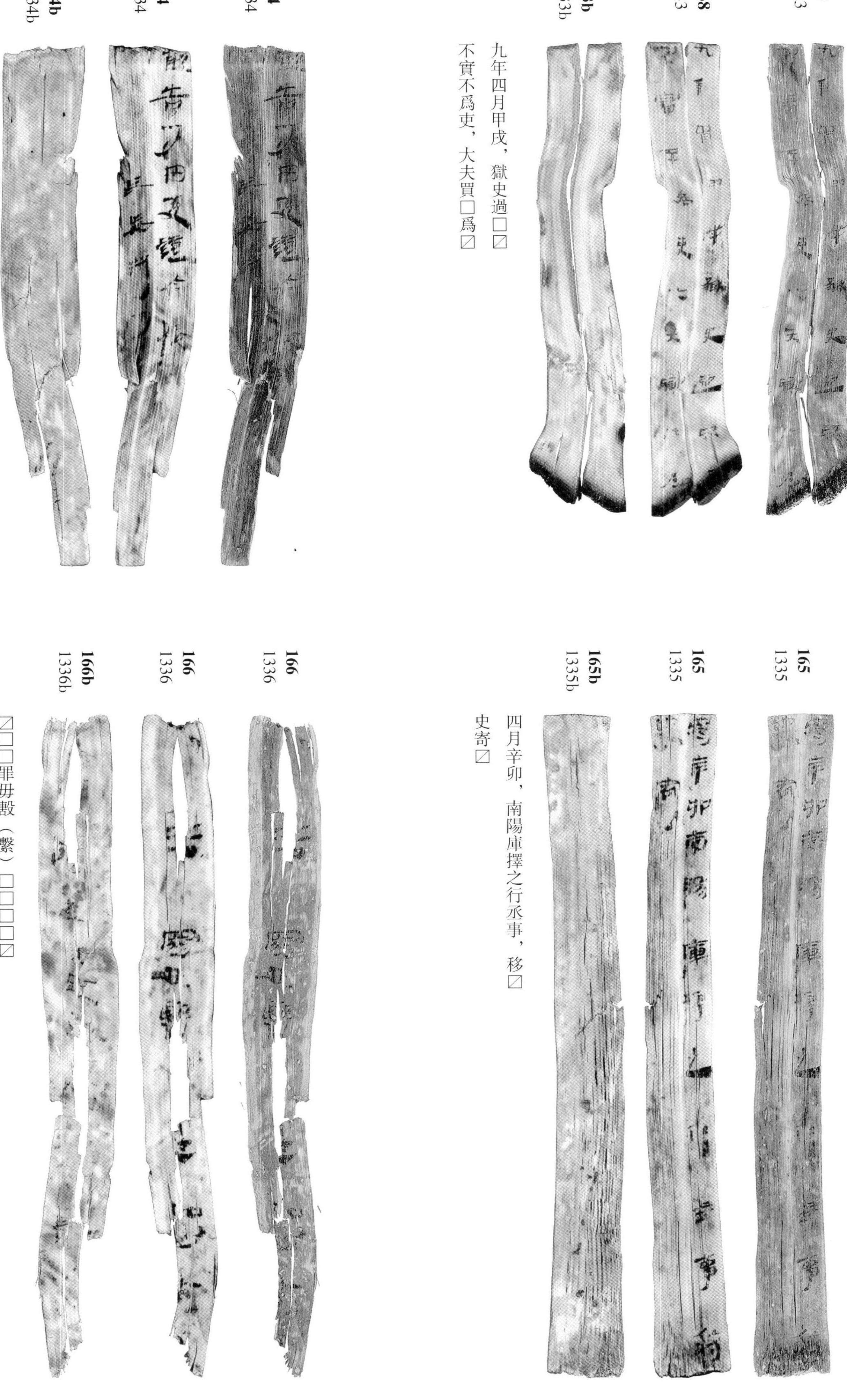

163 1333

1638 1333

163b 1333b

九年四月甲戌，獄史過□〼

不實不爲吏，大夫買□爲〼

164 1334

164 1334

164b 1334b

〼敢告少内吏證令□〼

〼長長沙沙……

165 1335

165 1335

165b 1335b

四月辛卯，南陽庫擇之行丞事，移〼

史寄〼

166 1336

166 1336

166b 1336b

〼□□罪毋毄（繫）□□□□〼

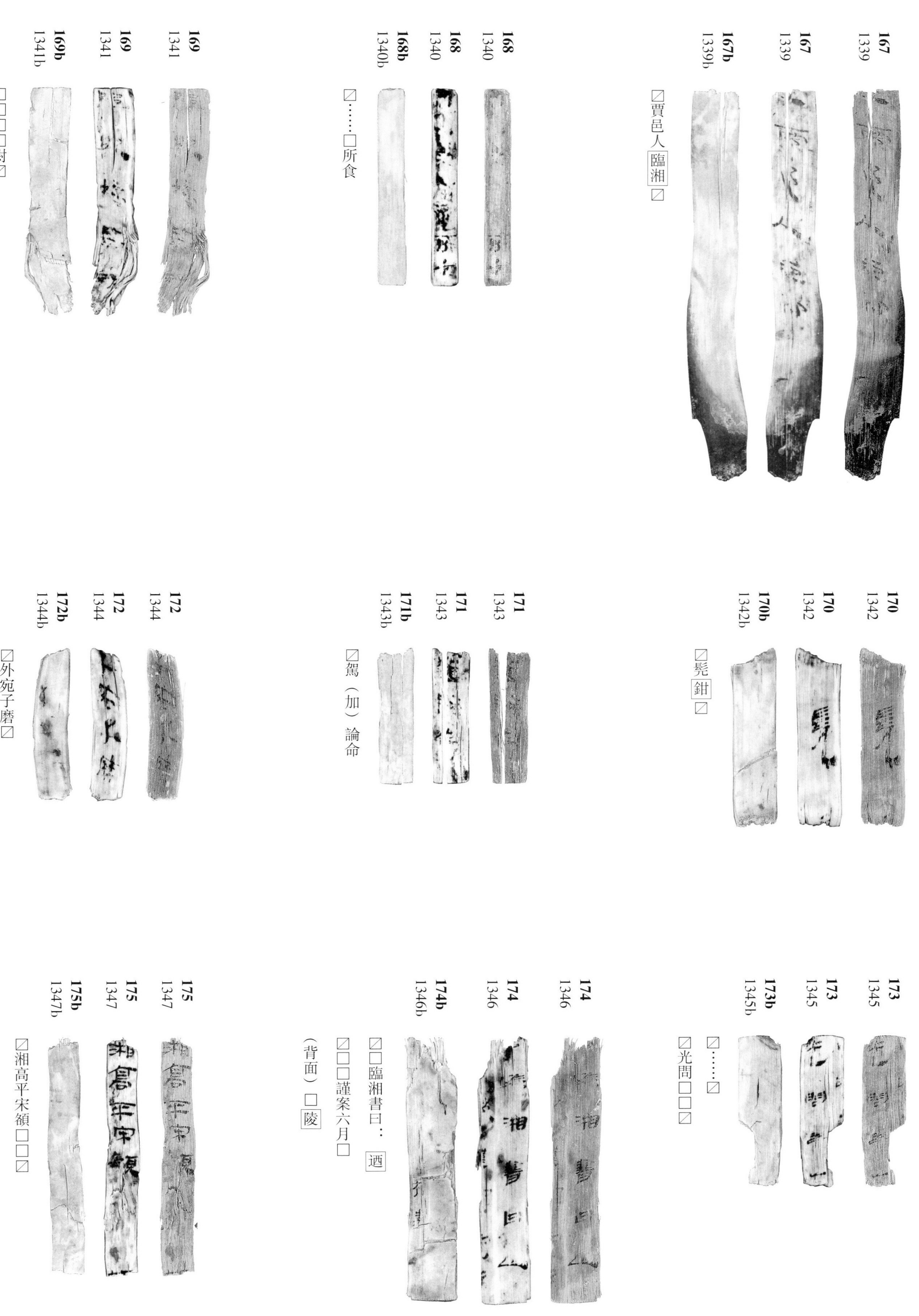

167 1339
167 1339
167b 1339b
☒賈邑人臨湘☒

168 1340
168 1340
168b 1340b
☒……□所食

169 1341
169 1341
169b 1341b
□□□□尉☒

170 1342
170 1342
170b 1342b
☒髡鉗☒

171 1343
171 1343
171b 1343b
☒駕（加）論命

172 1344
172 1344
172b 1344b
☒外宛子磨☒

173 1345
173 1345
173b 1345b
☒……☒
☒光問□□☒

174 1346
174 1346
174b 1346b
☒□臨湘書曰： 迺
☒□□謹案六月□
（背面）□陵

175 1347
175 1347
175b 1347b
☒湘高平宋頜□□☒

176 1348
176 1348
176b 1348b 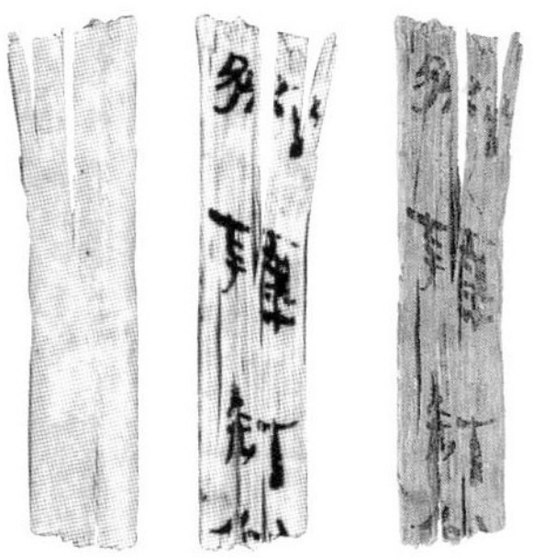
獄隸計付☑

177 1349
177 1349
177b 1349b 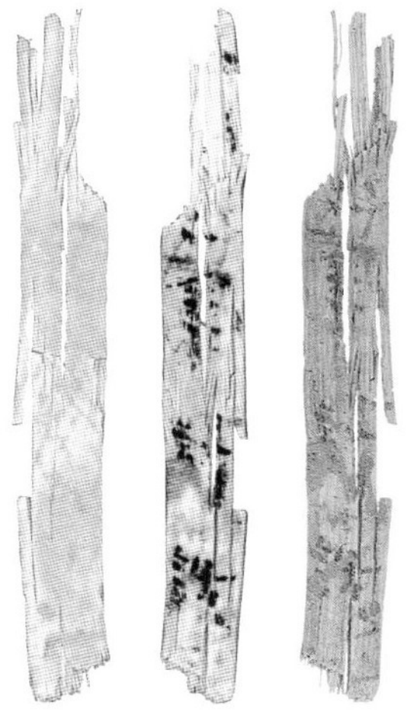
☑☐☐二年計誤☑

178 1350
178 1350
178b 1350b 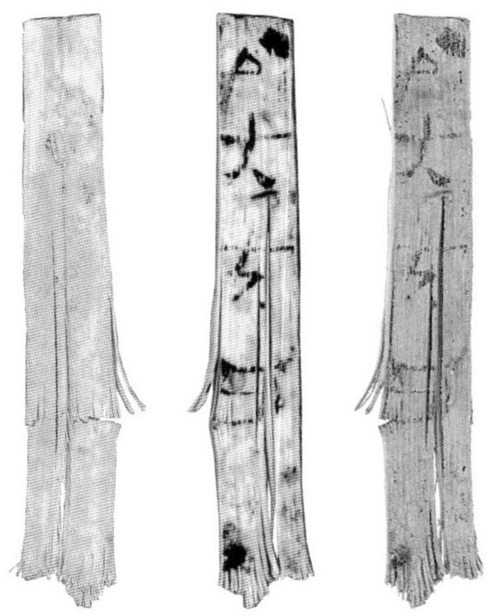
公大夫占☐☑

179 1351
179 1351
179b 1351b 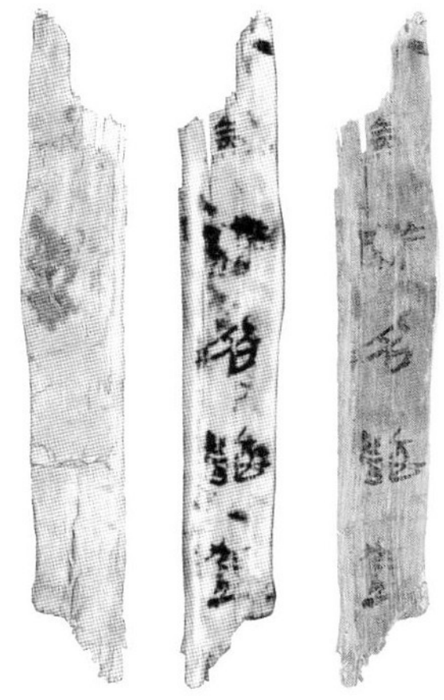
☑☐檢無名數登☑

180 1352
180 1352
180b 1352b 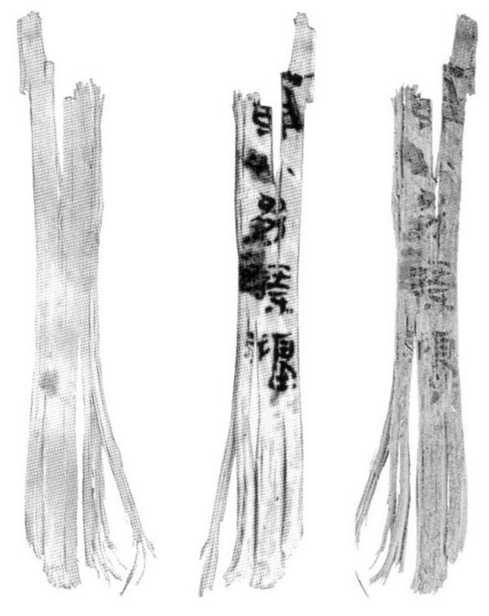
☑☐小男祿福

181 1353
181 1353
181b 1353b 
☑夫☐☐☐☑

182 1354
182 1354
182b 1354b 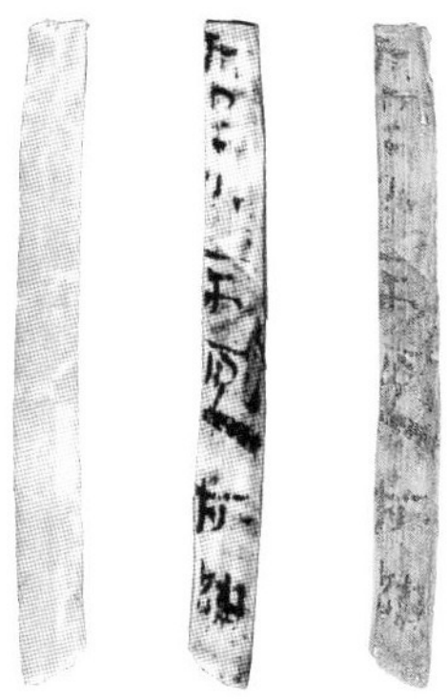
☐里小不更古☐☑

183 1355
183 1355
183b 1355b 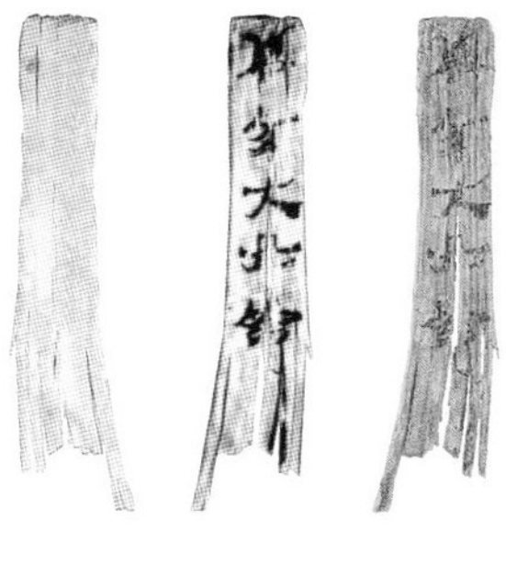
高成大女舒☑

184 1356
184 1356
184b 1356b 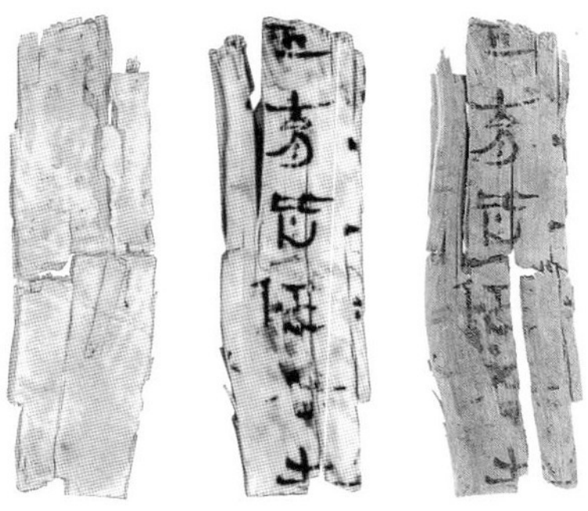
☑☐育皆任公☐☑

185 1357
185 1357
185b 1357b 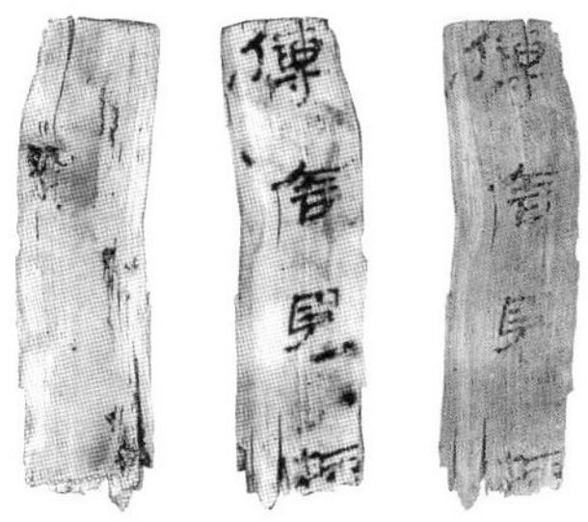
傳舍見☐☑

186 1358
186 1358
186b 1358b
☑☐☐☑

187 1359
187 1359
187b 1359b
☑三人☑

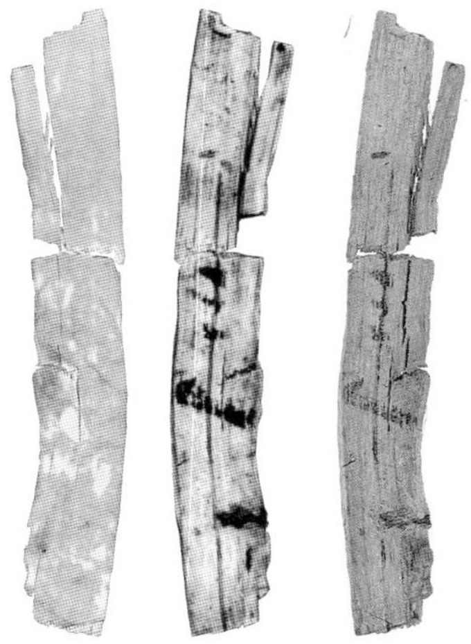

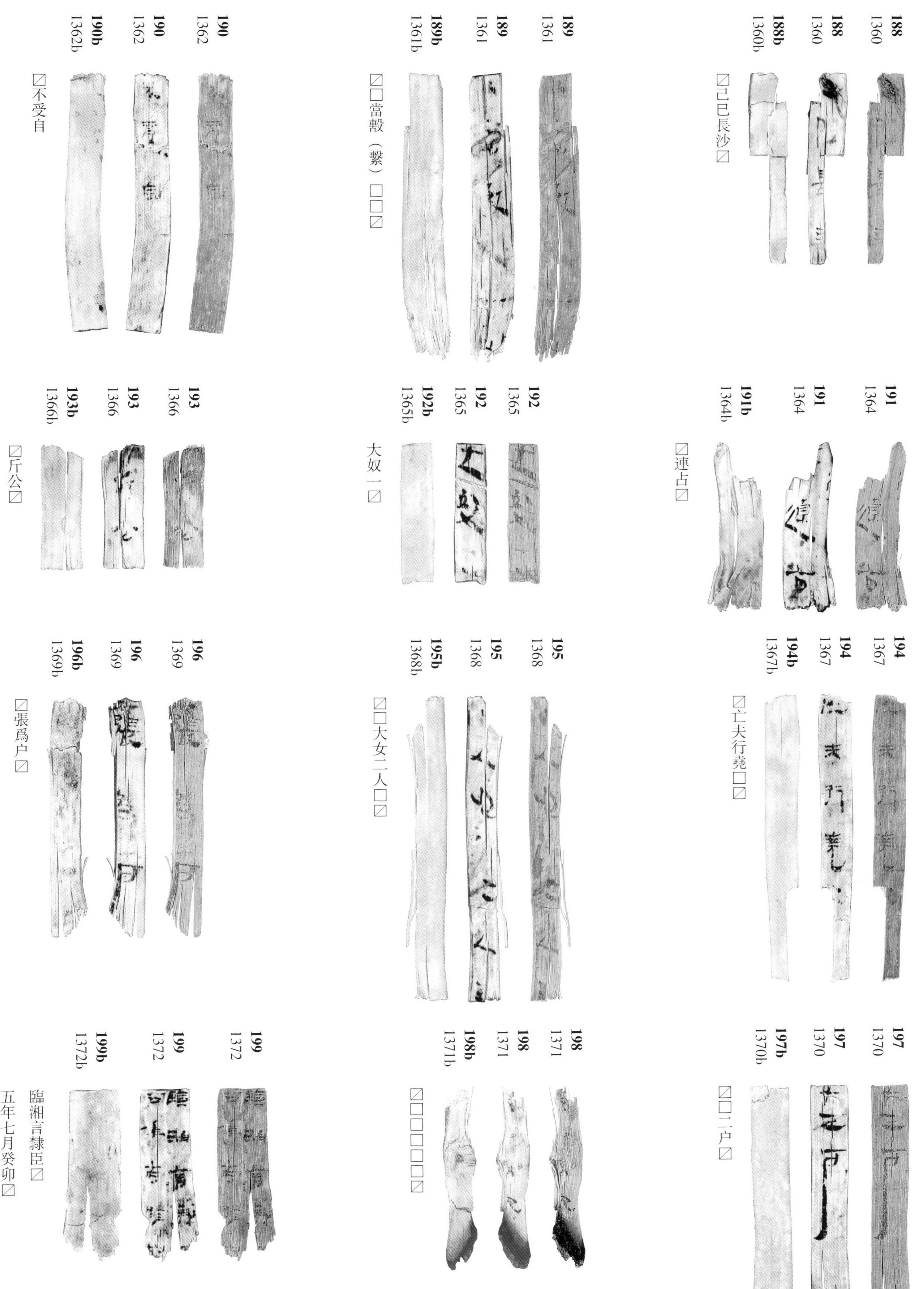

188 1360 / 188 1360 / 188b 1360b
☒己巳長沙☒

189 1361 / 189 1361 / 189b 1361b
☒□當毄（繫）□□☒

190 1362 / 190 1362 / 190b 1362b
☒不受自

191 1364 / 191 1364 / 191b 1364b
☒連占☒

192 1365 / 192 1365 / 192b 1365b
大奴一☒

193 1366 / 193 1366 / 193b 1366b
☒斤公☒

194 1367 / 194 1367 / 194b 1367b
☒亡夫行堯□☒

195 1368 / 195 1368 / 195b 1368b
☒□大女二人□☒

196 1369 / 196 1369 / 196b 1369b
☒張爲戶☒

197 1370 / 197 1370 / 197b 1370b
☒□二戶☒

198 1371 / 198 1371 / 198b 1371b
☒□□□□□☒

199 1372 / 199 1372 / 199b 1372b
臨湘言隸臣☒
五年七月癸卯☒

200 1373

200 1373

200b 1373b

子☐女☐☐☒

201 1374

201 1374

201b 1374b

☒大母故少上造寡[户]☒

202 1375

202 1375

202b 1375b

……☒

203 1376

203 1376

203b 1376b

☒趙謹☐☐☒

204 1377

204 1377

204b 1377b

☒☐里公乘虜☒

205 1378

205 1378

205b 1378b

☒☐口出十人☒

206 1379

206 1379

206b 1379b

☒曰疾☒

207 1380

207 1380

207b 1380b

■右方☒

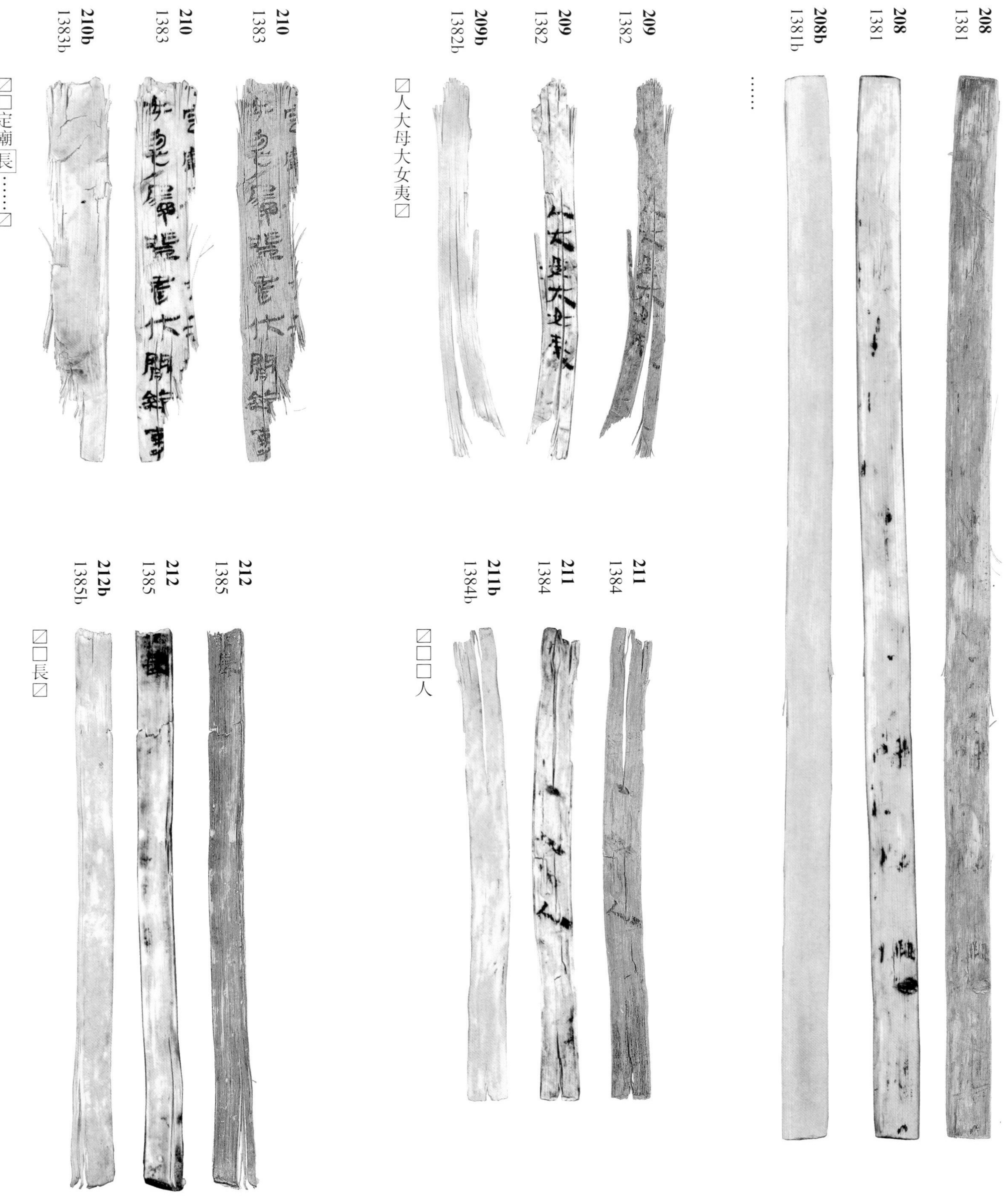

208 1381
208 1381
208b 1381b

……

209 1382
209 1382
209b 1382b

☑人大母大女夷☑

210 1383
210 1383
210b 1383b

☑□定廟長……☑
☑毋忽屬登書佐閒給事☑

211 1384
211 1384
211b 1384b

☑□□人

212 1385
212 1385
212b 1385b

☑□長☑

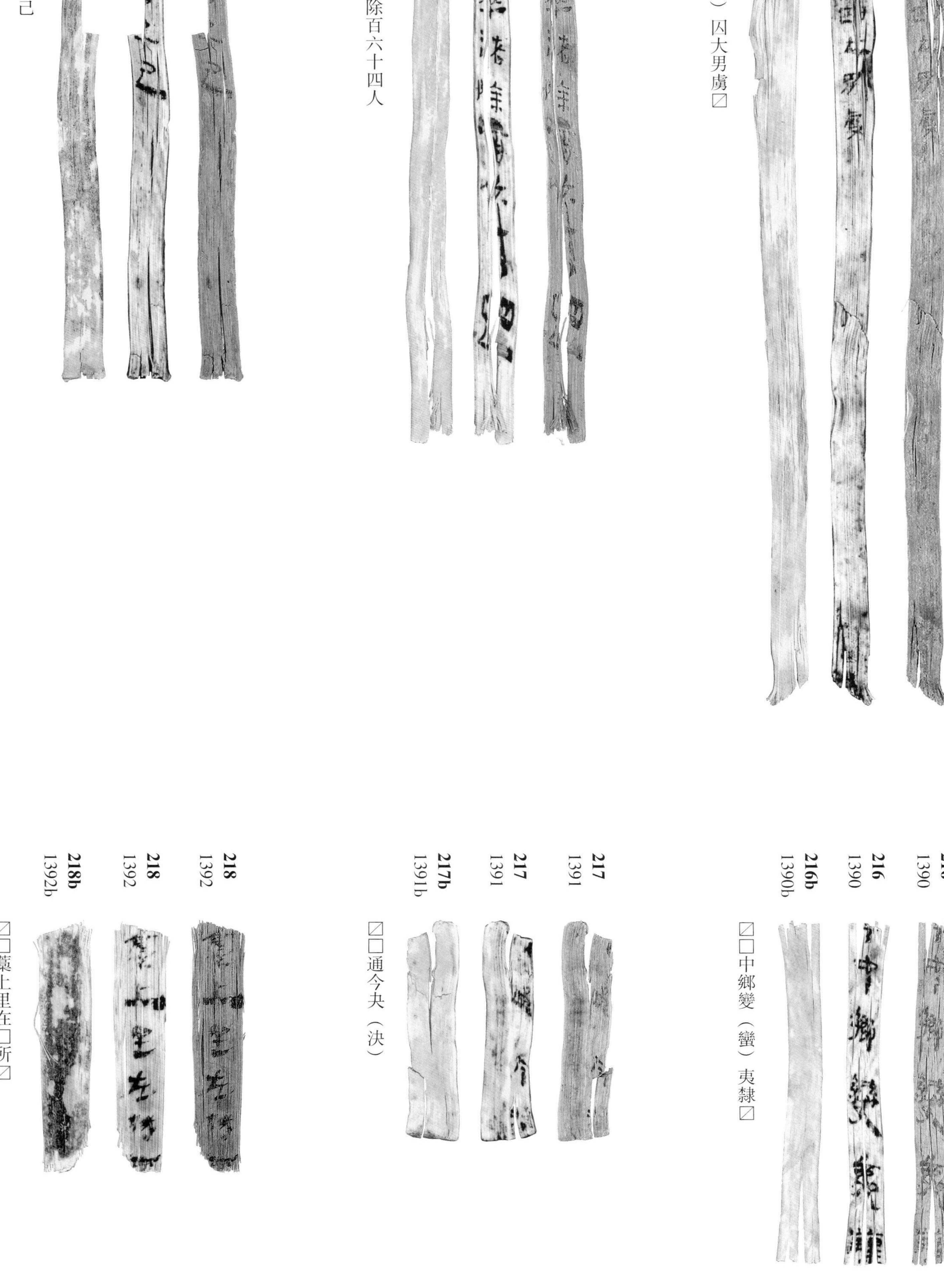

213 1387 213 1387 213b 1387b

盜戒（械）囚大男虜☐

214 1388 214 1388 214b 1388b

■介卒諸除百六十四人

215 1389 215 1389 215b 1389b

☐☐公士己

216 1390 216 1390 216b 1390b

☐☐中鄉變（蠻）夷隸☐

217 1391 217 1391 217b 1391b

☐☐通今夬（決）

218 1392 218 1392 218b 1392b

☐☐蕖上里在☐所☐

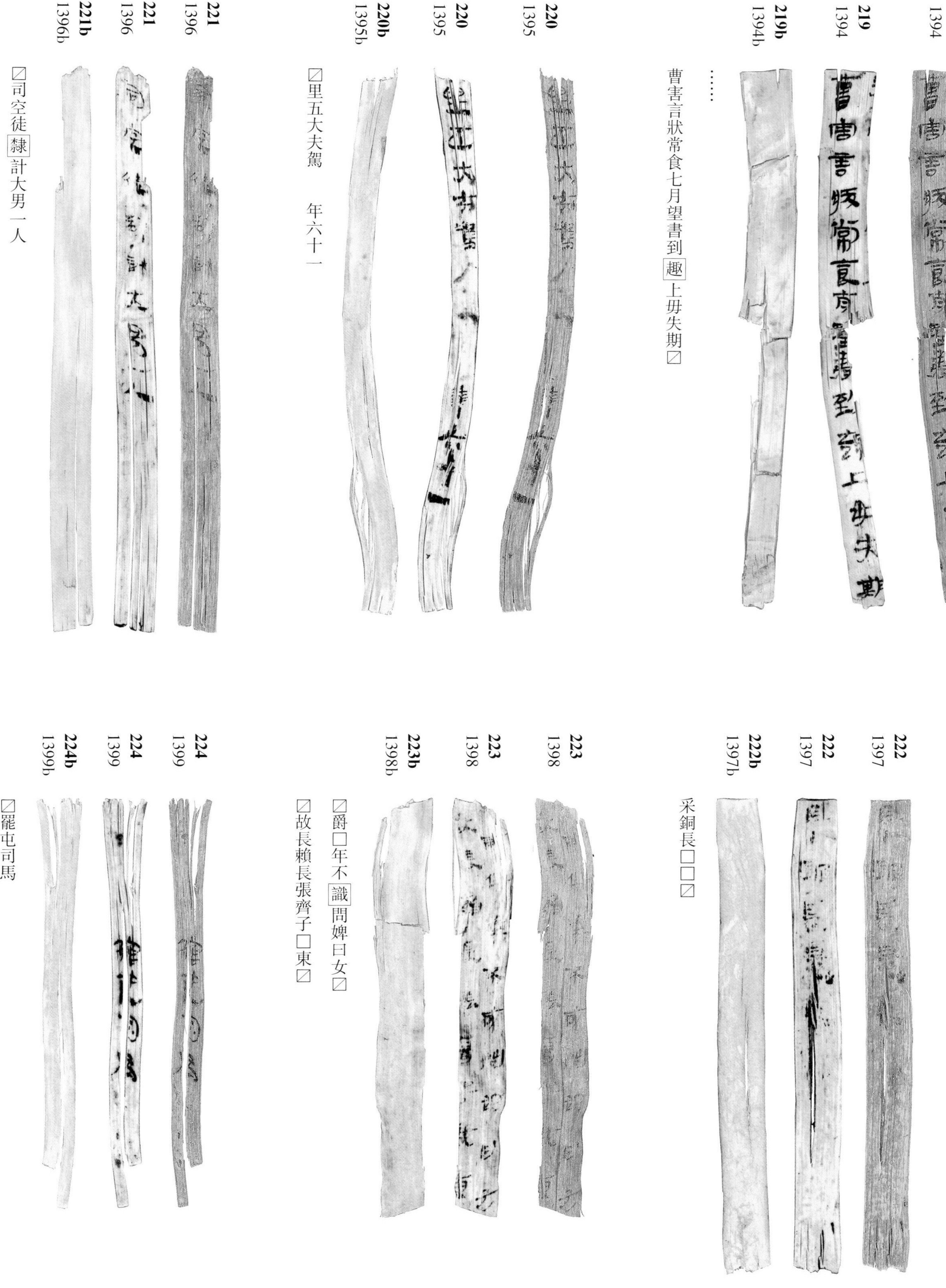

219 1394

219 1394

219b 1394b

曹害言狀常食七月望書到趣上毋失期☑

……

220 1395

220 1395

220b 1395b

☑里五大夫駕　年六十一

221 1396

221 1396

221b 1396b

☑司空徒隸計大男一人

222 1397

222 1397

222b 1397b

采銅長□□☑

223 1398

223 1398

223b 1398b

☑爵□年不識問婢曰女☑

☑故長賴長張齊子□柬☑

224 1399

224 1399

224b 1399b

☑罷屯司馬

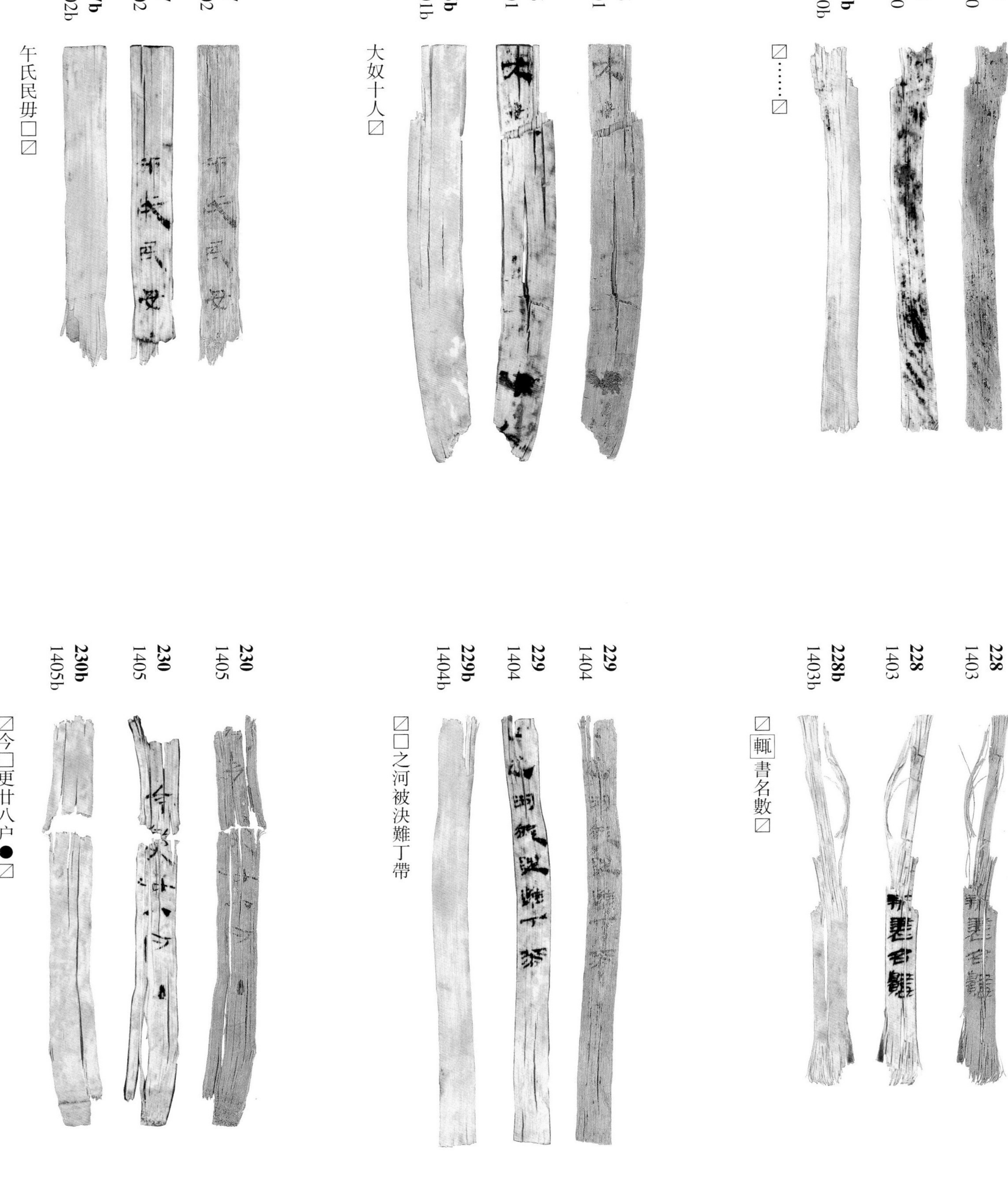

225 1400

225 1400

225b 1400b

⧄……⧄

226 1401

226 1401

226b 1401b

大奴十人⧄

227 1402

227 1402

227b 1402b

午氏民毋☐⧄

228 1403

228 1403

228b 1403b

⧄輒書名數⧄

229 1404

229 1404

229b 1404b

⧄☐之河被決難丁帶

230 1405

230 1405

230b 1405b

⧄今☐更廿八户●⧄

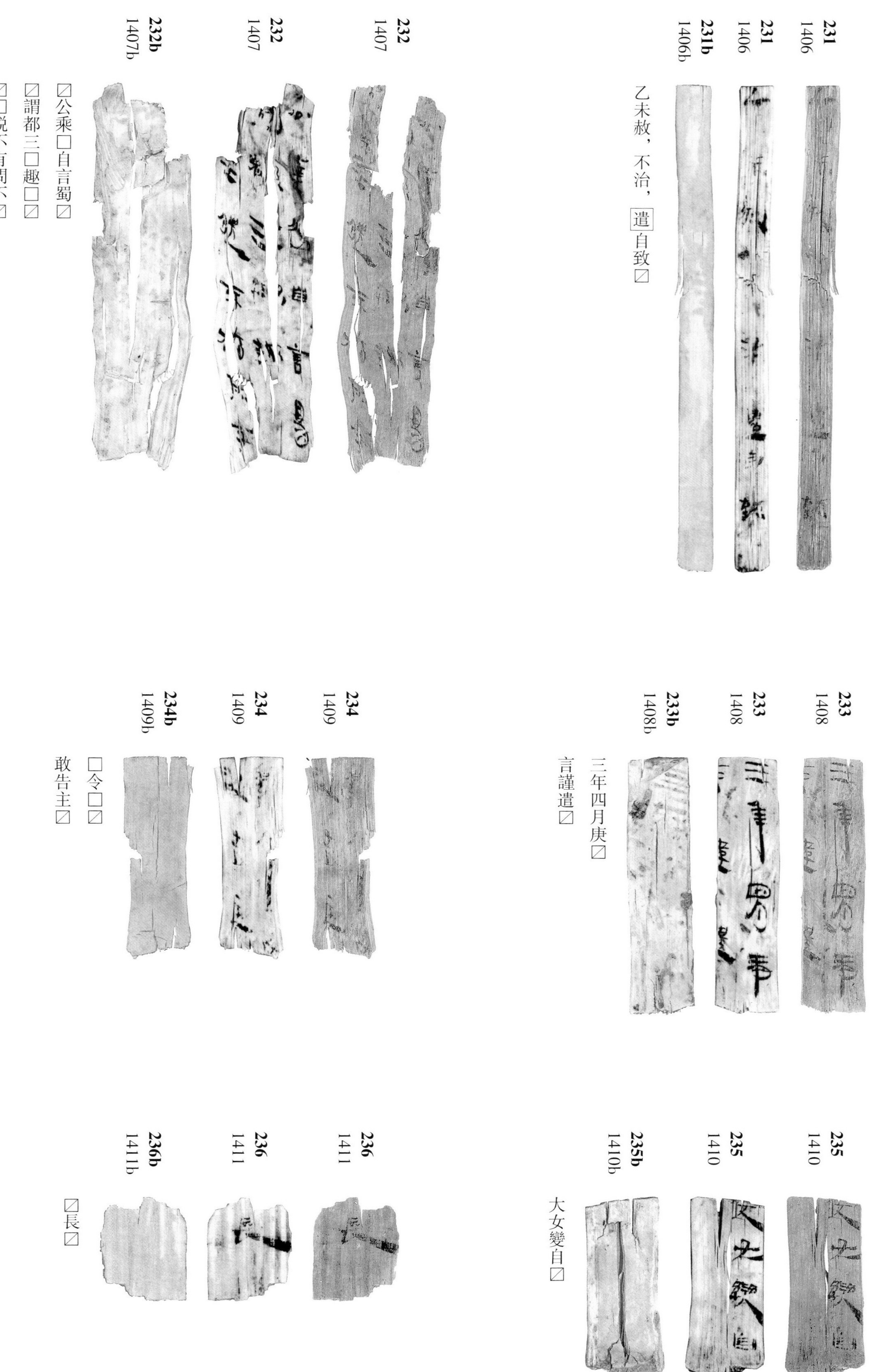

231 1406

231 1406

231b 1406b

乙未赦，不治，[遣]自致▨

232 1407

232 1407

232b 1407b

▨公乘□自言蜀▨

▨謂都三□趣□▨

▨□脱不有問不▨

233 1408

233 1408

233b 1408b

三年四月庚▨

言謹遣▨

234 1409

234 1409

234b 1409b

□令□▨

敢告主▨

235 1410

235 1410

235b 1410b

大女變自▨

236 1411

236 1411

236b 1411b

▨長▨

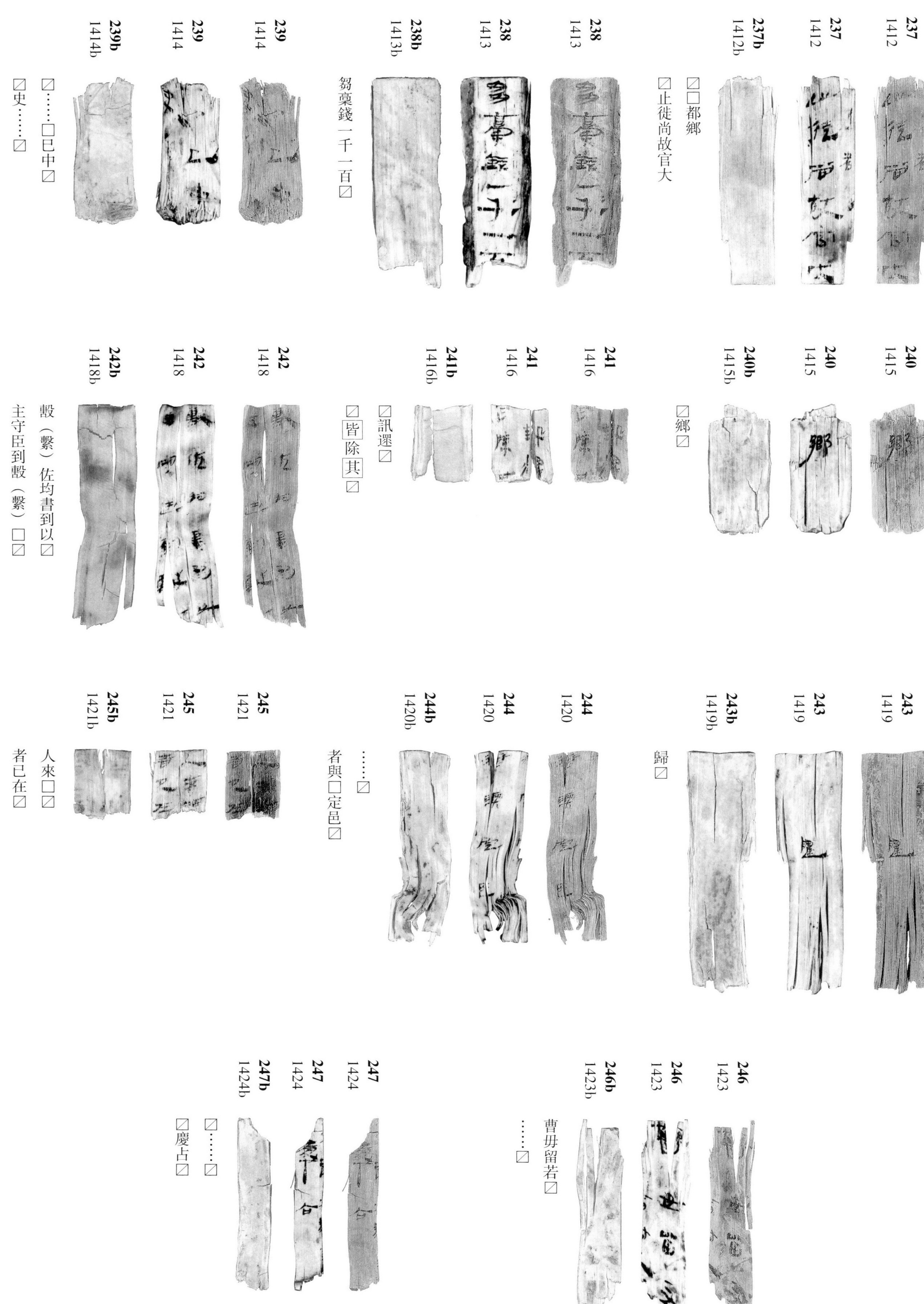

237 1412

237 1412

237b 1412b

☒□都鄉

☒止徙尚故官大

238 1413

238 1413

238b 1413b

芻稾錢一千一百☒

239 1414

239 1414

239b 1414b

☒……□巳中☒

☒史……☒

240 1415

240 1415

240b 1415b

☒鄉☒

241 1416

241 1416

241b 1416b

☒訊還☒

☒皆除其☒

242 1418

242 1418

242b 1418b

轂（繫）佐均書到以☒

主守臣到轂（繫）□☒

243 1419

243 1419

243b 1419b

歸☒

244 1420

244 1420

244b 1420b

……☒

者與□定邑☒

245 1421

245 1421

245b 1421b

人來□☒

者已在☒

246 1423

246 1423

246b 1423b

曹毋留若☒

……☒

247 1424

247 1424

247b 1424b

☒……☒

☒慶占☒

248 1425

248 1425

248b 1425b

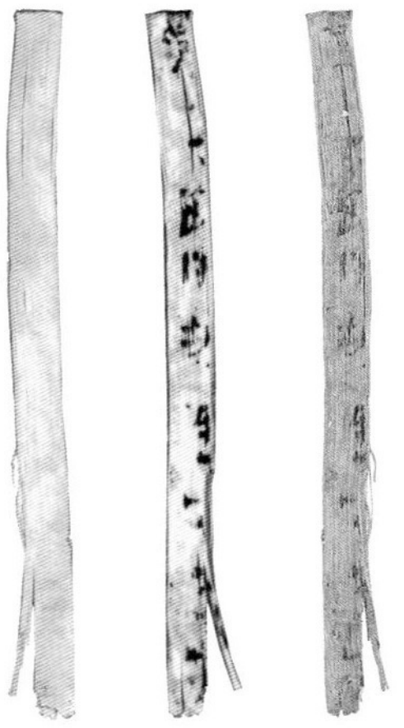

☐……城里……☐

249 1426

249 1426

249b 1426b

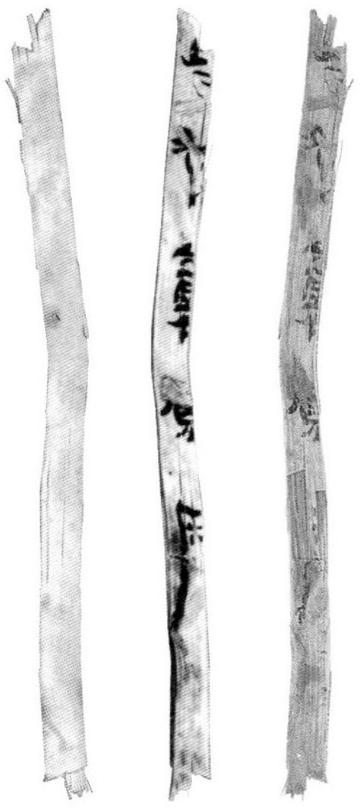

☐□簪裊寡户□☐

250 1427

250 1427

250b 1427b

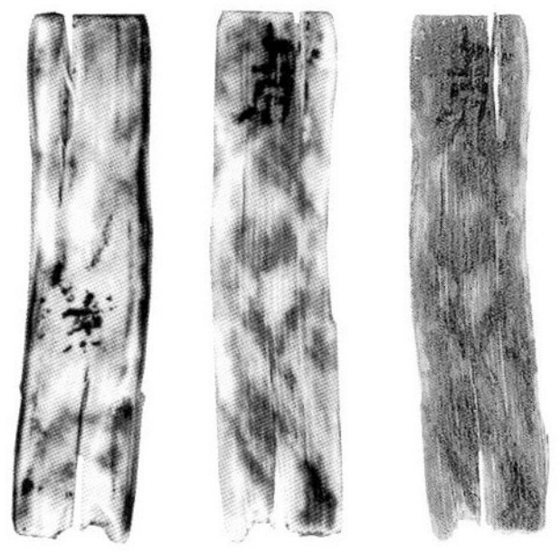

□☐

（背面）□

251 1428

251 1428

251b 1428b

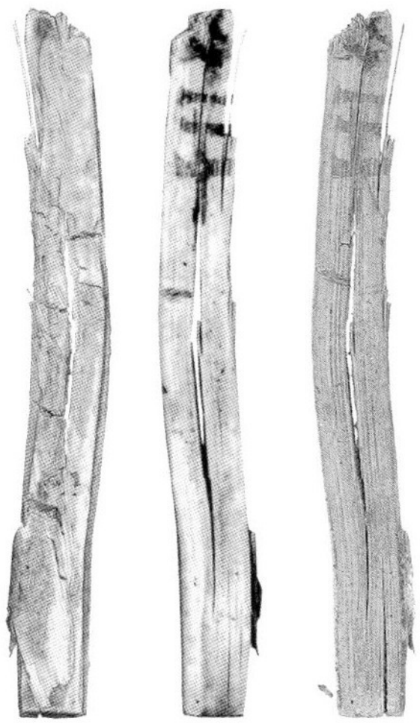

☐□□□

252 1429

252 1429

252b 1429b

☐□大夫寡户

253 1430

253 1430

253b 1430b

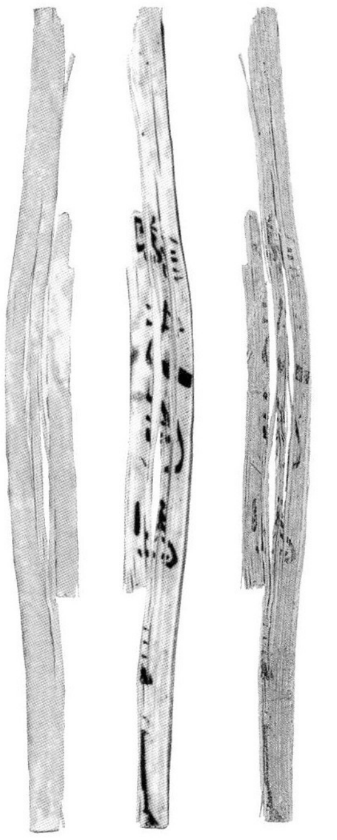

罷屯司馬□□

254 1431

254 1431

254b 1431b

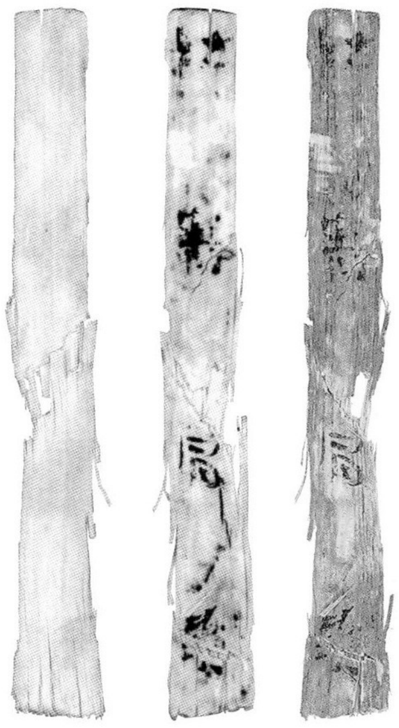

□書當□☐

255 1432

255 1432

255b 1432b

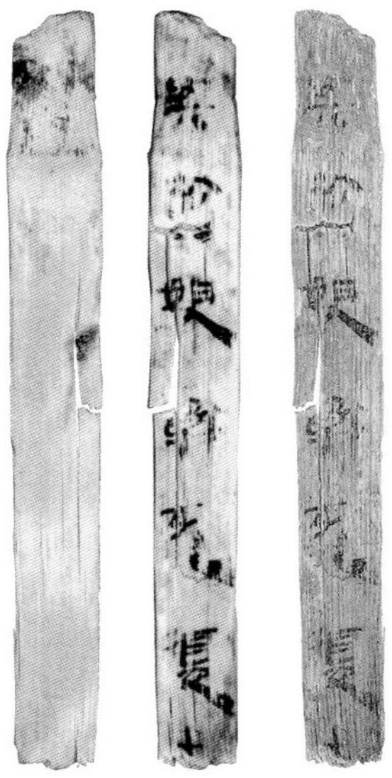

☐與□奴戰死復□☐

256 1433

256 1433

256b 1433b

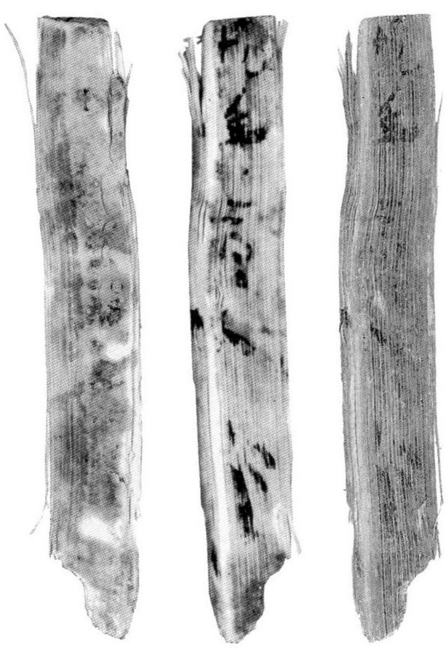

九年二月□□☐

257 1434

257 1434

257b 1434b

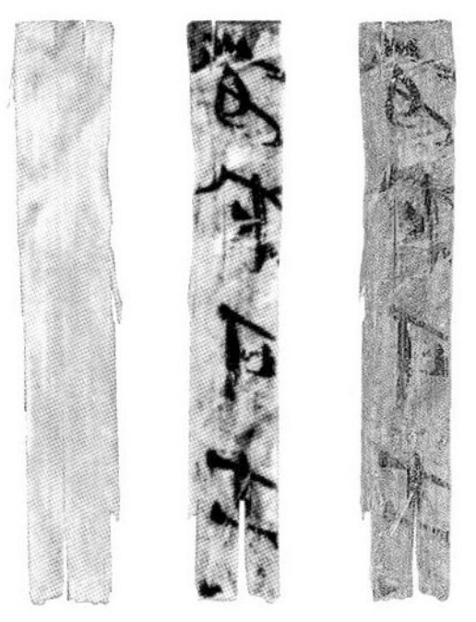

安成户出☐

258 1435

258 1435

258b 1435b

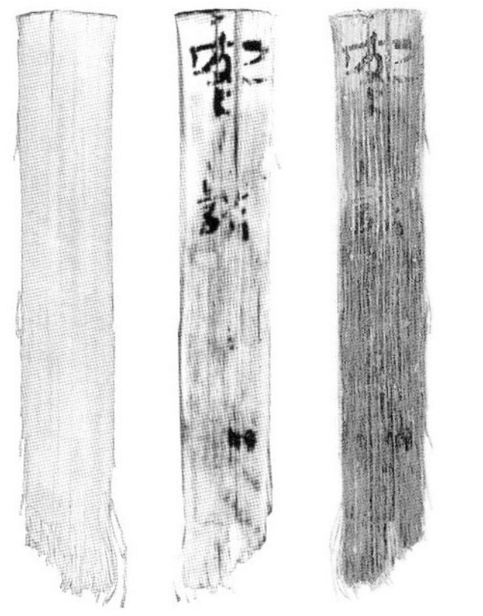

客請□〼

259 1436

259 1436

259b 1436b

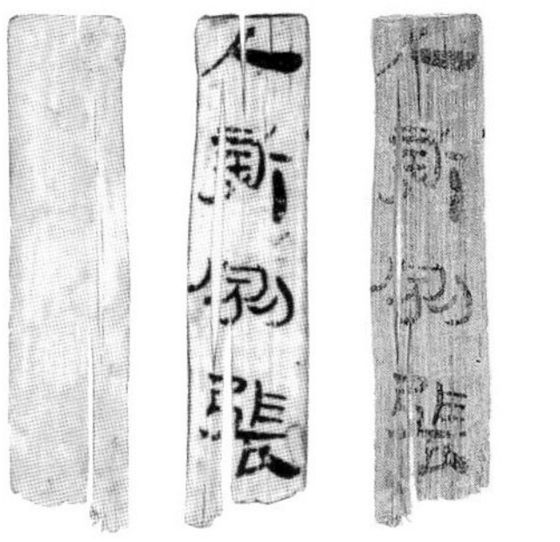

入新別張〼

260 1437

260 1437

260b 1437b

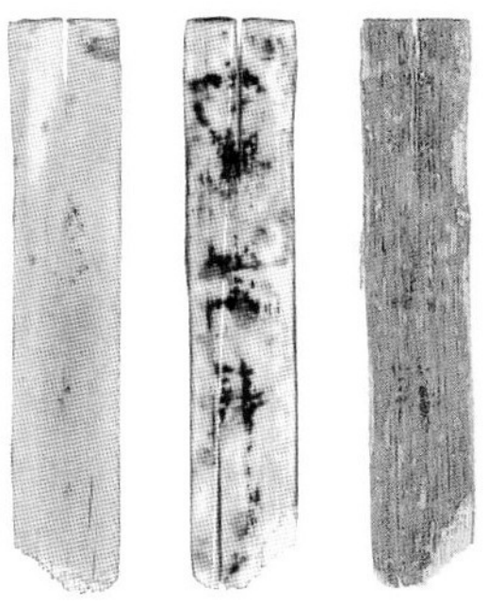

□□證辤（辭）〼

261 1438

261 1438

261b 1438b

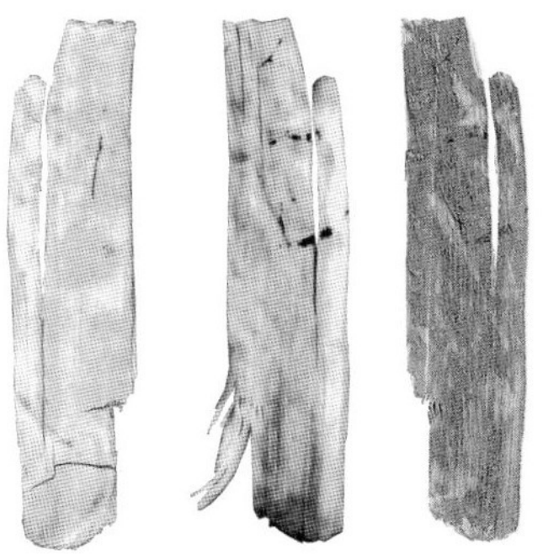

〼人人上〼

262 1439

262 1439

262b 1439b

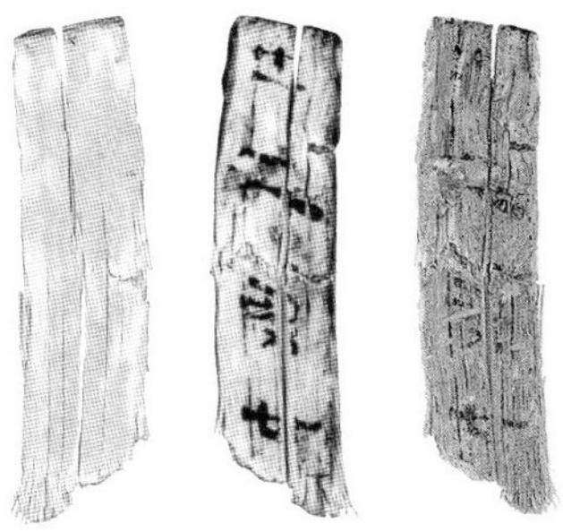

出大男廿〼

263 1440

263 1440

263b 1440b

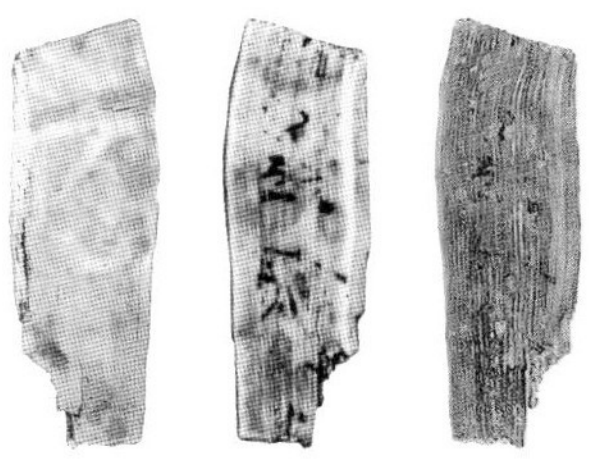

〼□盜戒（械）□〼

264 1441

264 1441

264b 1441b

〼尉
〼史夾

265 1442

265 1442

265b 1442b

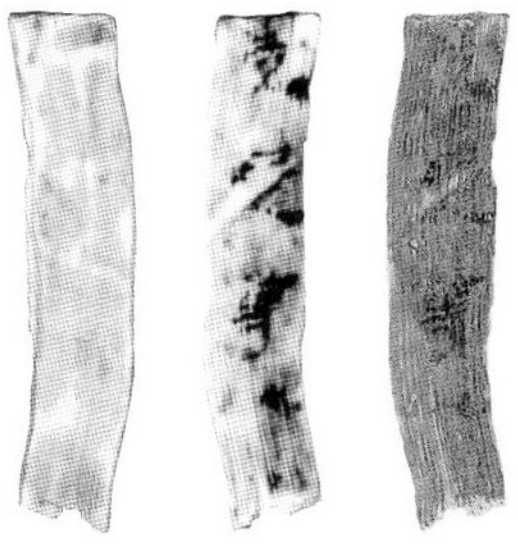

〼走吳等人〼

266 1443

266 1443

266b 1443b

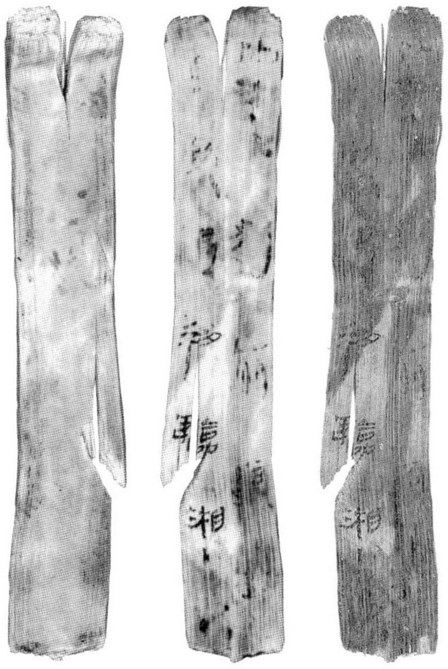

□□□□前□〼
自致謁移臨湘□〼

267 1444

267 1444

267b 1444b

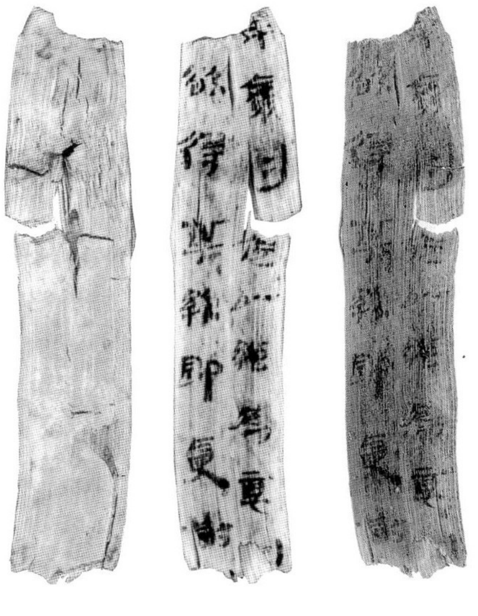

〼□襄曰何以繒爲意□〼
〼欲得其繒即受尉□〼

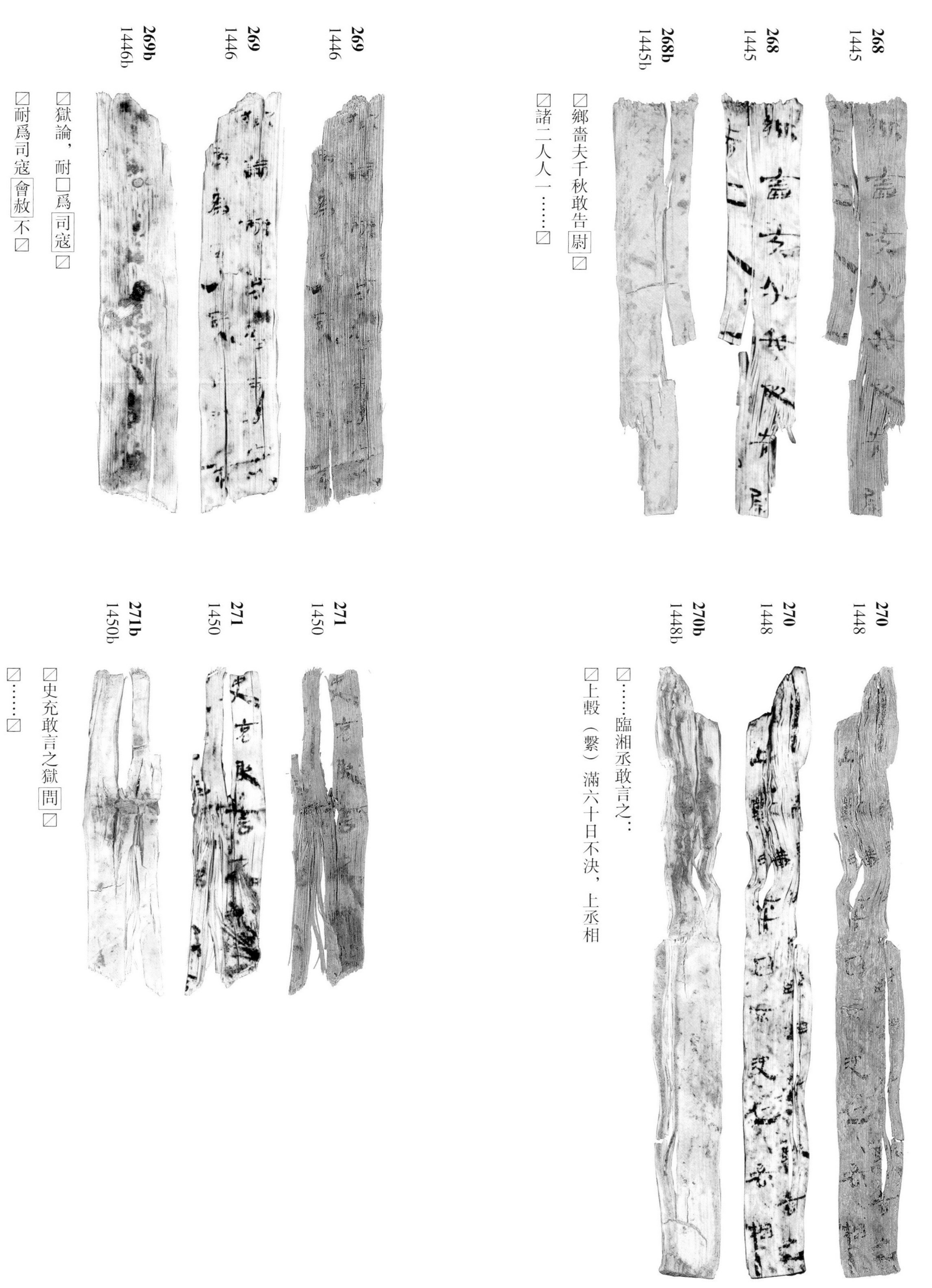

268 1445

268 1445

268b 1445b

☐鄉嗇夫千秋敢告尉☐

☐諸二人人一……☐

269 1446

269 1446

269b 1446b

☐獄論，耐□爲司寇☐

☐耐爲司寇會赦不☐

270 1448

270 1448

270b 1448b

☐……臨湘丞敢言之：

☐上轂（繫）滿六十日不決，上丞相

271 1450

271 1450

271b 1450b

☐史充敢言之獄問☐

☐……☐

272 1451

272 1451

272b 1451b

☒□欲乙未□□□☒

☒□書實論獄不審☒

273 1452

273 1452

273b 1452b

……壬戌，獄史……☒

……月丙寅……☒

274 1454

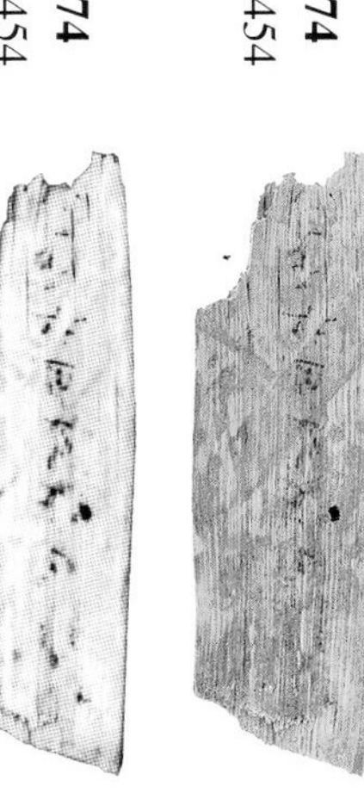

274 1454

274b 1454b

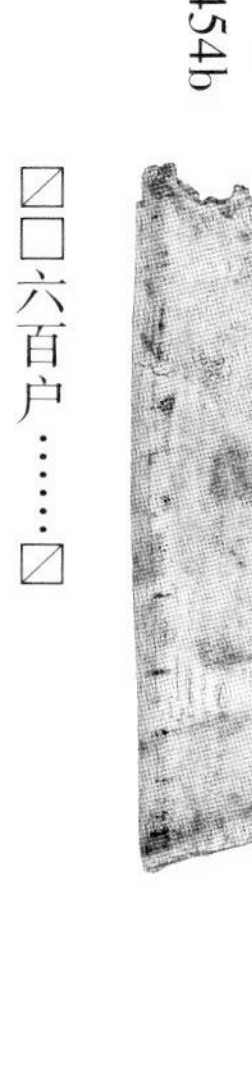

☒□六百户……☒

275 1455

275 1455

275b 1455b

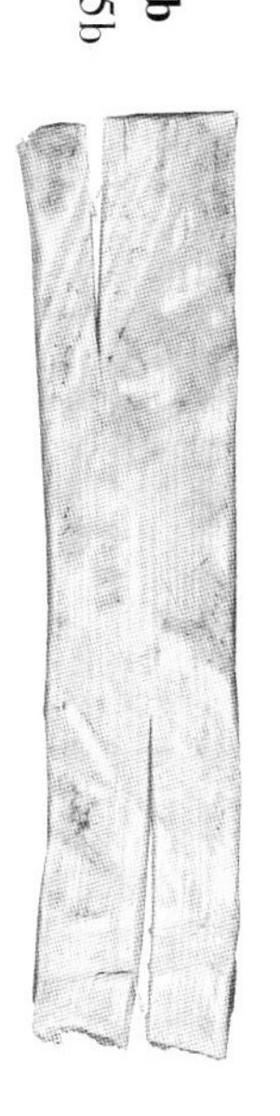

夫牒故駕（加）論，罰債金四兩□☒

皆得論罰牒金九朱九分朱六☒

276 1456

276 1456

276b 1456b

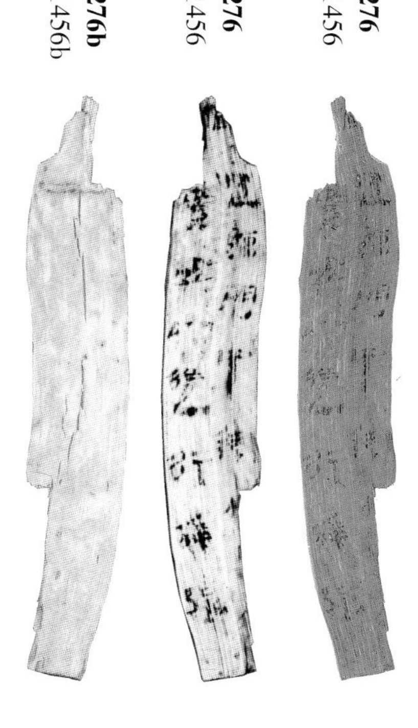

☒□置繒門中□□……

☒費毋以徙行□強

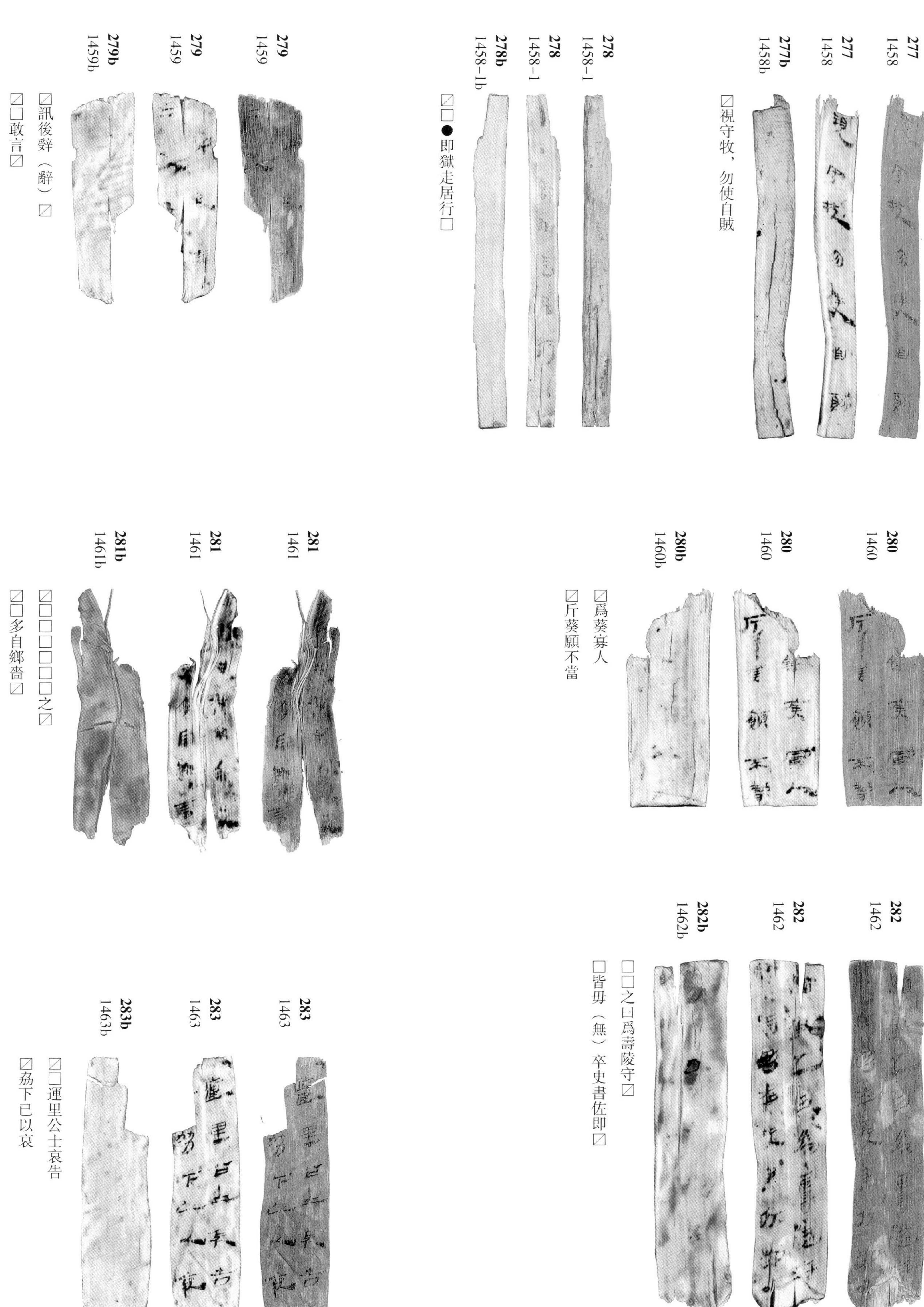

277 1458

277 1458

277b 1458b

☐視守牧，勿使自賊

278 1458–1

278 1458–1

278b 1458–1b

☐□●即獄走居行□

279 1459

279 1459

279b 1459b

☐訊後辤（辭）☐

☐□敢言☐

280 1460

280 1460

280b 1460b

☐爲葵寡人

☐斤葵願不當

281 1461

281 1461

281b 1461b

☐□□□□□□之☐

☐□多自鄉嗇☐

282 1462

282 1462

282b 1462b

□□之曰爲壽陵守☐

□皆毋（無）卒史書佐即☐

283 1463

283 1463

283b 1463b

☐□運里公士哀告

☐劦下已以哀

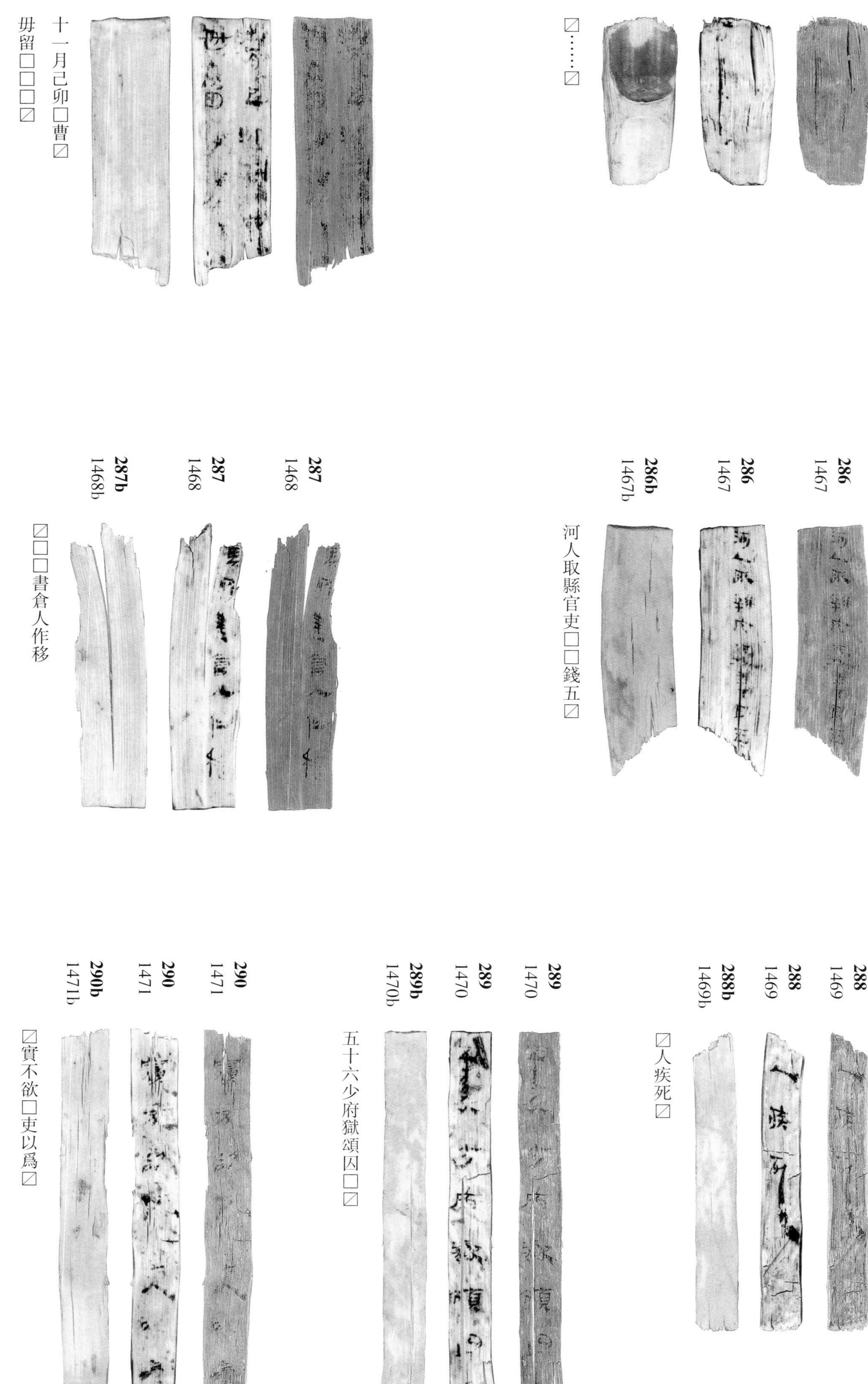

284 1464

284 1464

284b 1464b
☐……☐

285 1466

285 1466

285b 1466b
十一月己卯□曹☐
毋留□□□☐

286 1467

286 1467

286b 1467b
河人取縣官吏□□錢五☐

287 1468

287 1468

287b 1468b
☐□□書倉人作移

288 1469

288 1469

288b 1469b
☐人疾死☐

289 1470

289 1470

289b 1470b
五十六少府獄頌囚□☐

290 1471

290 1471

290b 1471b
☐實不欲□吏以爲☐

291
1473

291
1473

291b
1473b

鄒□去吴辤（辭）□☐

292
1474

292
1474

292b
1474b

故不輸□倚人☐

293
1475

293
1475

293b
1475b

☐□里□南鄉建家人容右過四家及五家家□

294
1476

294
1476

294b
1476b

□□十月壬寅，劾曰：北利里男☐

295
1477

295
1477

295b
1477b

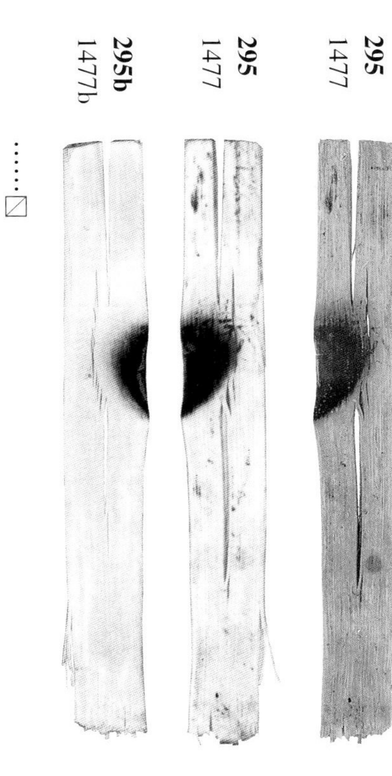

……☐

296
1478

296
1478

296b
1478b

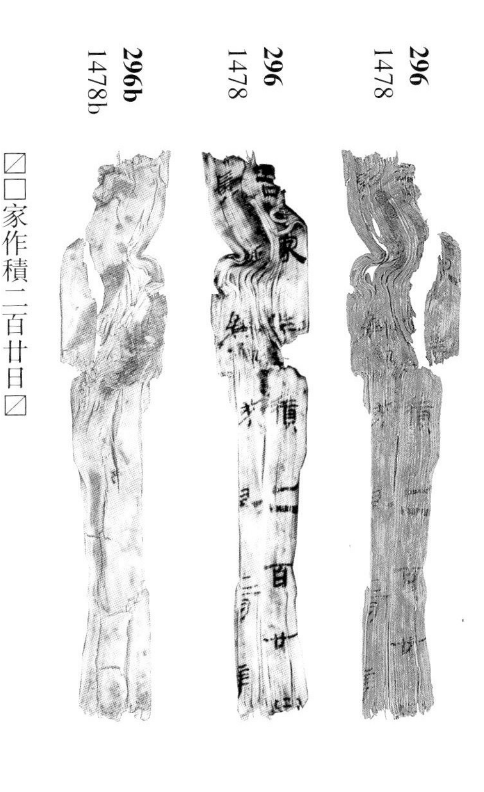

☐□家作積二百廿日☐

☐髡鉗爲城旦舂，辤（辭）☐

297 1479

297 1479

297b 1479b

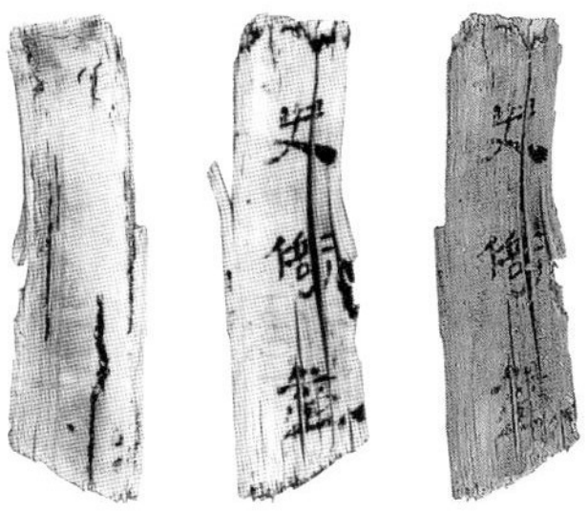

⍁史倚益⍁

299 1480

299 1480

299b 1480b

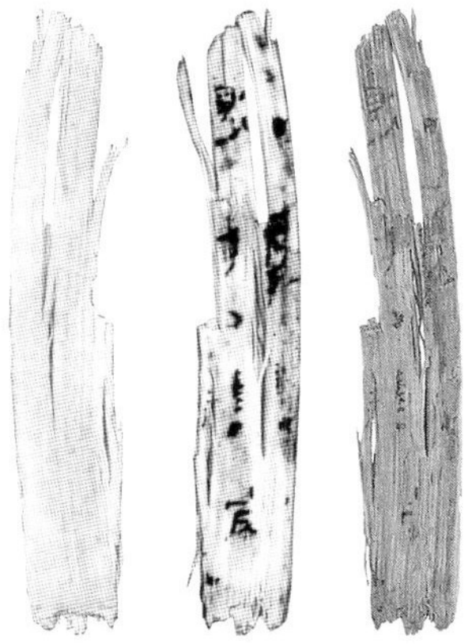

⍁敗傷□□⍁

300 1481

300 1481

300b 1481b

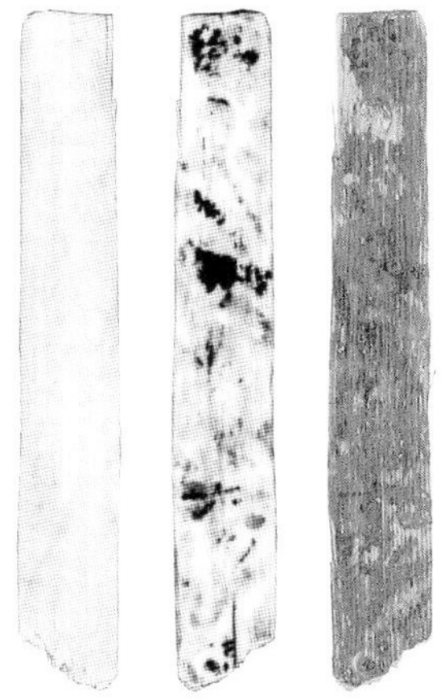

⍁□□□□

301 1482

301 1482

301b 1482b

□□□⍁

298 1479–1

298 1479–1

298b 1479–1b

⍁□人各⍁

302 1483

302 1483

302b 1483b

六年六月甲子，磨鄉嗇夫成劾工里士五（伍）客夫年籍自占[年]⍁

303 1484

303 1484

303b 1484b

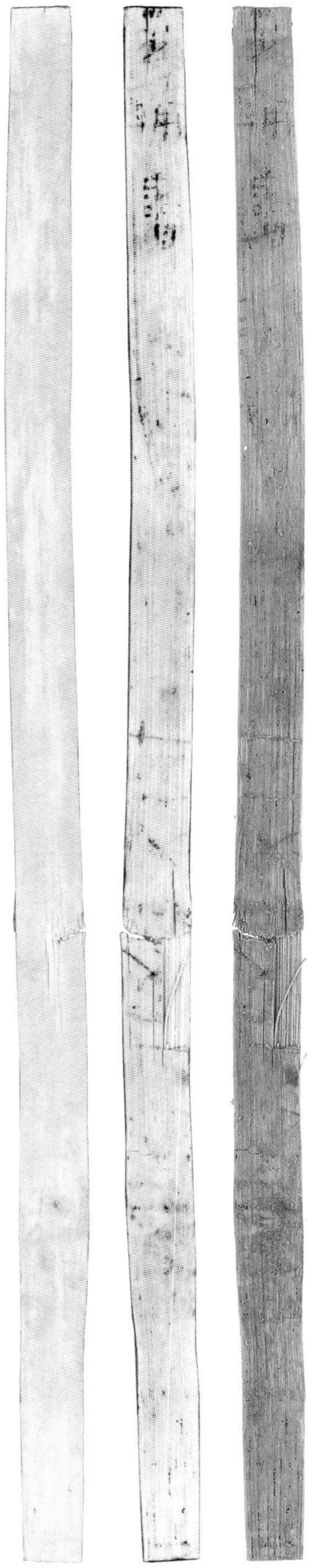

·求捕書

304 1485

304 1485

304b 1485b

倶□告□聞□言求芻以爲□所當□言

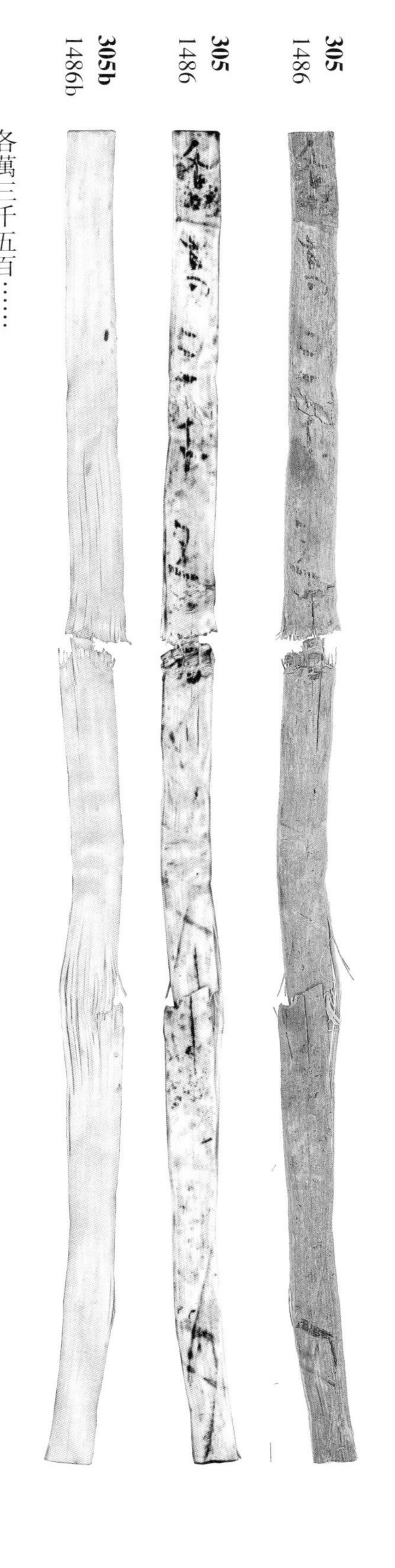

305 1486

305 1486

305b 1486b

各萬三千五百……

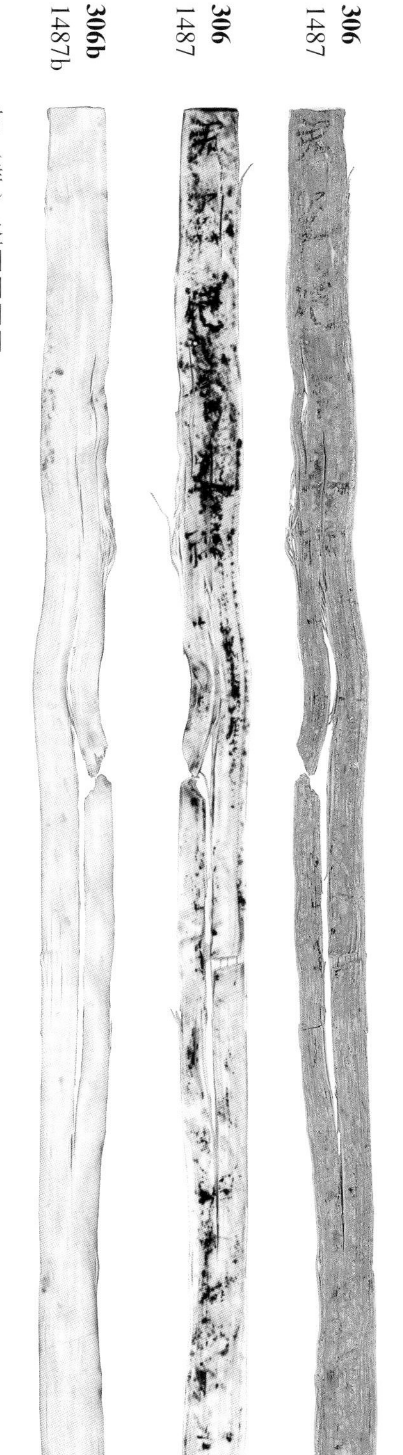

306 1487

306 1487

306b 1487b

君（群）盜□□□□……

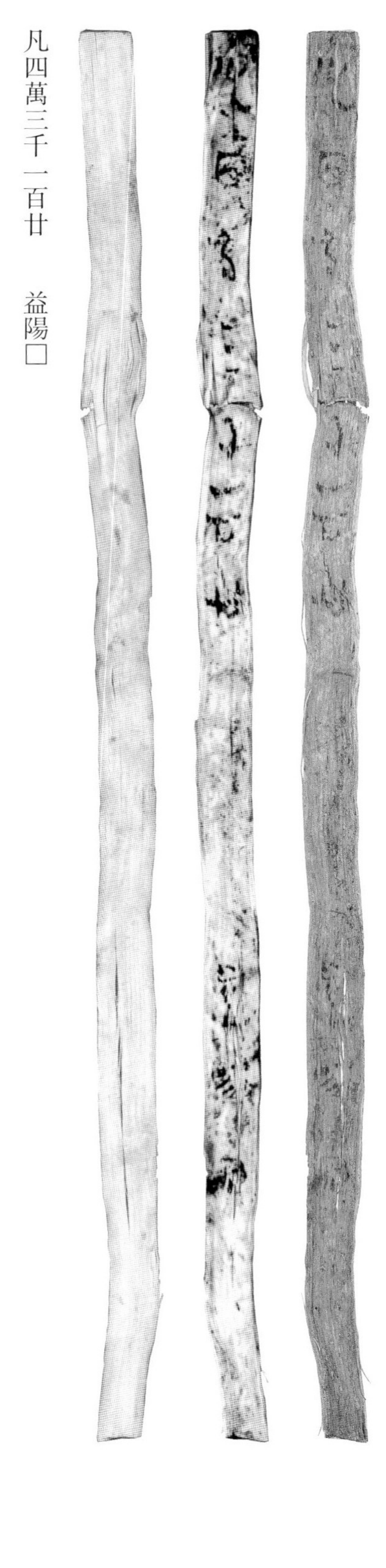

307 1488

307 1488

307b 1488b

凡四萬三千一百廿　益陽□

308 1489

308 1489

308b 1489b

當補吏七人　盈□　今□□亭長

309 1490

309 1490

309b 1490b

三永巷長信工巷中分巷夫邑☑

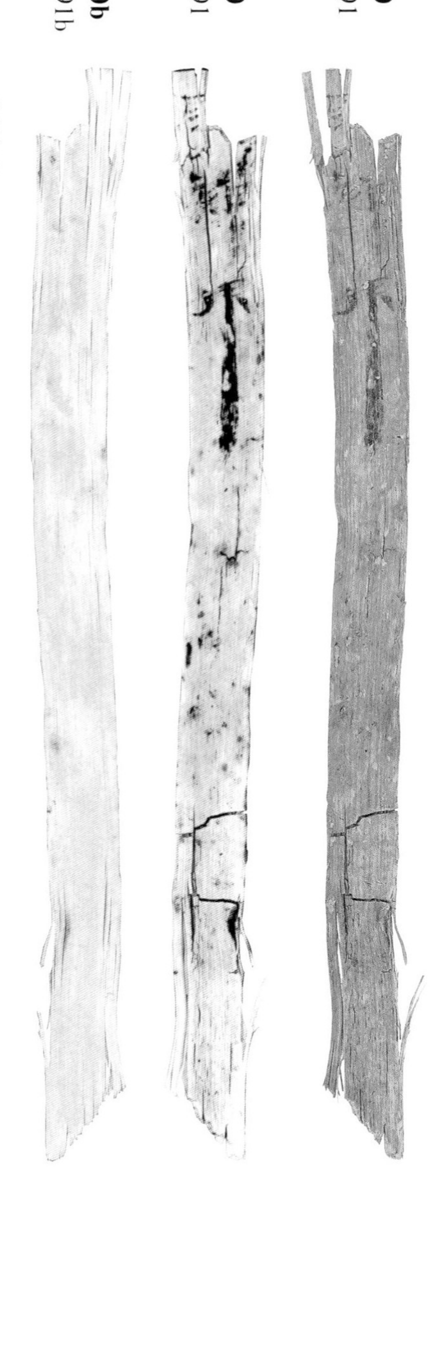

310 1491

310 1491

310b 1491b

自詣報☐

311 1492

311 1492

311b 1492b

☐丞相上代御史書言爵時故周奉鄉☐

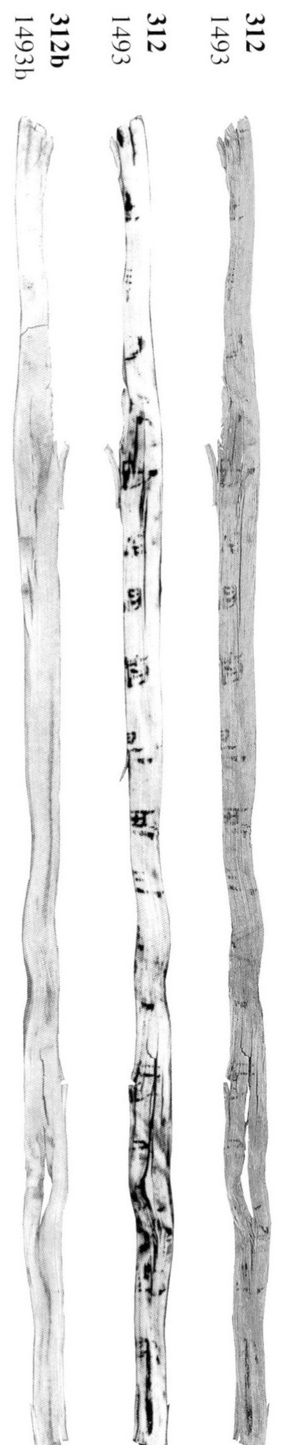

312 1493

312 1493

312b 1493b

☐訊辤大女臨湘偕里迺三……

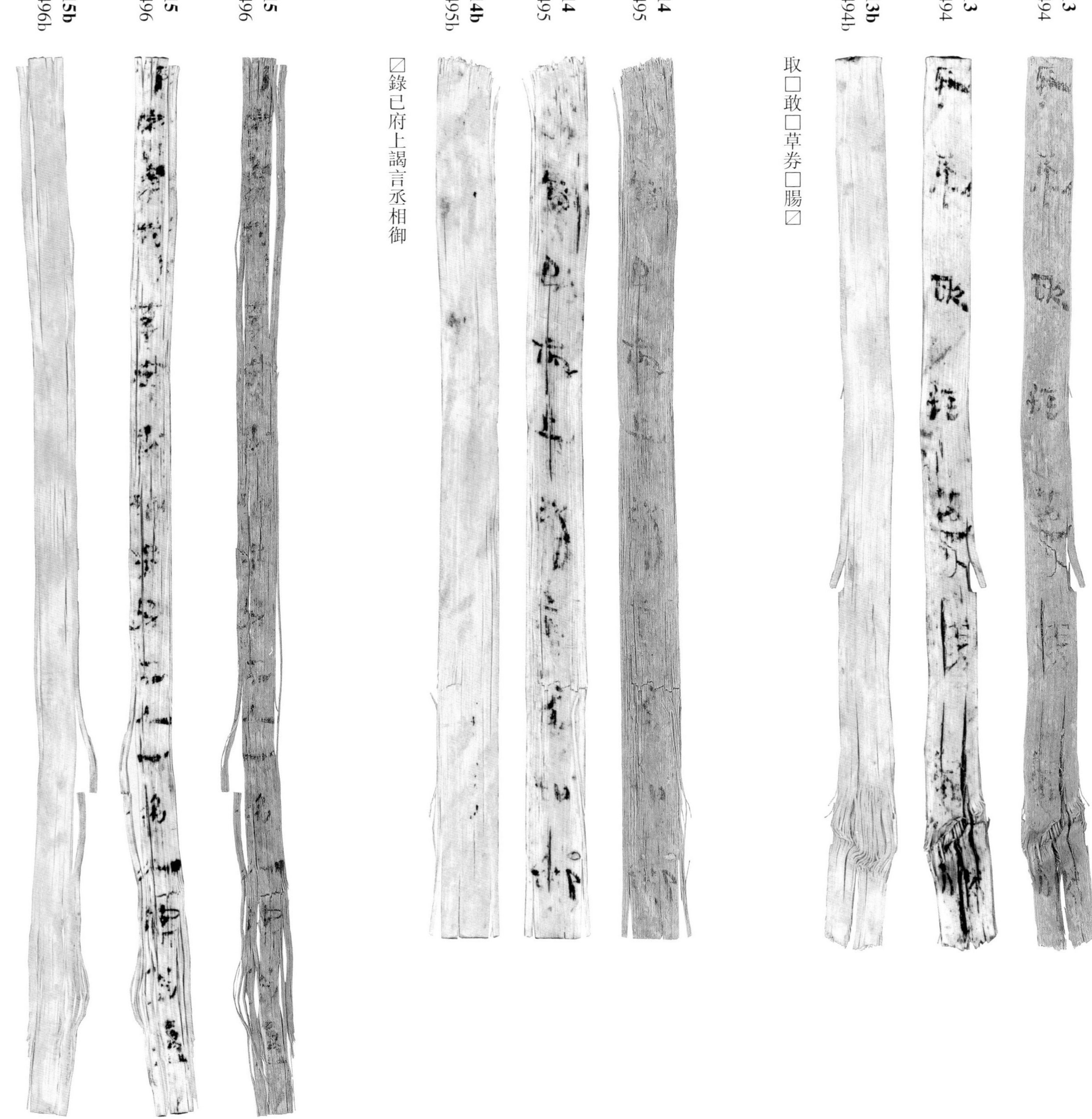

313 1494

313 1494

313b 1494b

取□敢□草券□腸☐

314 1495

314 1495

314b 1495b

☐錄己府上謁言丞相御

315 1496

315 1496

315b 1496b

□□□□□□□少□子男二人一名久字□□

316 1497

316 1497

316b 1497b

☐□鄉佐□☐

☐毋分爭別☐

317 1498

317 1498

317b 1498b

☐公大夫一☐

318 1499

318 1499

318b 1499b

☐皆以聞

319 1500

319 1500

319b 1500b

☐壬辰☐

☐壬辰☐

320 1501

320 1501

320b 1501b

☐□得傳□☐

321 1502

321 1502

321b 1502b

☐定名☐

322 1503

322 1503

322b 1503b

☐奪爵☐

323 1504

323 1504

323b 1504b

☐牒并移遣☐

☐臨湘獄以從☐

324
1505

324
1505

324b
1505b

☑田徙臨湘以私宦
☑□即□令行人長

325
1506

325
1506

325b
1506b

☑舍娗年里士五（伍）嬰家☑
☑曰嬰與□以船載☑

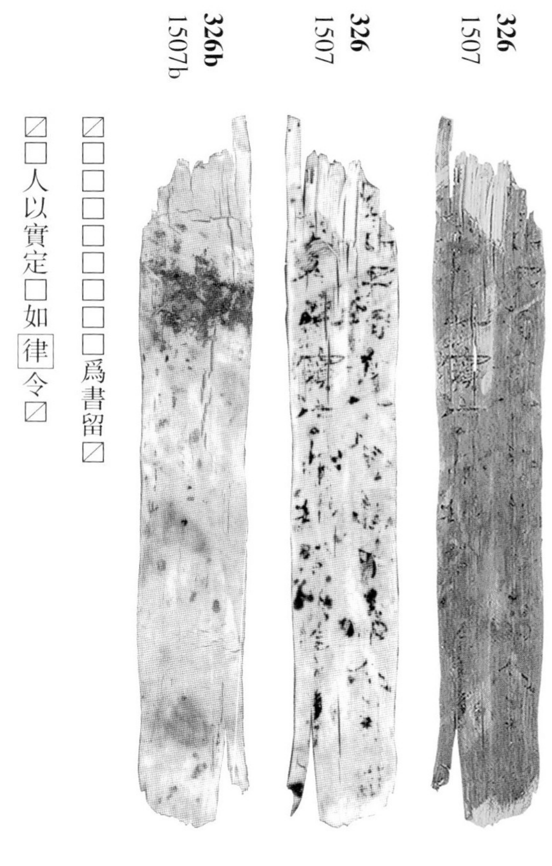

326
1507

326
1507

326b
1507b

☑□□□□□□□□爲書留☑
☑□人以實定□如[律]令☑

327
1508

327
1508

327b
1508b

☑其
……內史死

328 1510

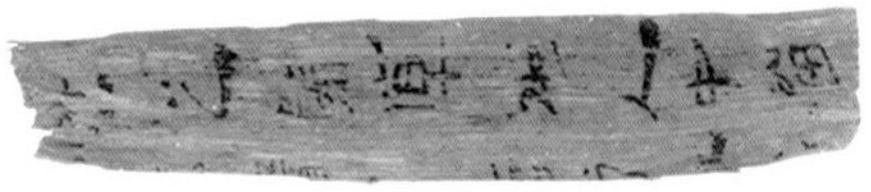

328 1510

328b 1510b

☒言之熊厚巫人中留

☒□□□□□□□□

329 1511

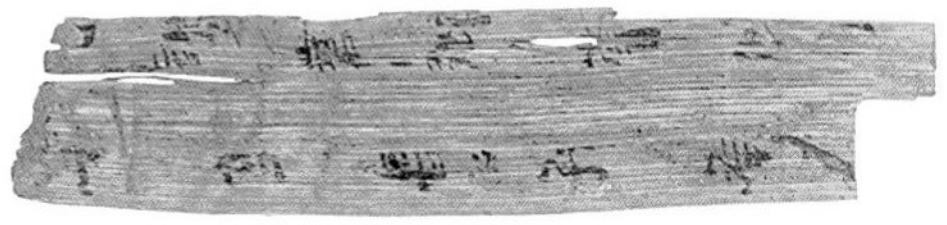

329 1511

329b 1511b

☒□謂磨鄉南鄉

☒□郭長孫□

330 1512

330 1512

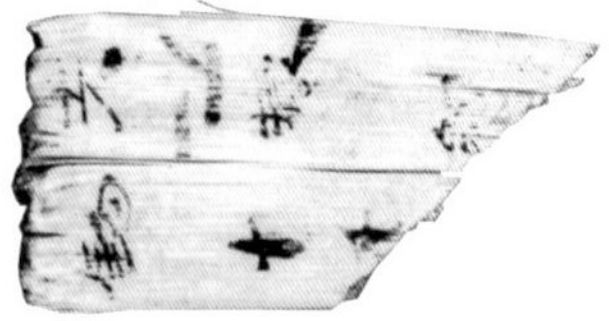

330b 1512b

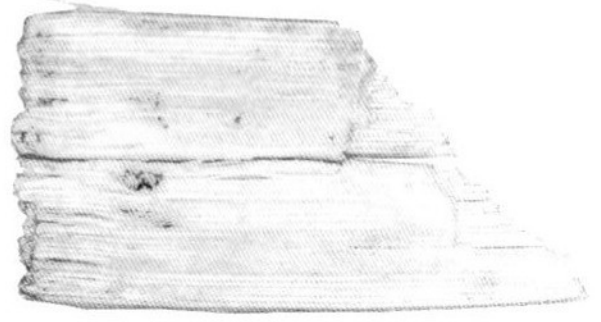

夫據約☒

鈞十年☒

331 1514

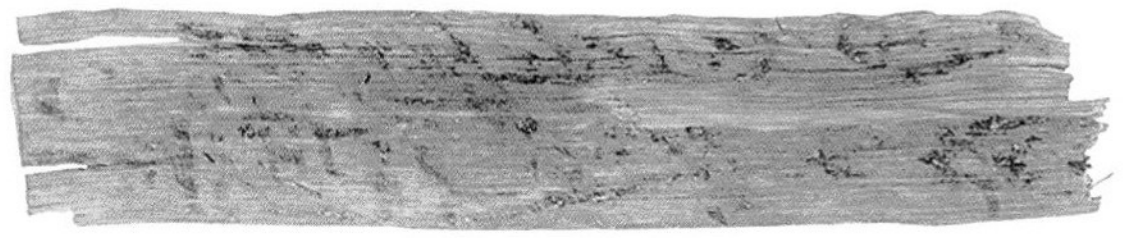

331 1514

331b 1514b

□女子以□□三不☒

……襄人

332 1515

332 1515

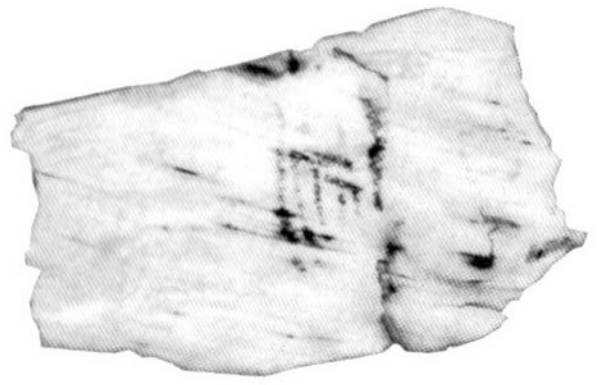

332b 1515b

☒壹☒

333 1516

333 1516

333b 1516b

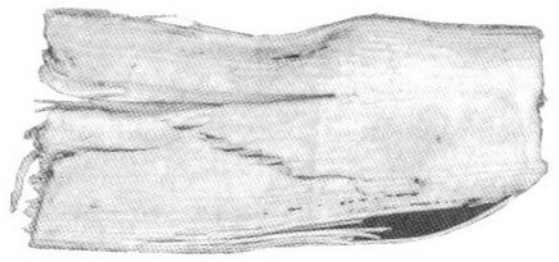

☒夷告繻□☒

☒日已告何☒

334 1518

334 1518

334b 1518b

☒首匿☒

☒□長☒

335 1519

335 1519

335b 1519b

☒訊辤（辭）曰……

336 1520

336 1520

336b 1520b

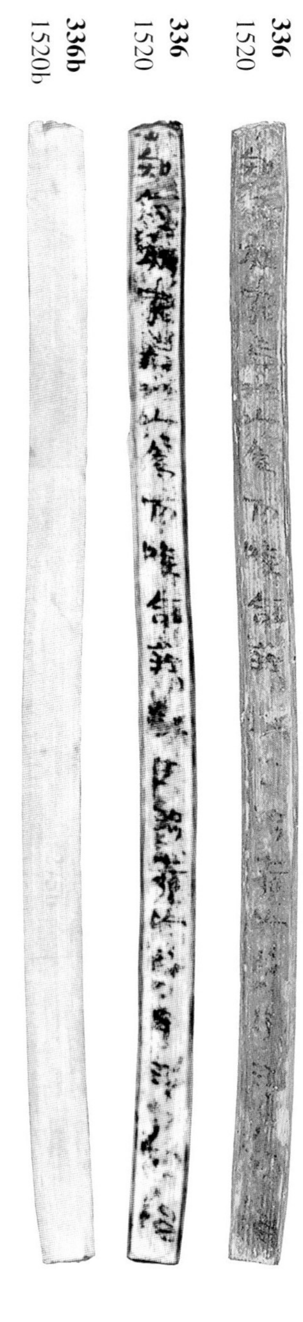

☒不知何死罪□□以爲可除命籍獄史治者以□□河人□

337 1521

337 1521

337b 1521b

☒百一十五字☒

338 1522

338 1522

338b 1522b

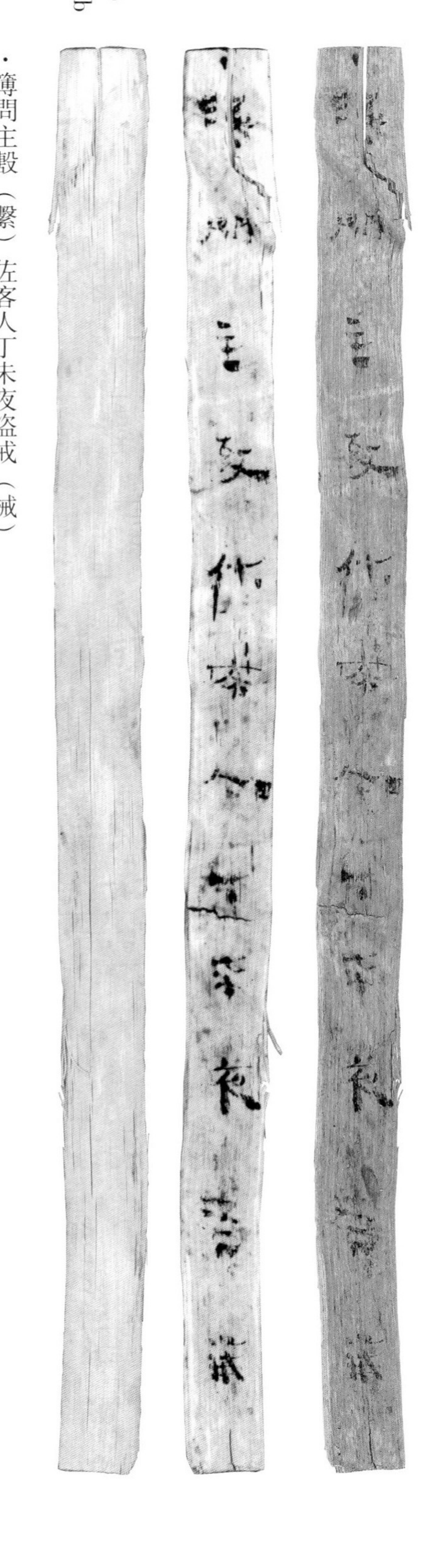

・簿問主毄（繫）佐客人丁未夜盜戒（械）

339 1523

339 1523

339b 1523b

盜戒（械）囚大男福

340 1524

340 1524

340b 1524b

□□□□□庫人錢

341 1526

341 1526

341b 1526b

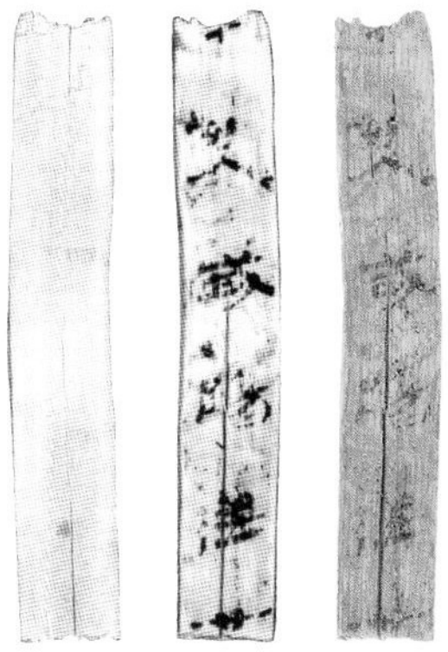

☒□故咸陽往□□

342 1527

342 1527

342b 1527b

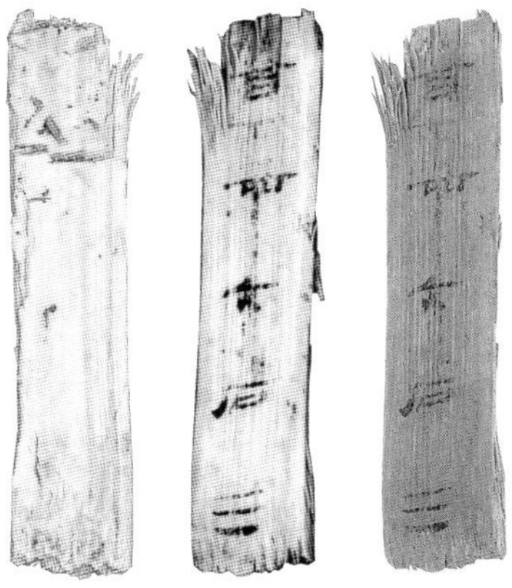

☒百卌六石三☒

343 1528

343 1528

343b 1528b

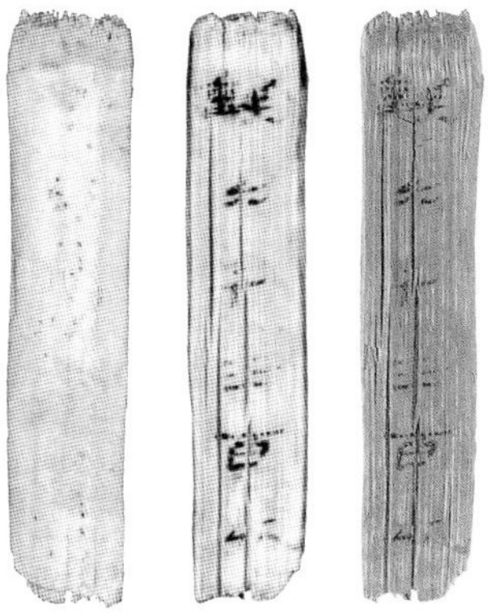

☒錢六千三百五☒

344 1529

344 1529

344b 1529b

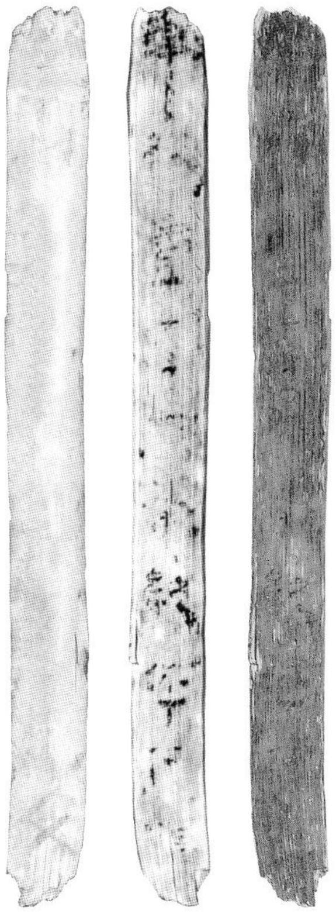

☒舉□重□□□級六十石□☒

345 1530

345 1530

345b 1530b

☒五月乙未赦

346 1531

346 1531

346b 1531b

廼八年四月中御史☒

347 1532

347 1532

347b 1532b

高成公大夫不疑　年卌二　見

348 1533

348 1533

348b 1533b

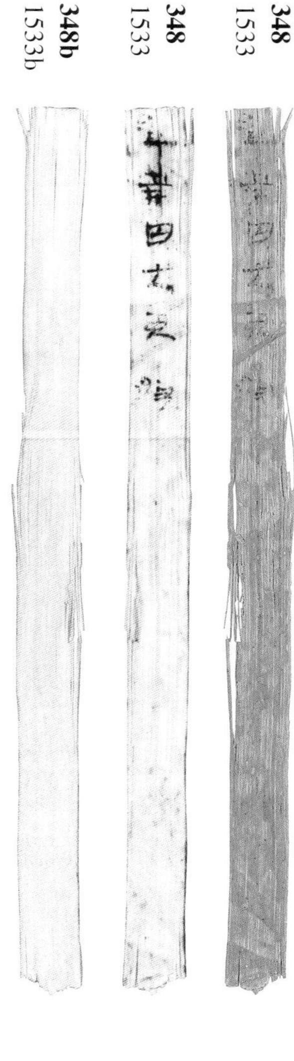

盜戒（械）囚大男奴☐

349 1534

349 1534

349b 1534b

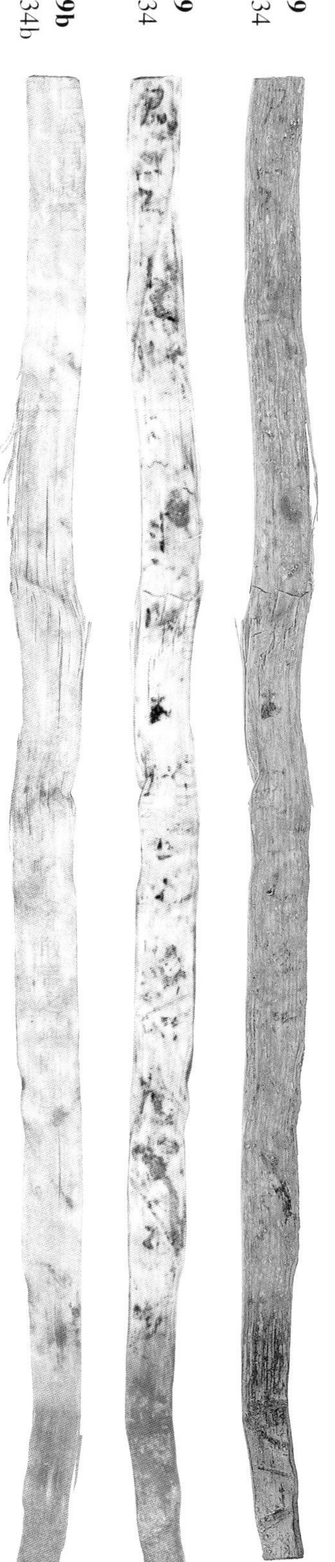

君（群）盜……

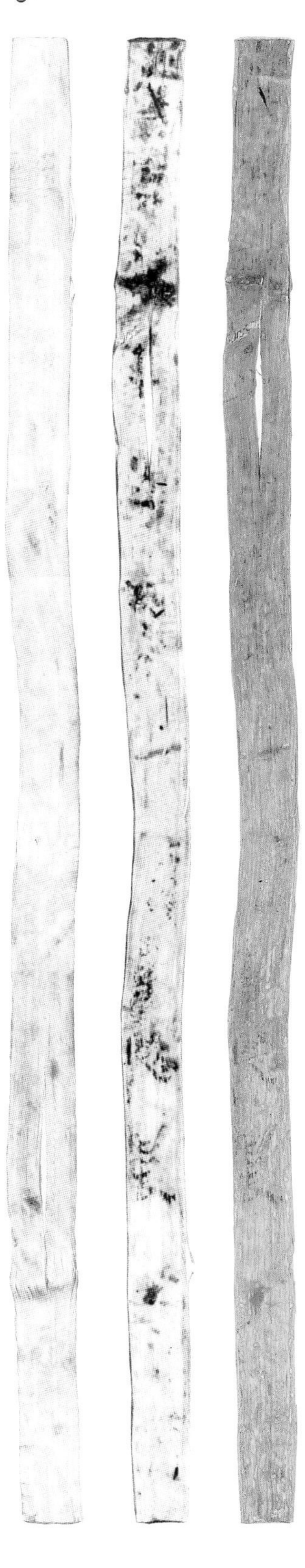

350 1535

350 1535

350b 1535b

·凡……詩陵長

351 1536

351 1536

351b 1536b

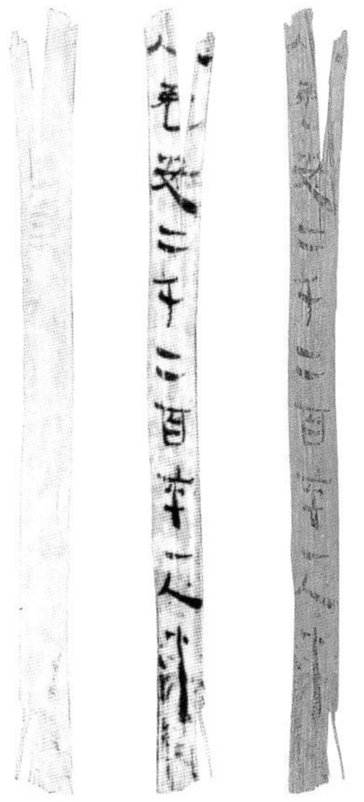

☒人免老二千二百六十一人中□☒

352 1537

352 1537

352b 1537b

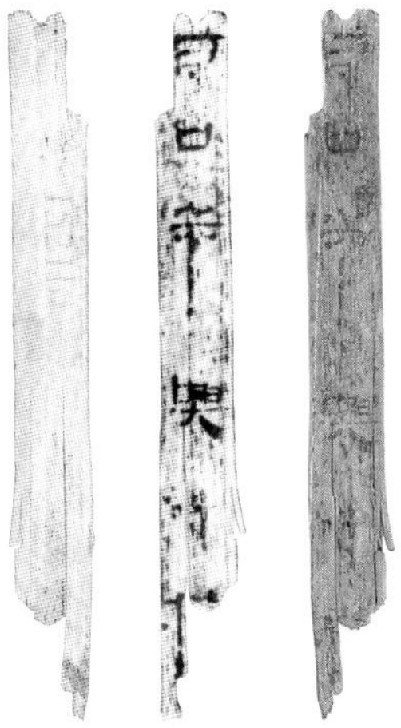

☒户口志與計偕☒

353 1538

353 1538

353b 1538b

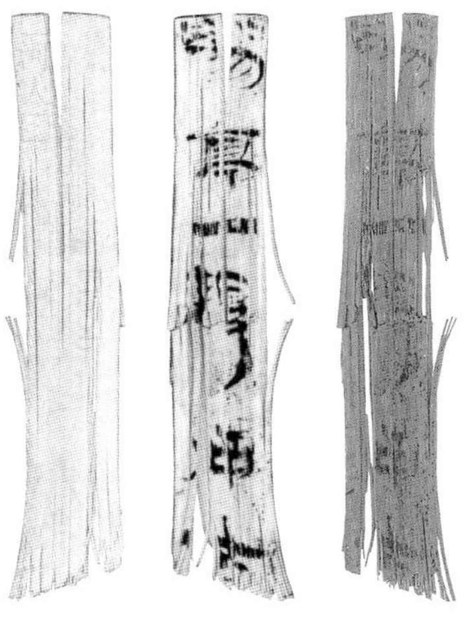

☒漻亭一擇□□☒

354 1539

354 1539

354b 1539b

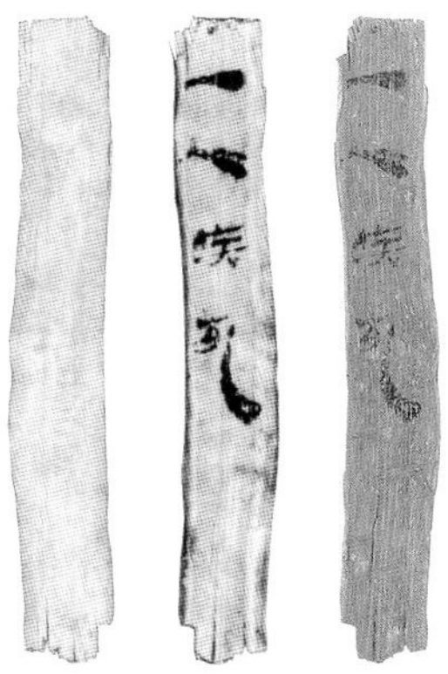

☒□一人疾死☒

355 1540

355 1540

355b 1540b

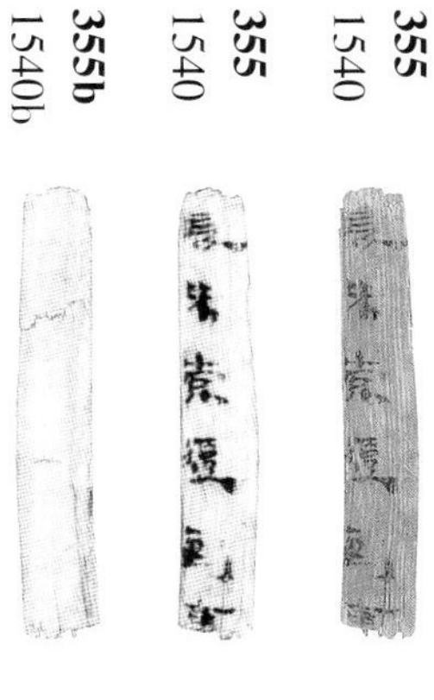

☒長朱常復到南☒

356 1541
356 1541
356b 1541b

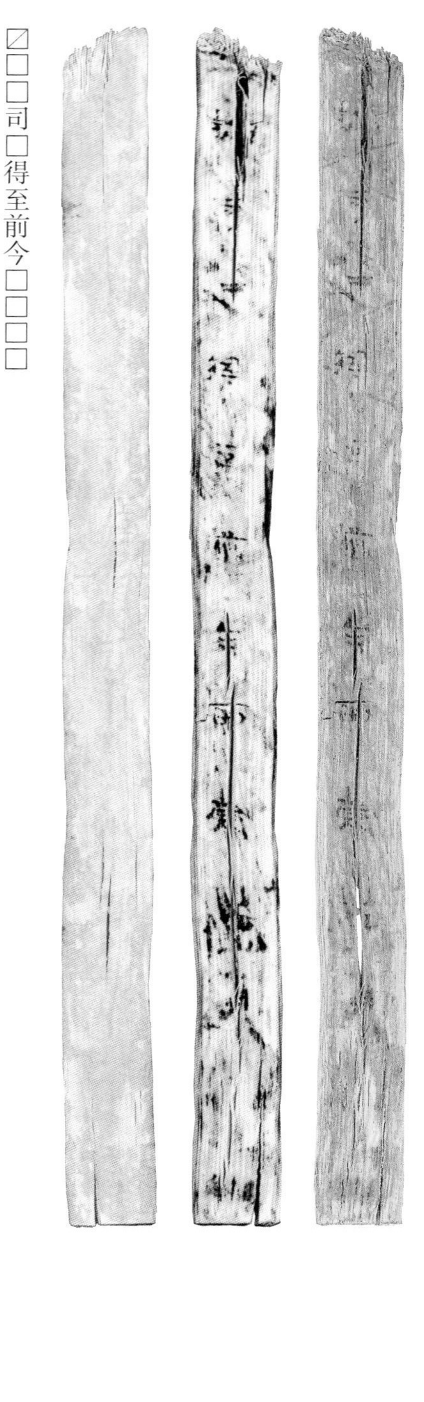

☒☐☐司☐得至前今☐☐☐☐

357 1542
357 1542
357b 1542b

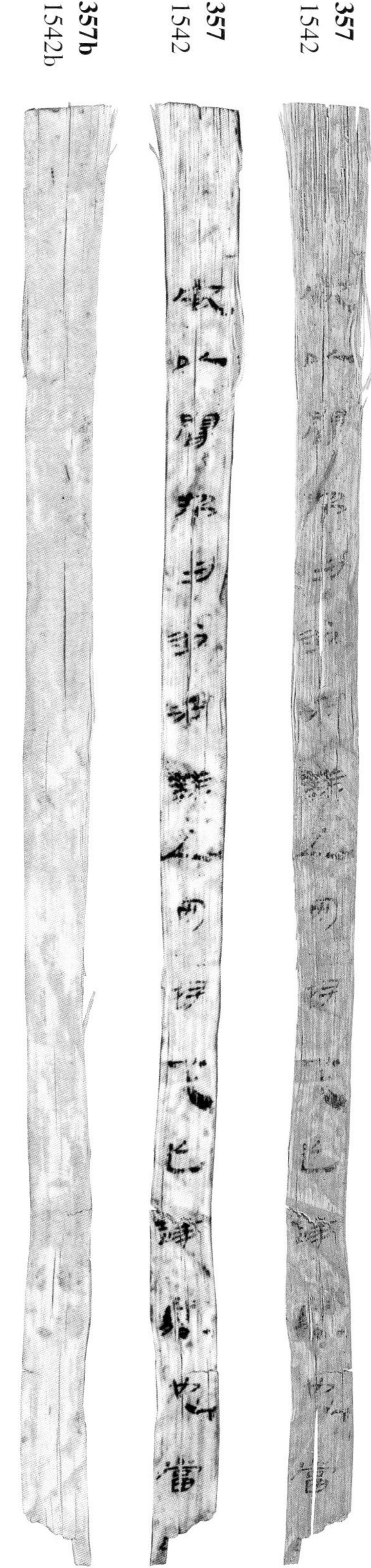

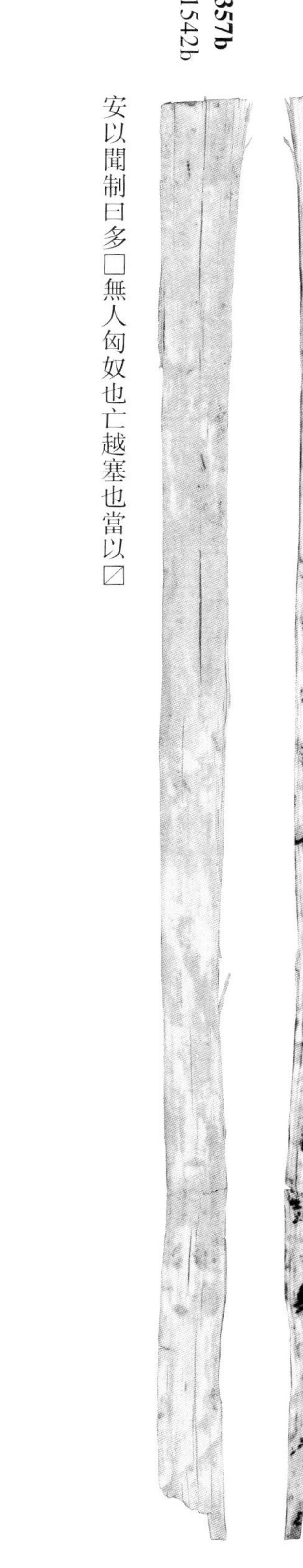

安以聞制曰多☐無人匈奴也亡越塞也當以☒

358 1543
358 1543
358b 1543b

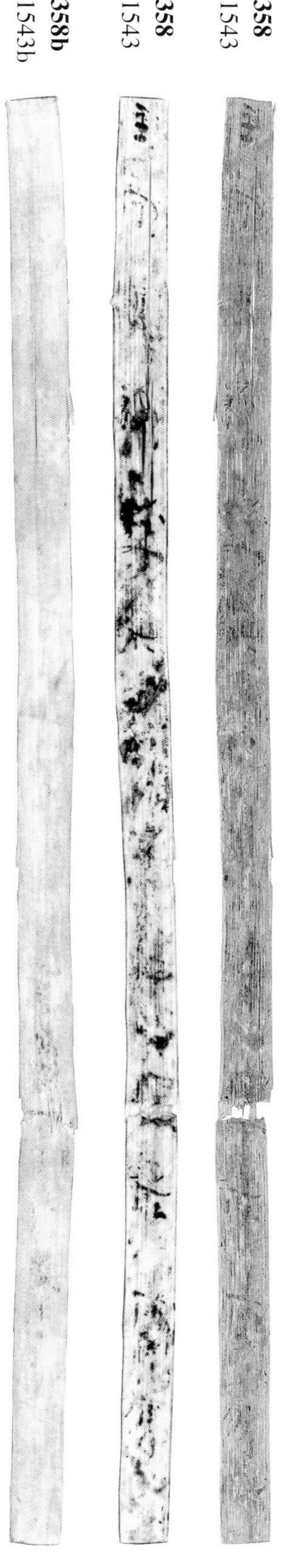

主守臧（贓）……

359 1544

359 1544

359b 1544b

……室……⧄

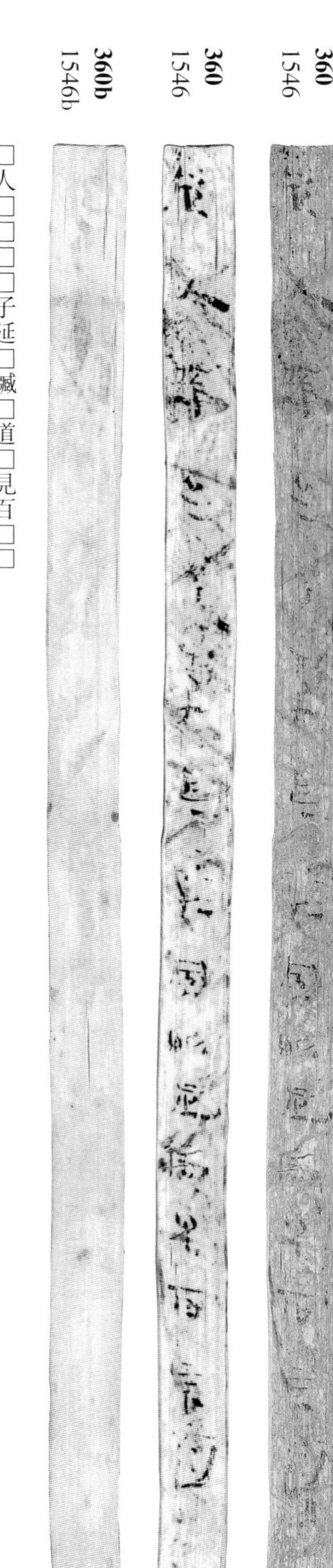

360 1546

360 1546

360b 1546b

☐人☐☐☐☐子延☐贓☐道☐見百☐☐

361 1547

361 1547

361b 1547b

君盜……

362 1548

362 1548

362b 1548b

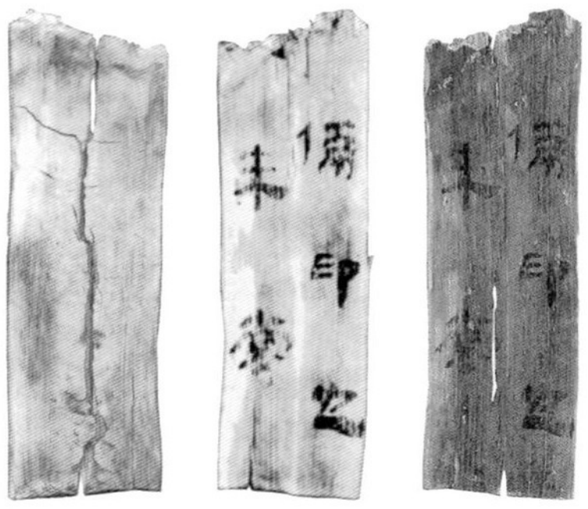

☐佩印也

☐□朱常

363 1549

363 1549

363b 1549b

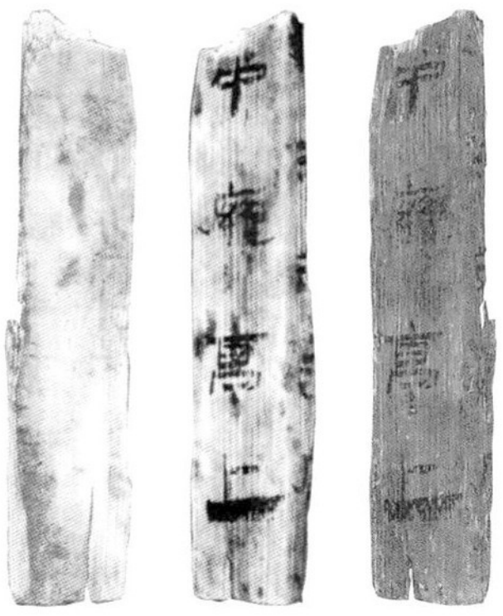

☐……

☐中雍亭上

364 1551

364 1551

364b 1551b

☐……右☐

365 1554

365 1554

365b 1554b

☐不當☐

366 1557

366 1557

366b 1557b

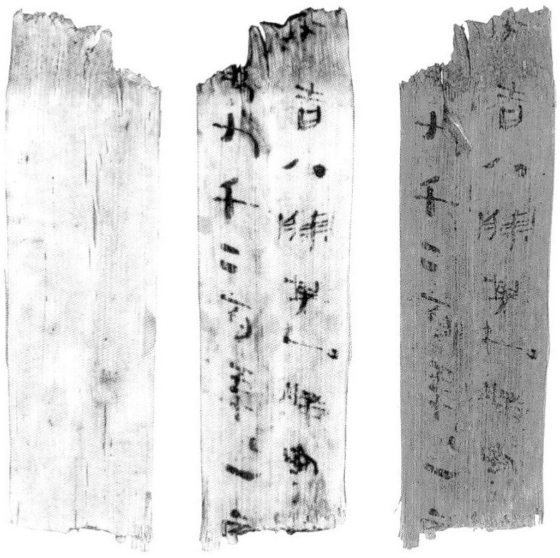

☐者八牒其一牒案☐

☐萬九千二百五十乚 一□☐

367 1558

367 1558

367b 1558b 長沙……積留〼

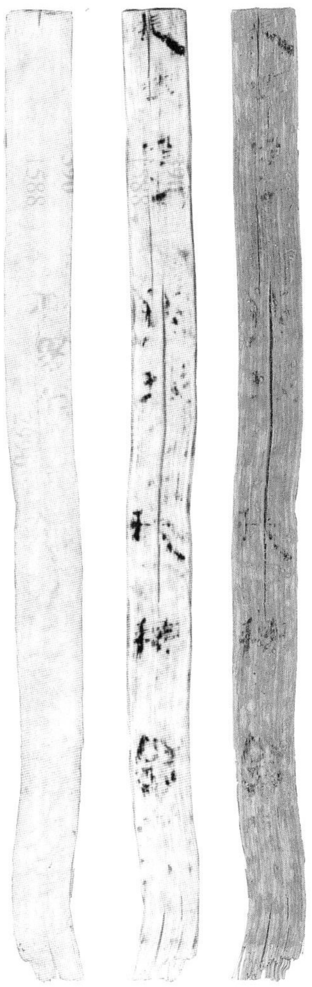

368 1559

368 1559

368b 1559b 〼□□強與人奸齊□□若請□□錢□〼

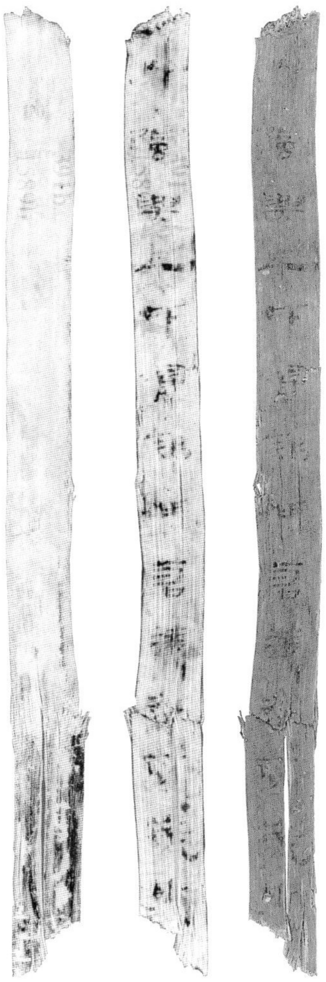

369 1560

369 1560

369b 1560b ·臨湘丞告獄史延∟□坐告劾〼

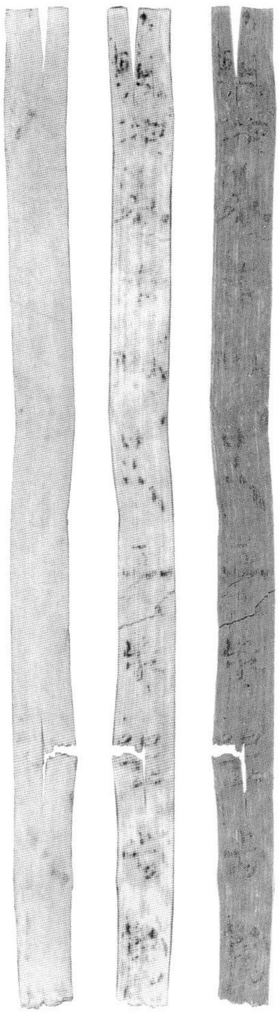

370 1561

370 1561

370b 1561b □問男子當對曰：臨湘登里，四月己卯餔坐時，與宛□〼

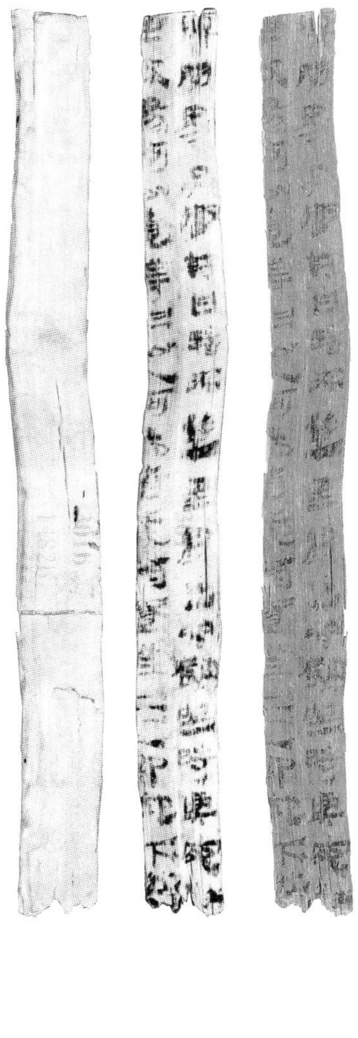

坐[歐陽]何以盍登等曰□人可爲者屯翁盍等三人即起下□〼

371 1562

371 1562

371b 1562b 〼……守□□□□□〼

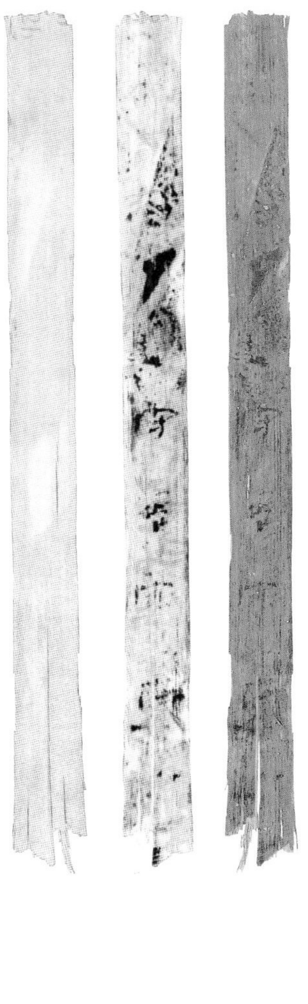

372 1563

372 1563

372b 1563b 〼□蜀……之〼

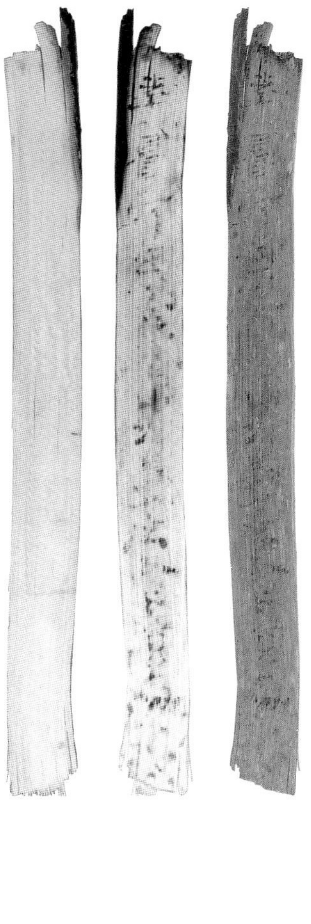

373 1565

373 1565

373b 1565b

☑□坐傷兒□□□☑

374 1566

374 1566

374b 1566b

☑史尊☑

375 1567

375 1567

375b 1567b

☑囚大男至☑

376 1568

376 1568

376b 1568b

☑……腸錢……☑

☑□□□☑

377 1569

377 1569

377b 1569b

……☑

378 1571

378 1571

378b 1571b

☑馬守主親轂（繫）佐史俞☑

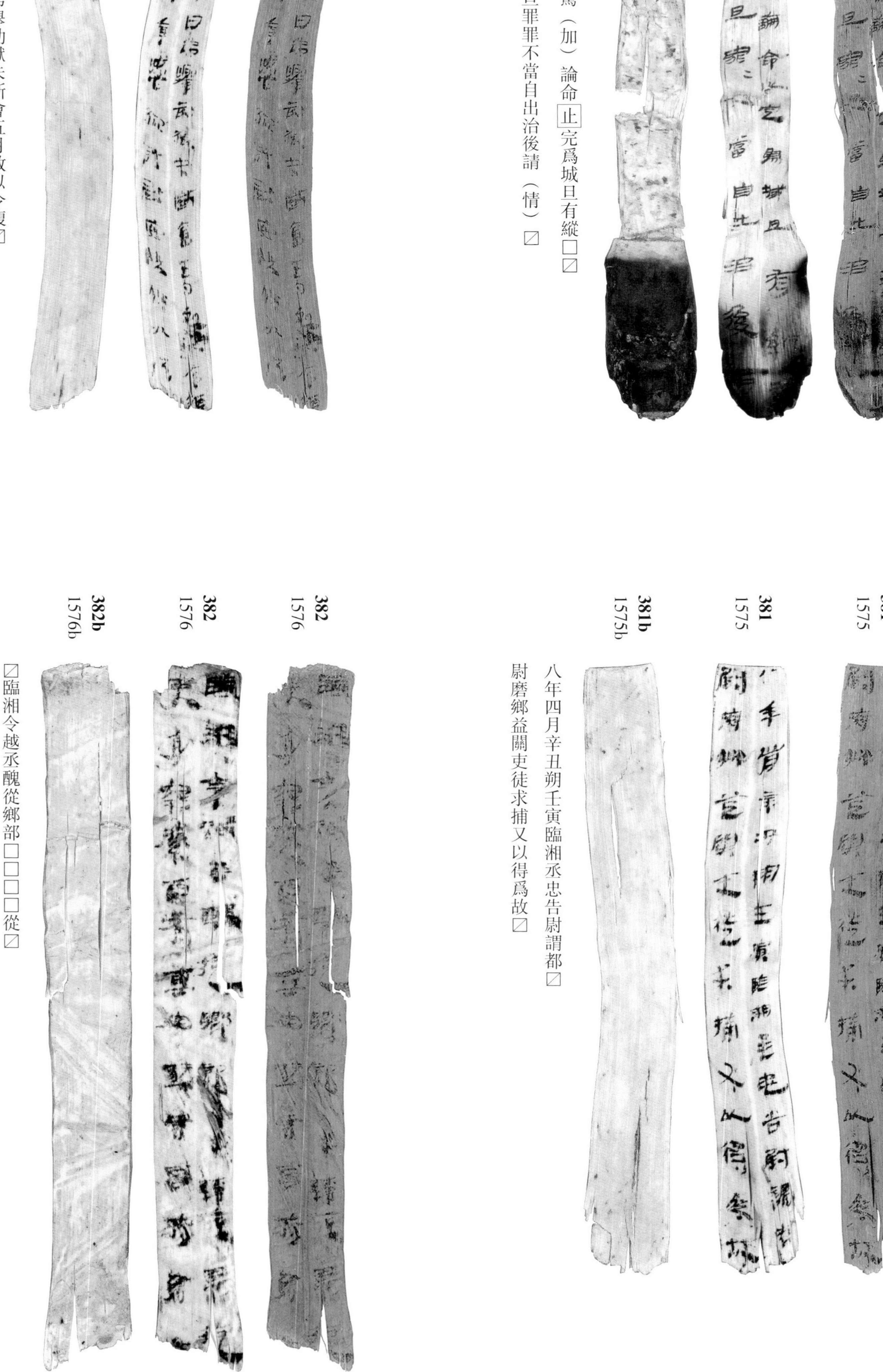

379 1573

379 1573

379b 1573b

☑即亡駕（加）論命止完爲城旦有縱□☑

☑完城旦罪罪不當自出治後請（情）☑

380 1574

380 1574

380b 1574b

滯半月弗舉劾獄未斷會五月赦以令復☑

校九年應獄計尉安陽鄉以從☑

381 1575

381 1575

381b 1575b

八年四月辛丑朔壬寅臨湘丞忠告尉謂都☑

尉磨鄉益關吏徒求捕又以得爲故☑

382 1576

382 1576

382b 1576b

☑臨湘令越丞醜從鄉部□□□□從☑

☑吏身案閱□有□□言若府書☑

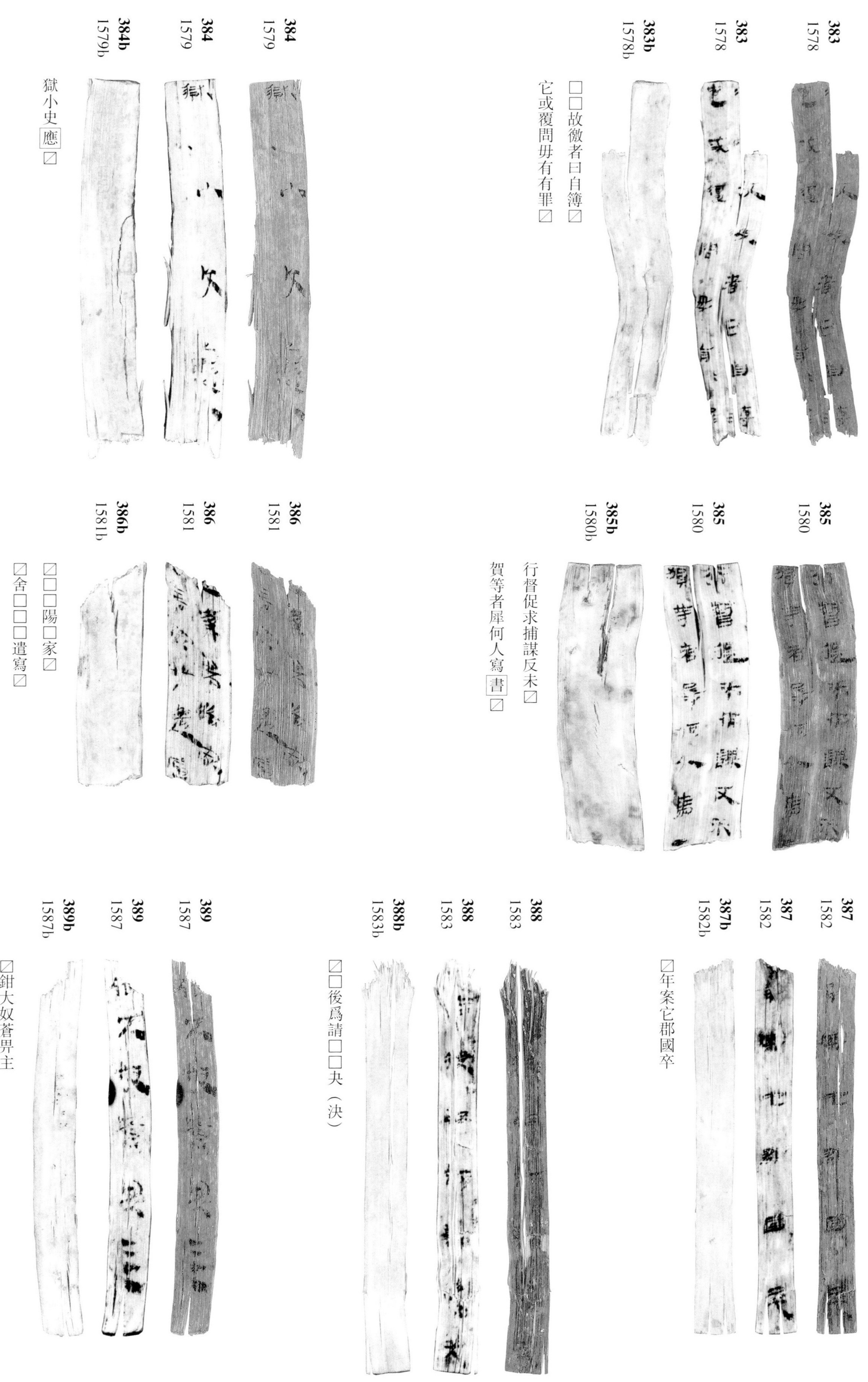

383 1578

383 1578

383b 1578b

□□故徼者曰自簿☐
它或覆問毋有有罪☐

384 1579

384 1579

384b 1579b

獄小史應☐

385 1580

385 1580

385b 1580b

行督促求捕謀反未☐
賀等者犀何人寫書☐

386 1581

386 1581

386b 1581b

☐□□陽□家☐
☐舍□□□遣寫☐

387 1582

387 1582

387b 1582b

☐年案它郡國卒

388 1583

388 1583

388b 1583b

☐□後爲請□□央（決）

389 1587

389 1587

389b 1587b

☐鉗大奴蒼畀主

390
1588

390
1588

390b
1588b

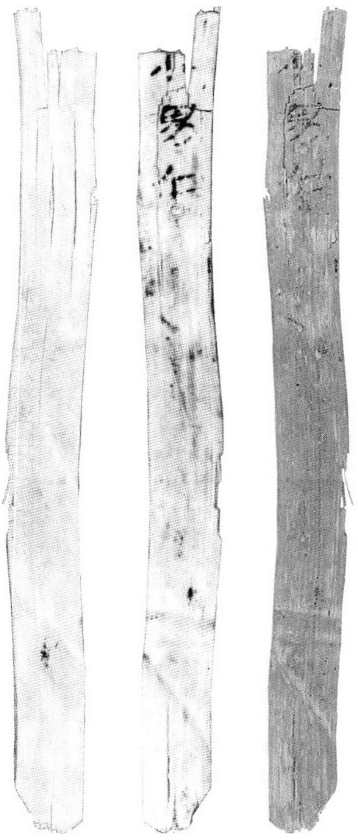

☑小男午☑

391
1589

391
1589

391b
1589b

☑□上……臨湘令越丞□□☑

392
1590

392
1590

392b
1590b

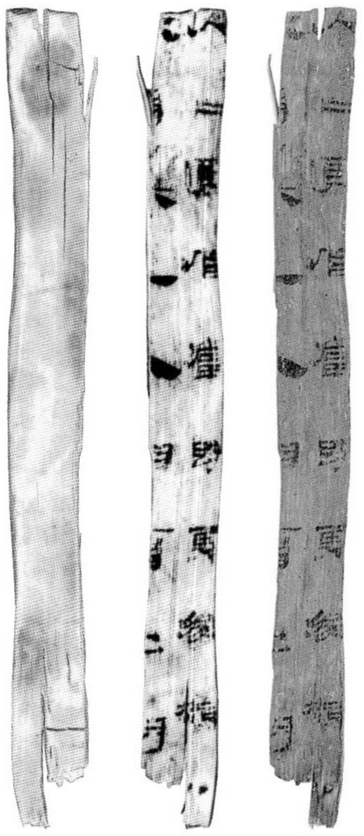

人二更官當□更後□□☑

□□□□□□□會二□☑

393
1591

393
1591

393b
1591b

☑年後九月戊戌朔丙☑

394
1592

394
1592

394b
1592b

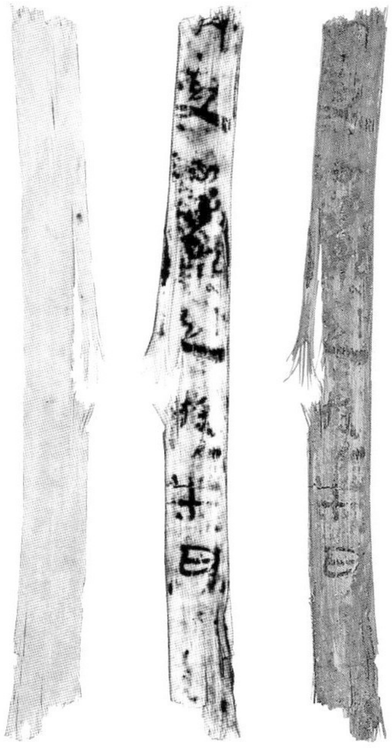

☑□骰（繫）□□□十日☑

395
1593

395
1593

395b
1593b

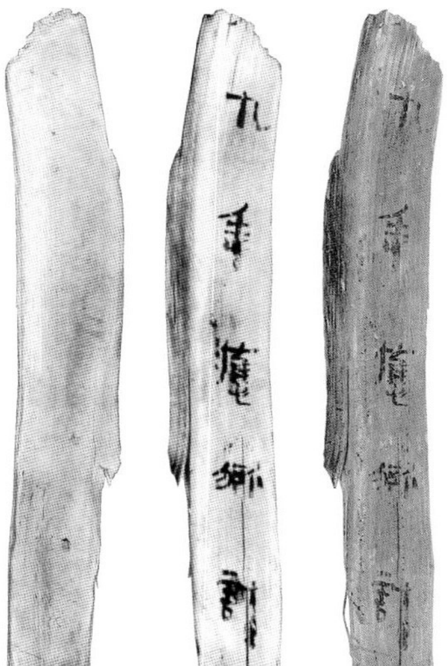

☑九年應獄計

……

396 1594

396 1594

396b 1594b

☐□止爲城旦藉髪笞□☐

397 1595

397 1595

397b 1595b

☐吏主者

398 1597

398 1597

398b 1597b

☐當越里大夫不疑男子屯翁耆貴賤里大夫俱飲舍☐

☐□與☐

399
1598

399
1598

399b
1598b

☐□八兩募毋□
丈

400
1600

400
1600

400b
1600b

☐它狀它若㔉

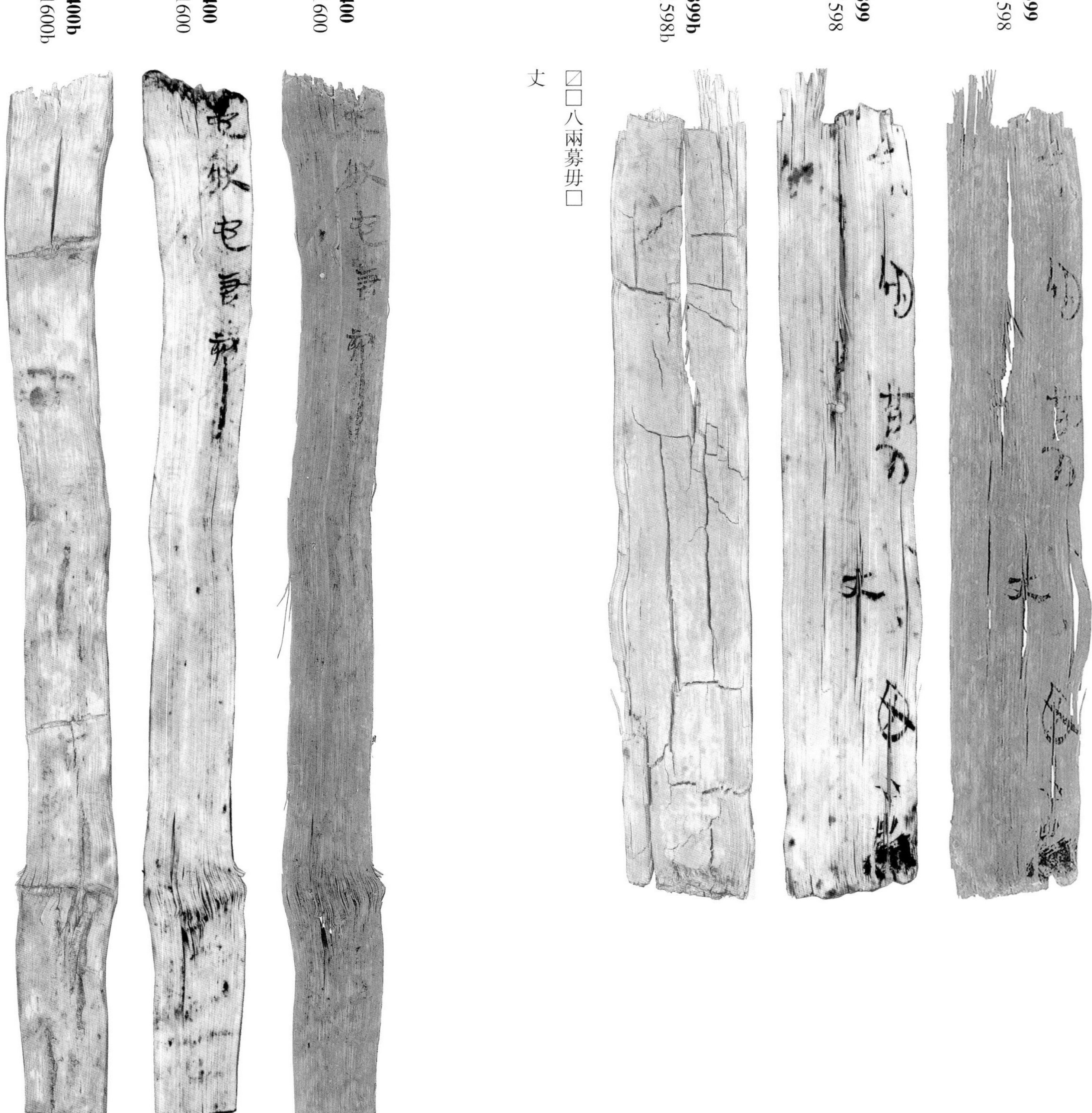

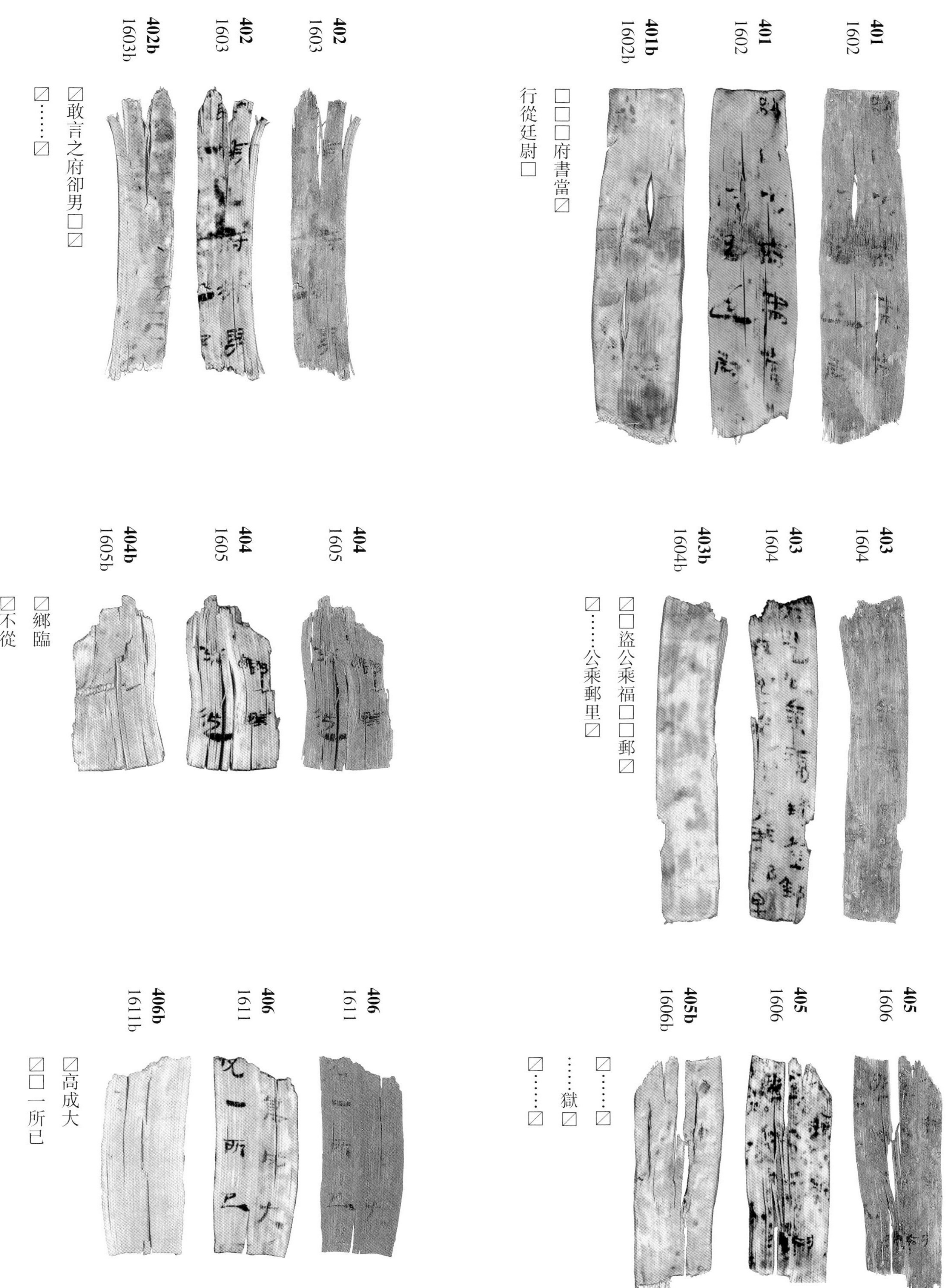

401 1602

401 1602

401b 1602b

□□□府書當☐

行從廷尉□

402 1603

402 1603

402b 1603b

☐敢言之府卻男□☐

☐……☐

403 1604

403 1604

403b 1604b

☐□盜公乘福□□郵☐

☐……公乘郵里☐

404 1605

404 1605

404b 1605b

☐鄉臨

☐不從

405 1606

405 1606

405b 1606b

☐……☐

……獄☐

☐……☐

406 1611

406 1611

406b 1611b

☐高成大

☐□一所已

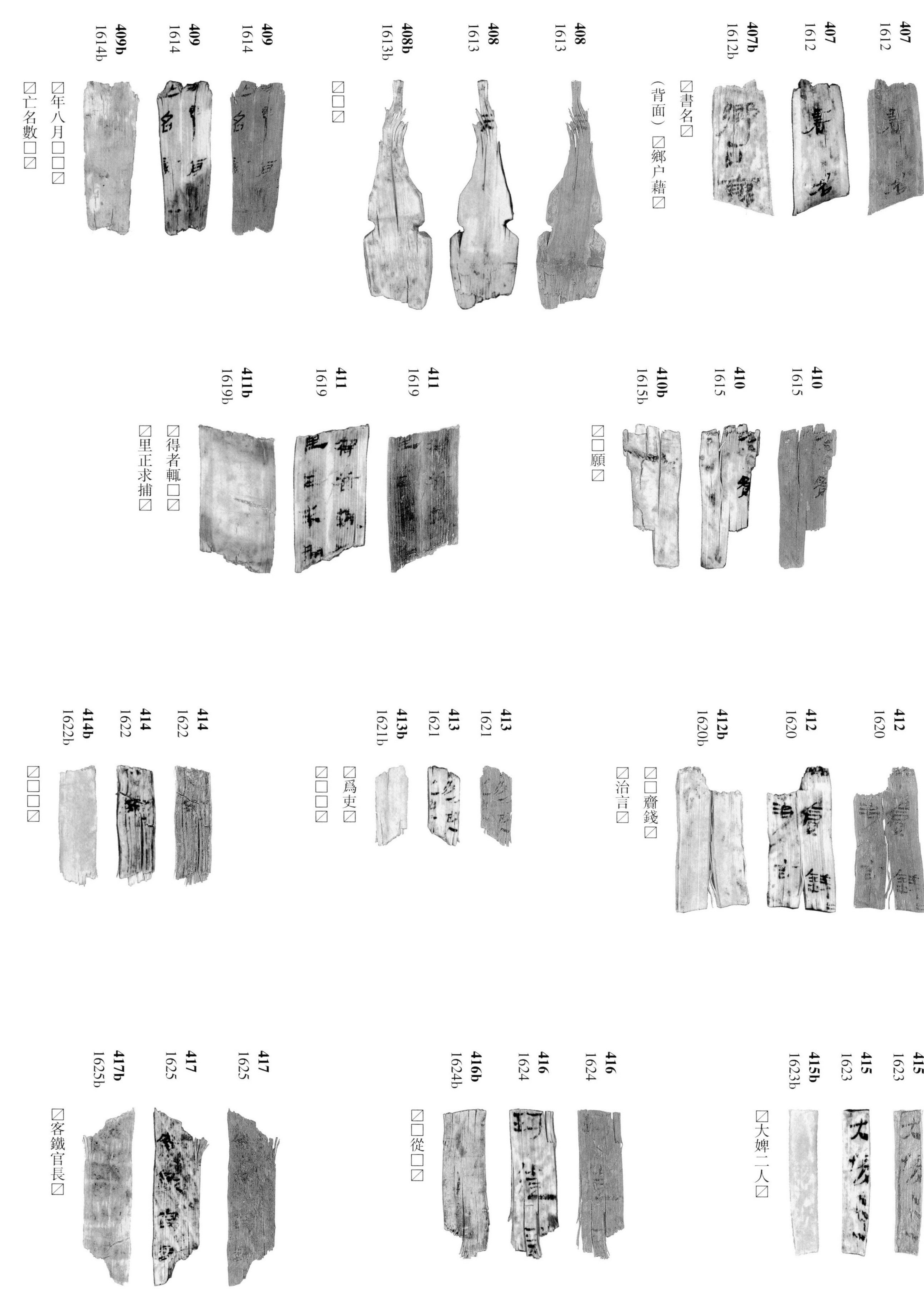

407 1612
407 1612
407b 1612b
☑書名☑
（背面）☑鄉户藉☑

408 1613
408 1613
408b 1613b
☑□☑

409 1614
409 1614
409b 1614b
☑年八月□□☑
☑亡名數□☑

410 1615
410 1615
410b 1615b
☑□願☑

411 1619
411 1619
411b 1619b
☑得者輒□☑
☑里正求捕☑

412 1620
412 1620
412b 1620b
☑□齎錢☑
☑治言☑

413 1621
413 1621
413b 1621b
☑爲吏☑
☑□□☑

414 1622
414 1622
414b 1622b
☑□□☑

415 1623
415 1623
415b 1623b
☑大婢二人☑

416 1624
416 1624
416b 1624b
☑□從□☑

417 1625
417 1625
417b 1625b
☑客鐵官長☑

418 1626　**418** 1626　**418b** 1626b

☑爵後☑

419 1627　**419** 1627　**419b** 1627b

□清河大（太）守☑

420 1629　**420** 1629　**420b** 1629b

☑□□☑

421 1630　**421** 1630　**421b** 1630b

☑捕後□☑

422 1630–1　**422** 1630–1　**422b** 1630–1b

☑審☑

423 1631　**423** 1631　**423b** 1631b

☑□藉□☑

424 1632　**424** 1632　**424b** 1632b

·求捕書☑

425 1633　**425** 1633　**425b** 1633b

☑□出[求]☑

426 1634　**426** 1634　**426b** 1634b

☑臨湘外宛里辟

☑……

（背面）☑獄史□

427 1635

427 1635

427b 1635b

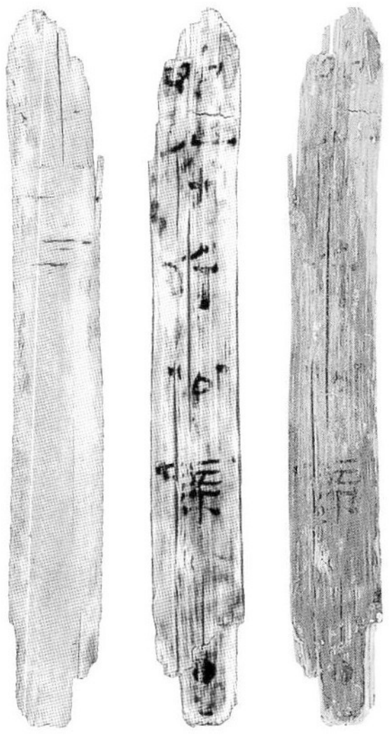

加六十斤公乘□☒

428 1636

428 1636

428b 1636b

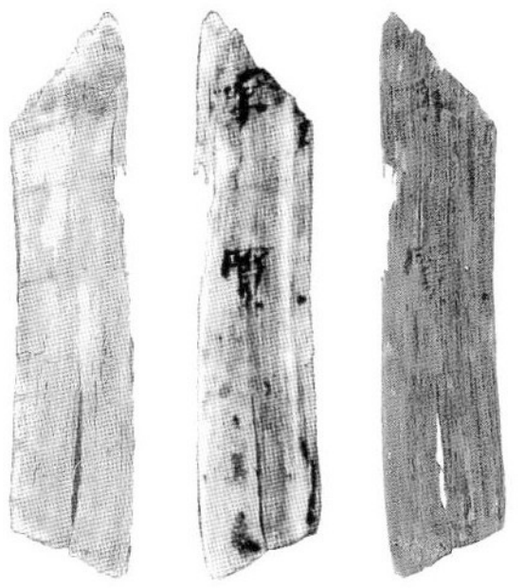

☒求買☒

429 1637

429 1637

429b 1637b

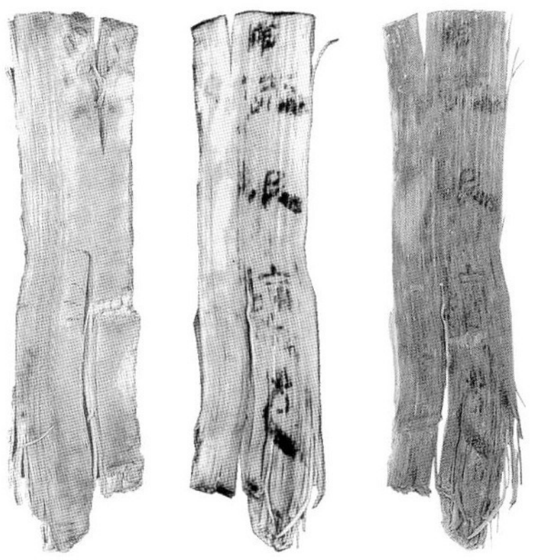

獄廷報論它☒

430 1638

430 1638

430b 1638b

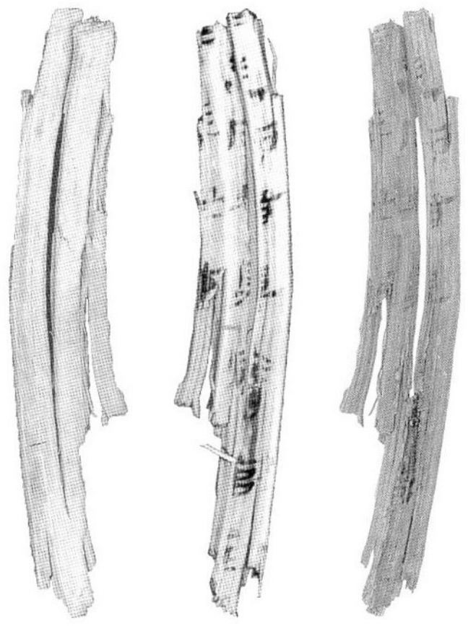

☒□主守者具署官主☒

☒□□□□☒

431 1639

431 1639

431b 1639b

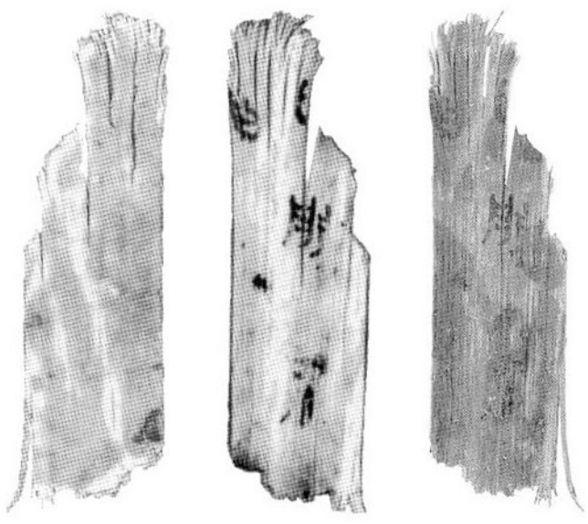

☒□□□☒

☒□☒

432 1640

432 1640

432b 1640b

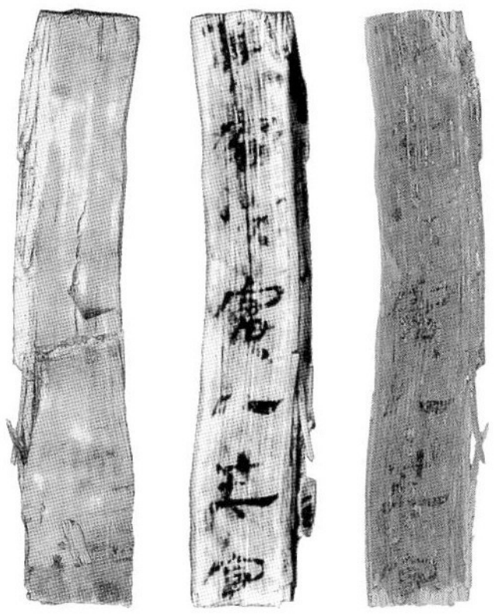

……☒

事客夫實以壬寅☒

433 1642

433 1642

433b 1642b

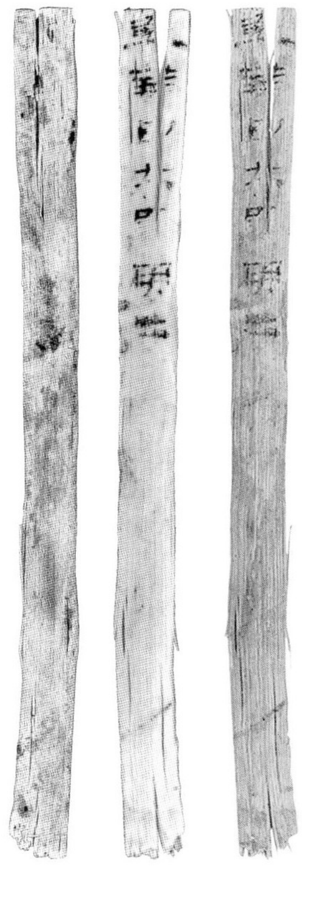

☒盜戒（械）囚大男臾□☒

434 1643

434 1643

434b 1643b

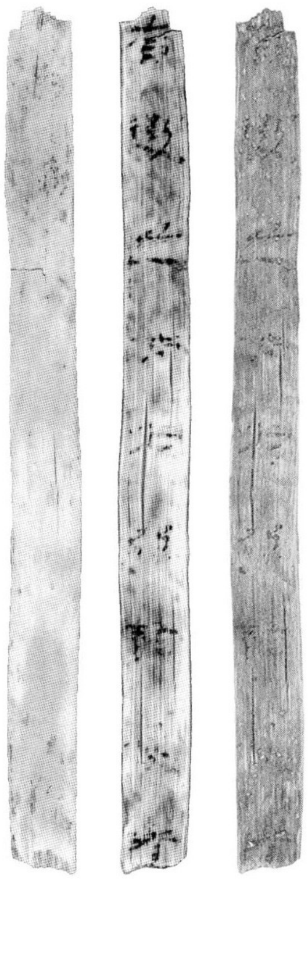

☒有徵亡□□郡諸侯者☒

435 1644

435 1644

435b 1644b

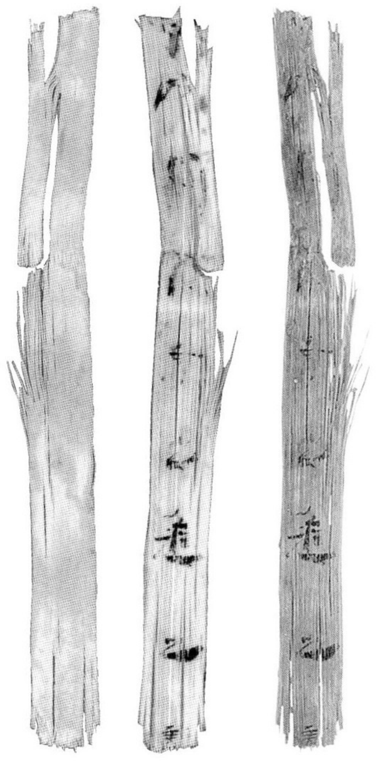

☒□□敢言之進之言☒

436 1645　**436** 1645　**436b** 1645b

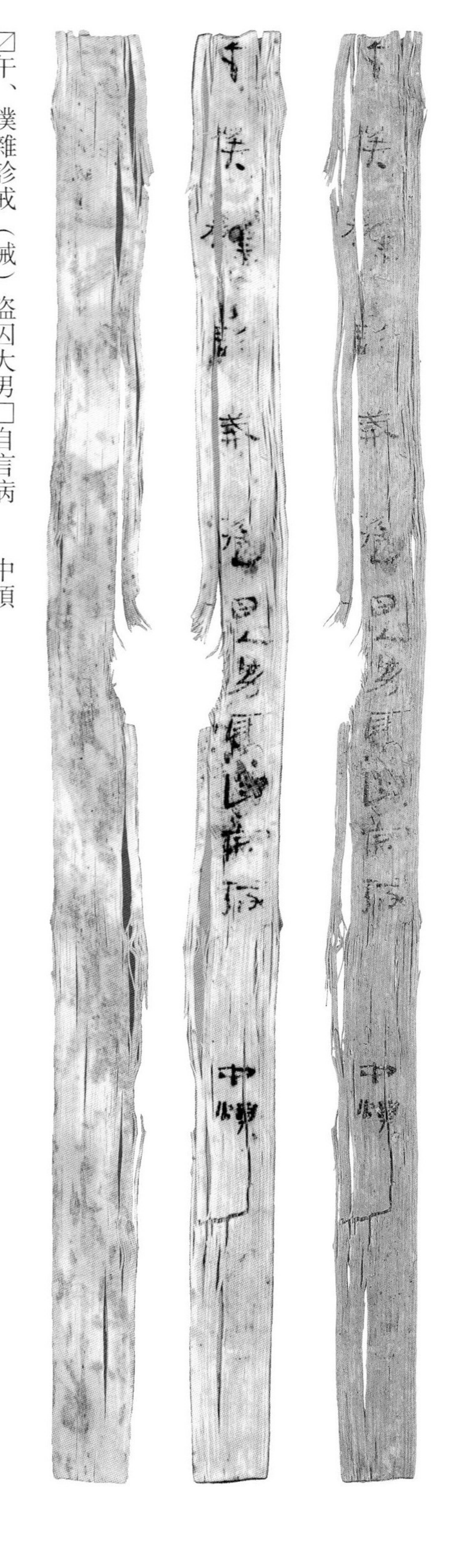

☐午、僕雜診戒（械）盜囚大男☐自言病　中煩

437 1646　**437** 1646　**437b** 1646b

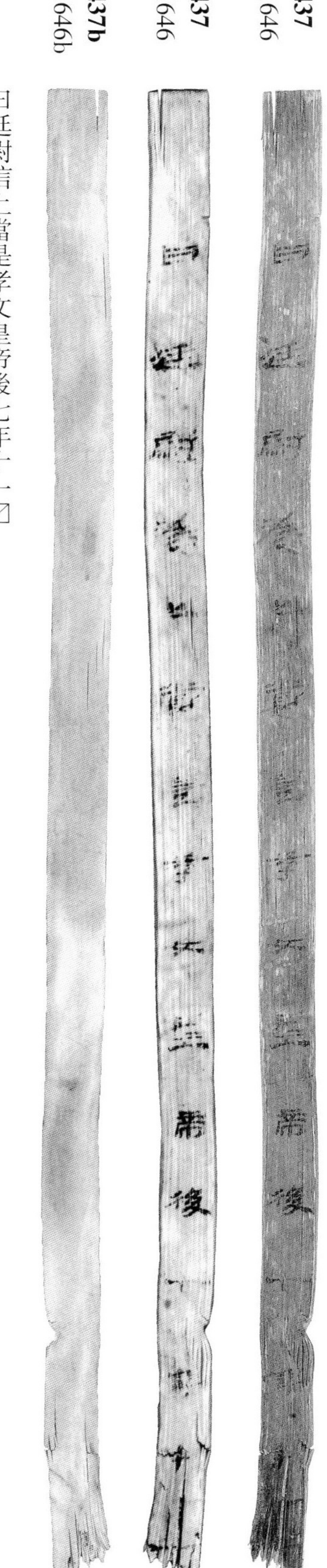

曰廷尉信上當是孝文皇帝後七年十一☐

438 1647　**438** 1647　**438b** 1647b

……爲……

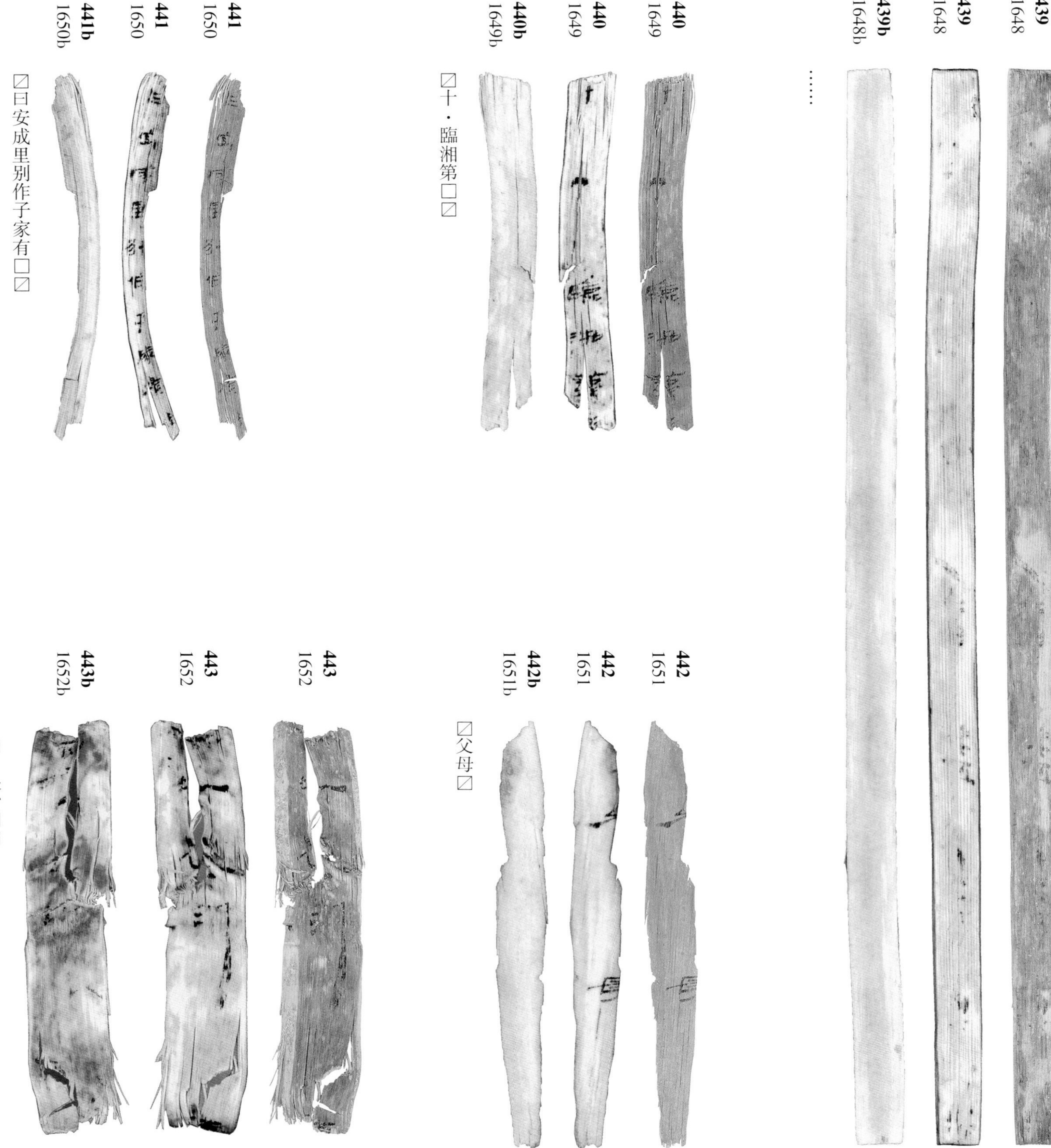

439 1648

439 1648

439b 1648b

……

440 1649

440 1649

440b 1649b

☒十·臨湘第☐☒

441 1650

441 1650

441b 1650b

☒日安成里別作子家有☐☒

442 1651

442 1651

442b 1651b

☒父母☒

443 1652

443 1652

443b 1652b

☒☐以長沙☐☒
☒☐☐☐☐☒

444 1655

444 1655

444b 1655b

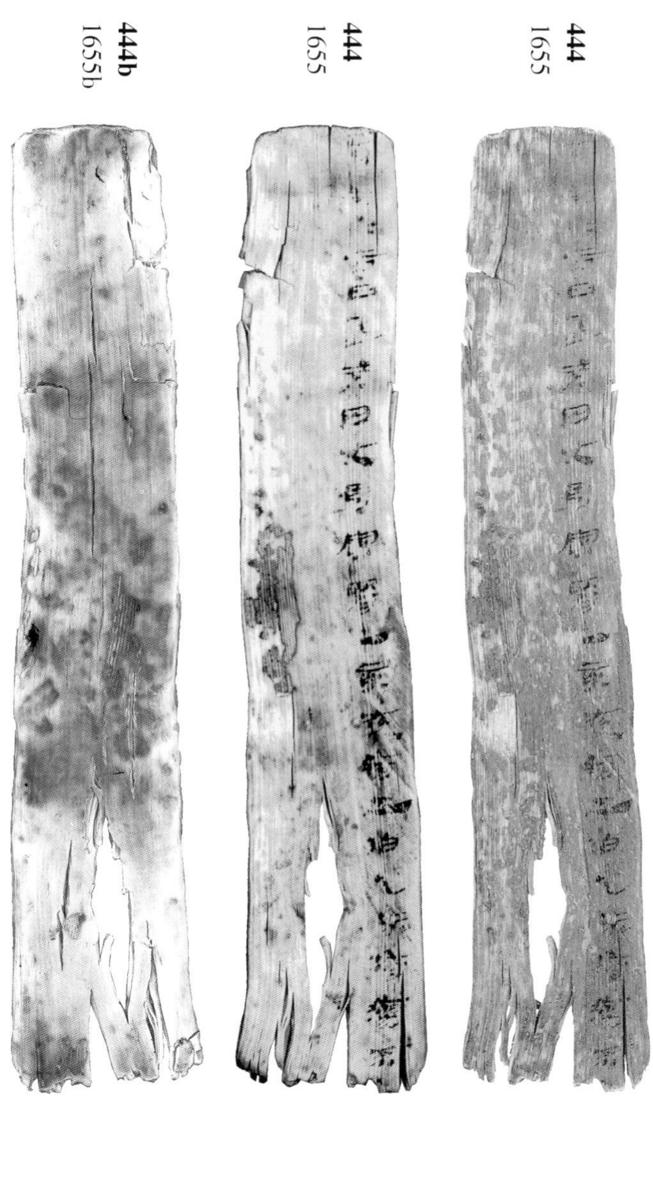

四月庚午告曰盜戒（械）囚大男寅四月乙亥夜病足□□未有瘳不▨

445 1657

445 1657

445b 1657b

▨平價臧（贓）直（值）錢

□初毄（繫）盡六月乙

446 1658

446 1658

446b 1658b

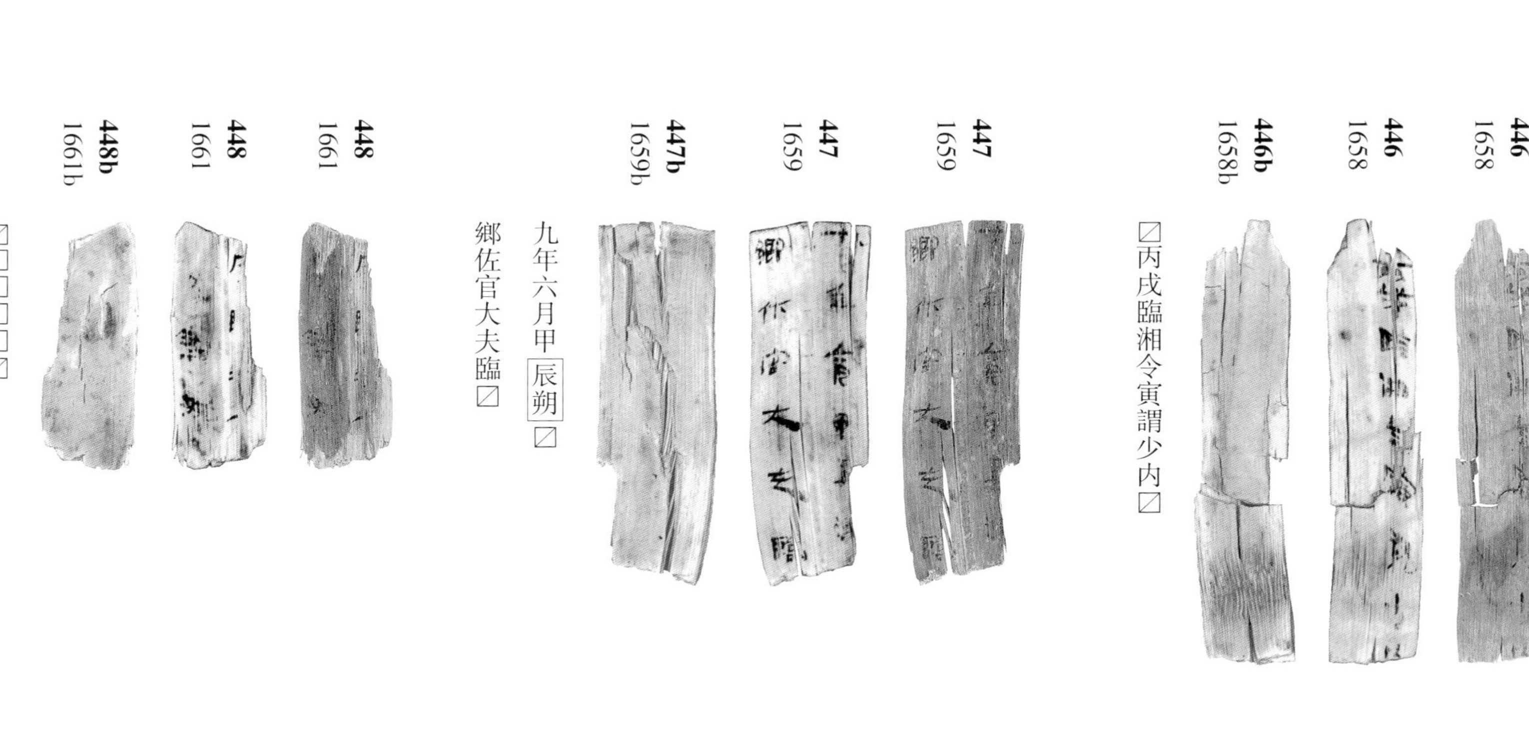

▨丙戌臨湘令寅謂少內▨

447 1659

447 1659

447b 1659b

九年六月甲辰朔▨

鄉佐官大夫臨▨

448 1661

448 1661

448b 1661b

▨□□□□▨

▨髡鉗城▨

449 1662

449 1662

449b 1662b

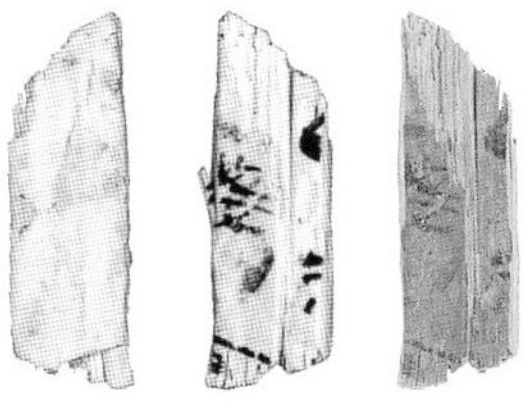

⧄乙未⧄

⧄錢□⧄

450 1663

450 1663

450b 1663b

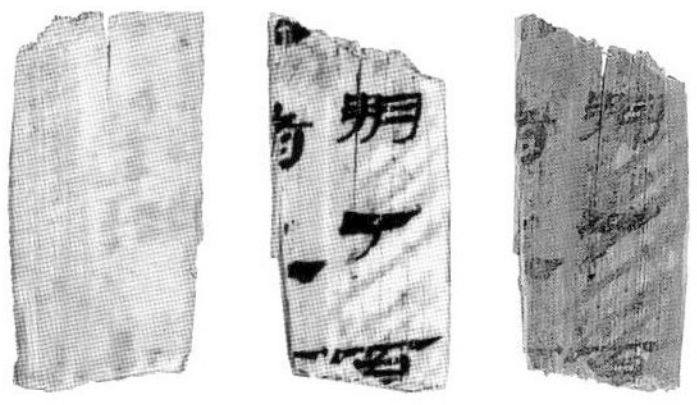

⧄朔丁酉⧄

⧄□□之□⧄

451 1664

451 1664

451b 1664b

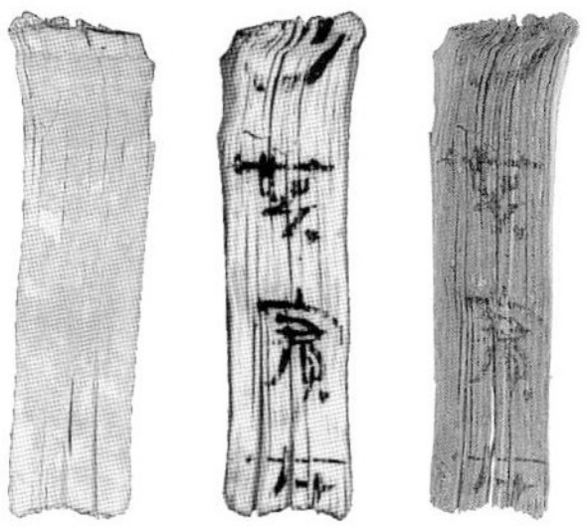

⧄少其實在⧄

452 1665

452 1665

452b 1665b

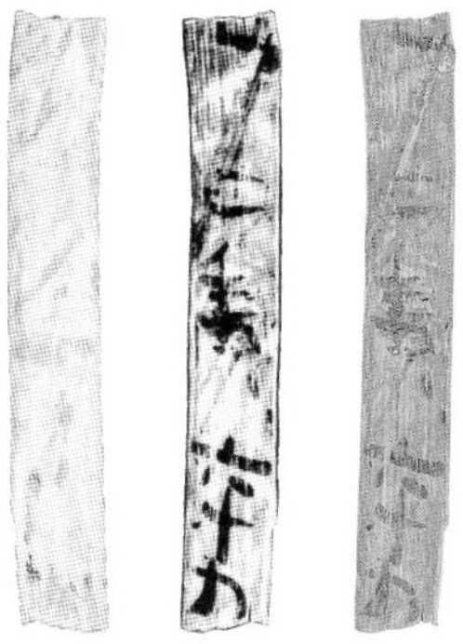

⧄□正年六十九⧄

453 1666

453 1666

453b 1666b

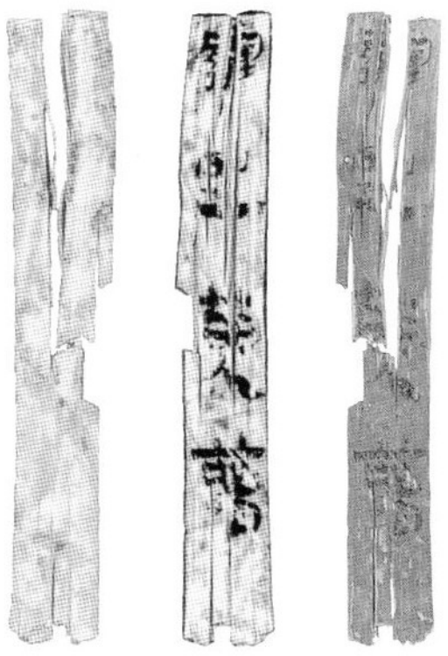

⧄羅里筭藉⧄

454 1667

454 1667

454b 1667b

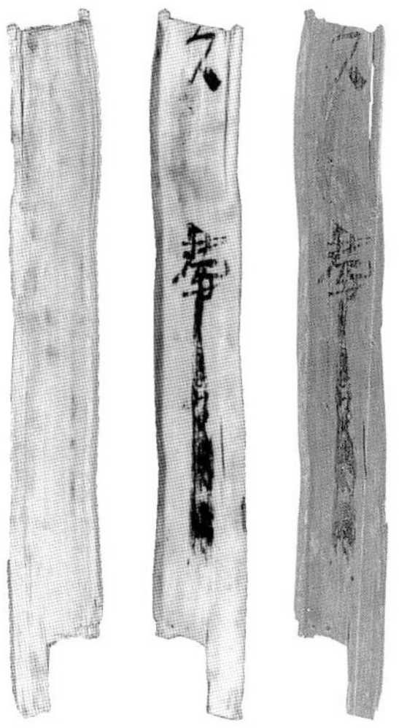

⧄夫慶⧄

455 1668

455 1668

455b 1668b

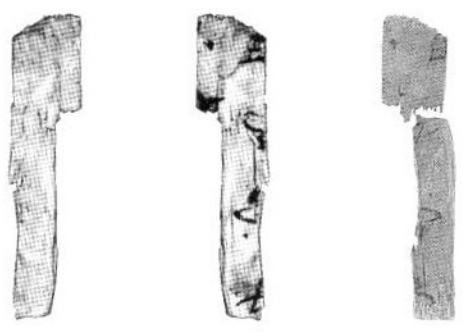

⧄□□爲⧄

456 1669

456 1669

456b 1669b

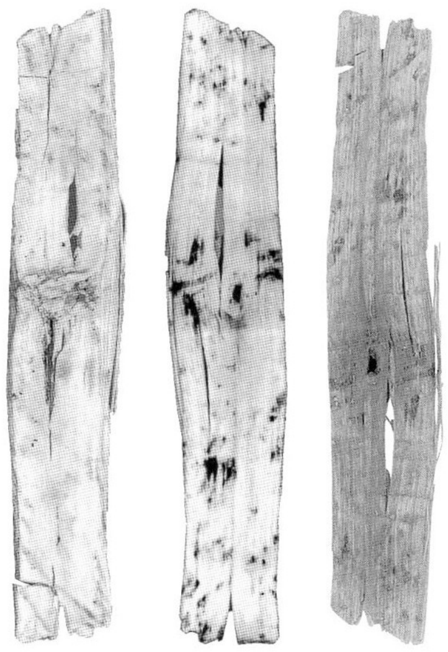

⧄奴……⧄

457 1670

457 1670

457b 1670b

成里公乘滕⧄

458 1671

458 1671

458b 1671b

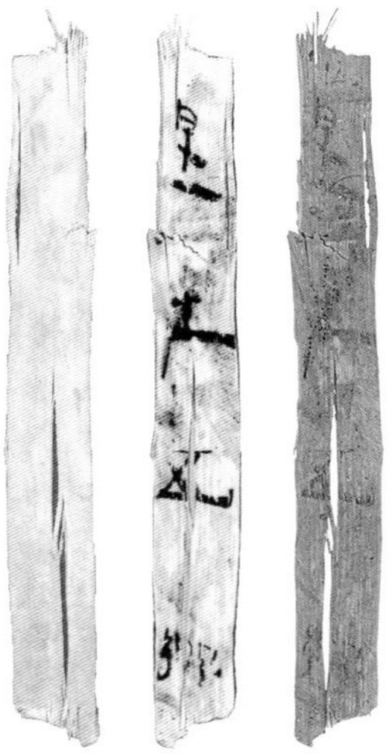

⍁里士五（伍）鄉⍁

459 1672

459 1672

459b 1672b

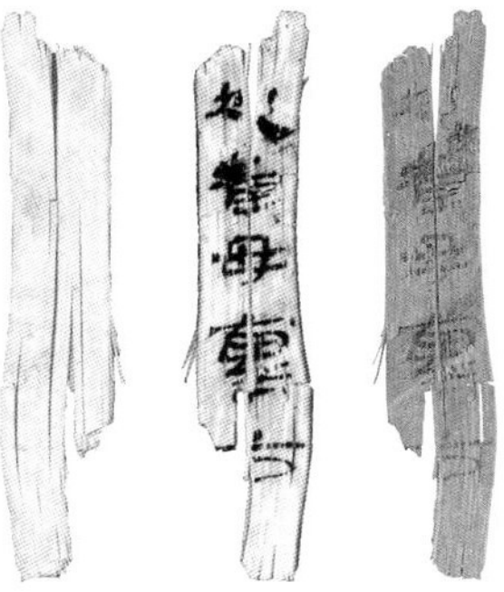

⍁婢雀母熏占⍁

460 1673

460 1673

460b 1673b

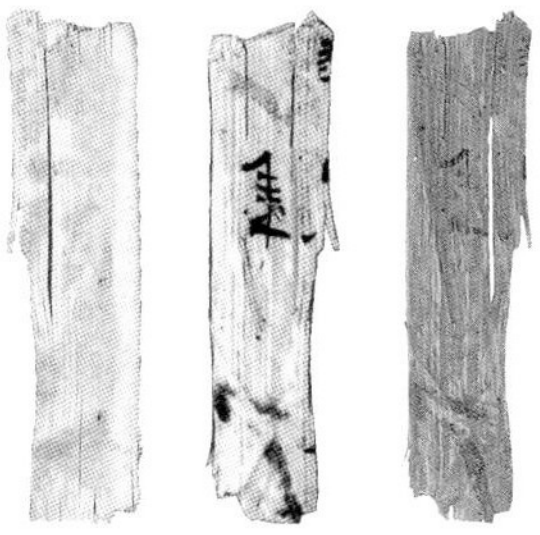

⍁□□□⍁

⍁年⍁

461 1674

461 1674

461b 1674b

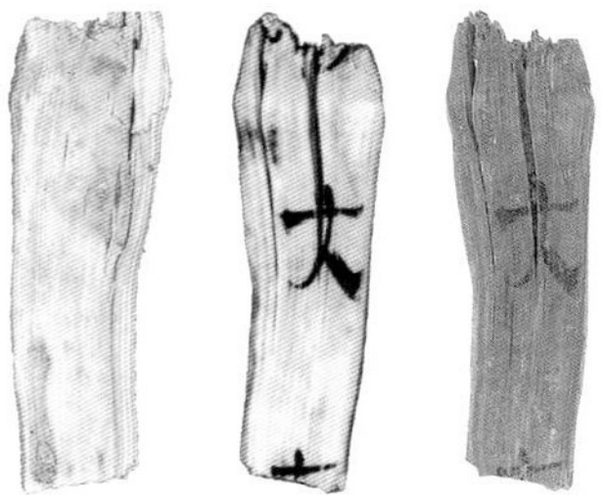

⍁大[夫]⍁

462 1675

462 1675

462b 1675b

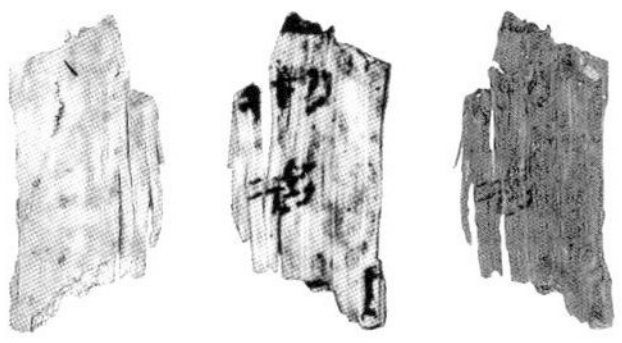

⍁□⍁

⍁□名□⍁

463 1676

463 1676

463b 1676b

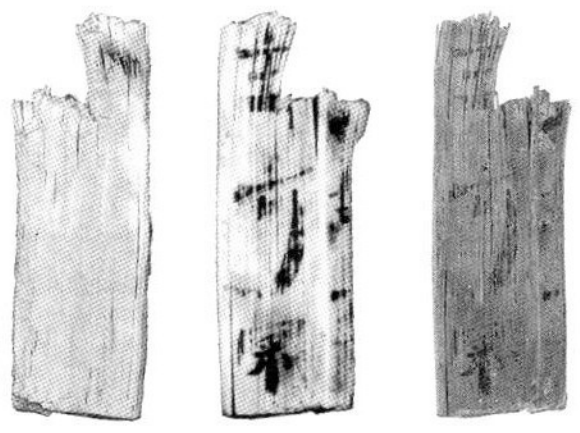

⍁□□

⍁主可案

464 1677

464 1677

464b 1677b

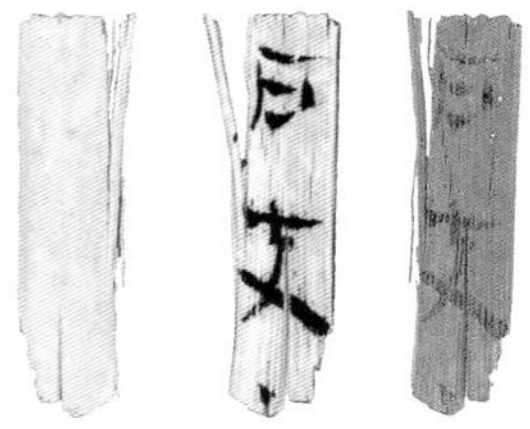

⍁户丈□⍁

465 1678

465 1678

465b 1678b

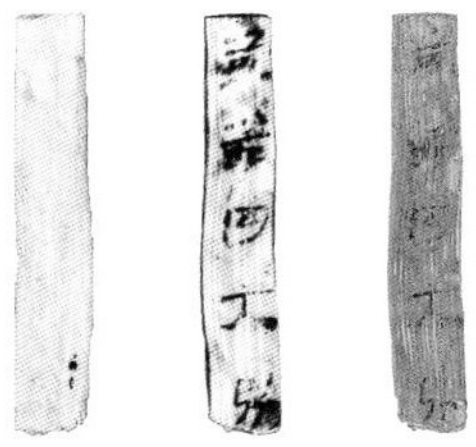

盜戒（械）囚大男⍁

466 1679

466 1679

466b 1679b

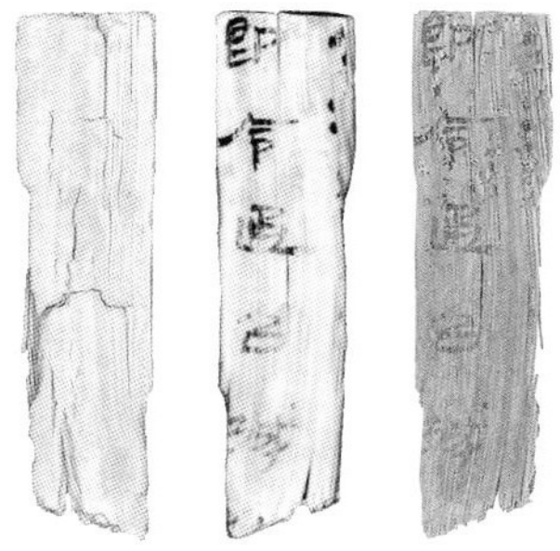

□□

即令通召城□⍁

467 1680

467 1680

467b 1680b

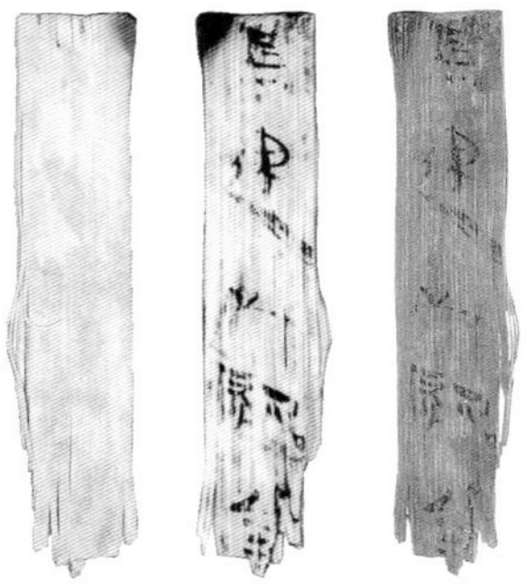

長建以[尉]□⍁

468 1681

468 1681

468b 1681b

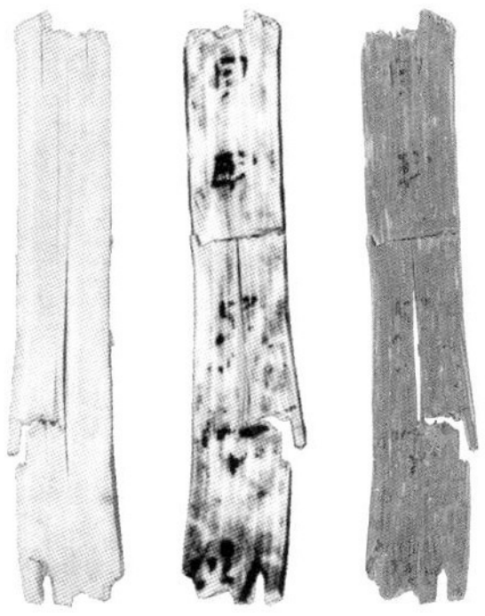

⍁月甲子□□⍁

469 1682

469 1682

469b 1682b

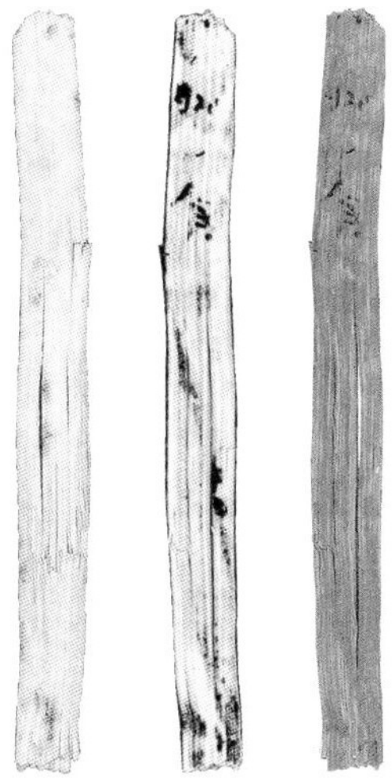

⍁□鄉倉⍁

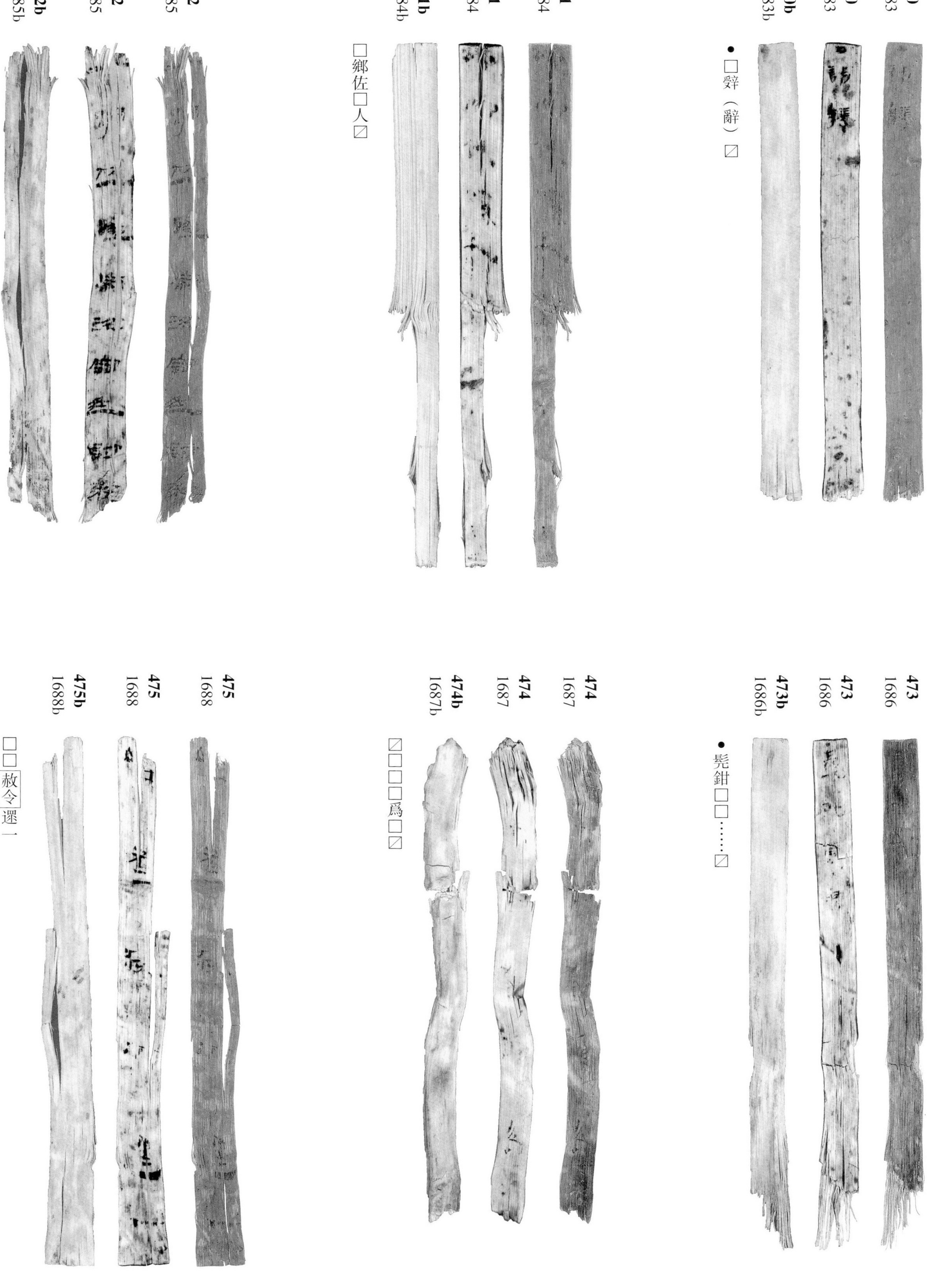

470 1683

470 1683

470b 1683b

•□辤（辭）☐

471 1684

471 1684

471b 1684b

□鄉佐□人☐

472 1685

472 1685

472b 1685b

☐[以請]正監尉治罪廷尉書

473 1686

473 1686

473b 1686b

•髡鉗□□……☐

474 1687

474 1687

474b 1687b

☐□□□爲□☐

475 1688

475 1688

475b 1688b

□□[赦令]遝一

476 1689

476 1689

476b 1689b

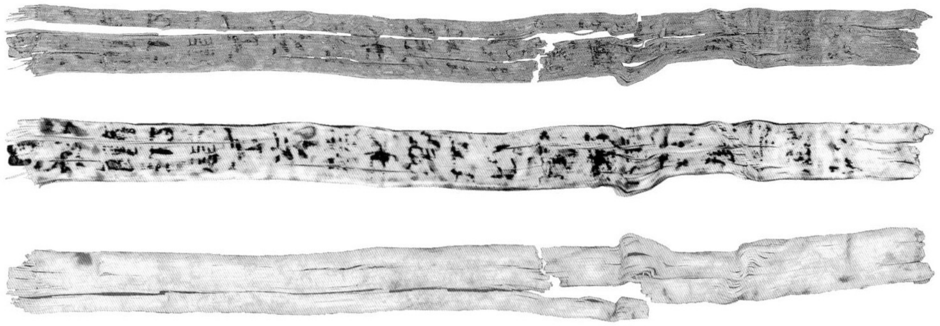

☒……臨湘南齋夫□中鄉佐□□□□□□□☒

477 1691

477 1691

477b 1691b

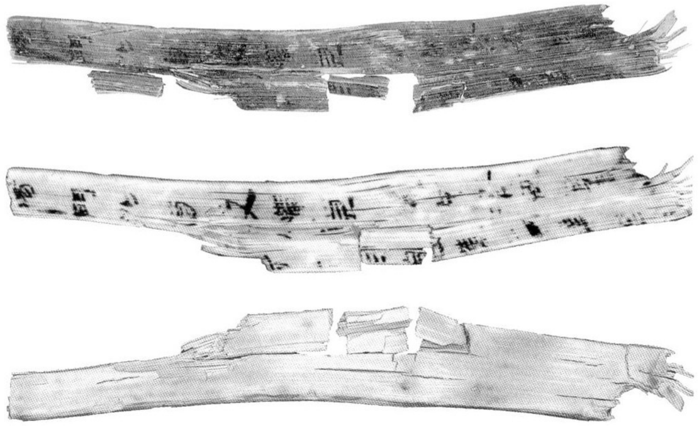

☒陽門外皆又購賞……☒

☒……之……☒

478 1692

478 1692

478b 1692b

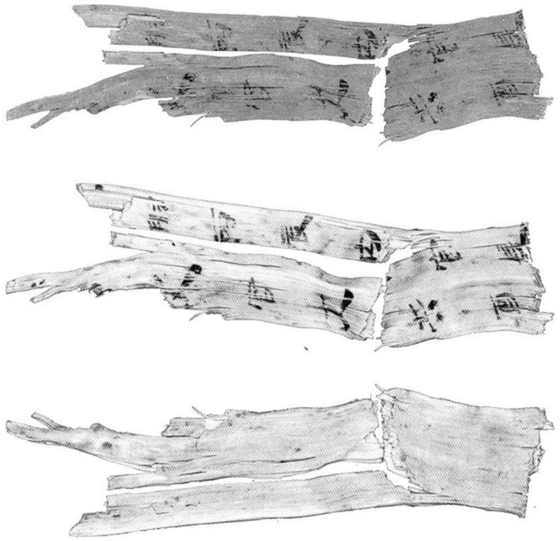

☒朔丙辰内官長☒

☒□令史官大夫西☒

479 1693

479 1693

479b 1693b

☒□□□□☒

☒□毋（無）它坐□□☒

480 1694

480 1694

480b 1694b

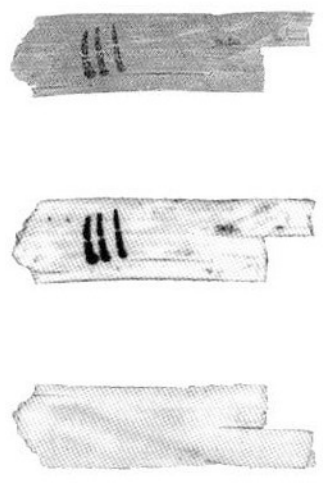

☒三☒

481 1695

481 1695

481b 1695b

死罪囚☒

482 1697

482 1697

482b 1697b

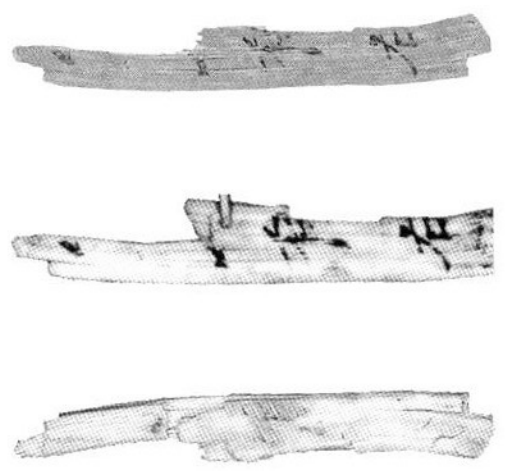

☒□□夜右☒

483 1698

483 1698

483b 1698b

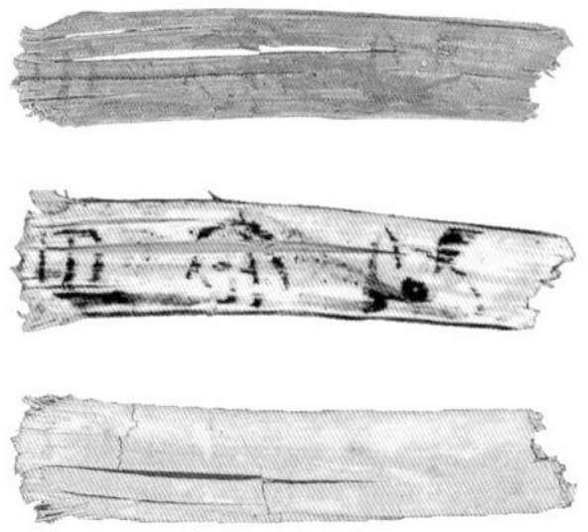

☒户毋（無）故☒

484 1699

484 1699

484b 1699b

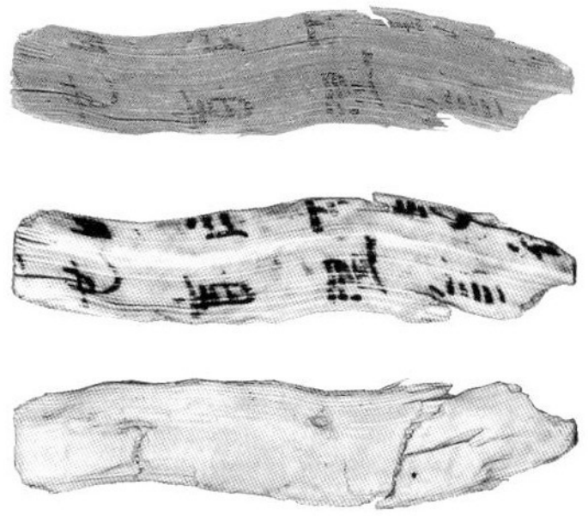

□□不歸□

也言盜[亭]☒

485 1701

485 1701

485b 1701b

☒臨湘匠里大女幸舍☒

486 1703

486 1703

486b 1703b

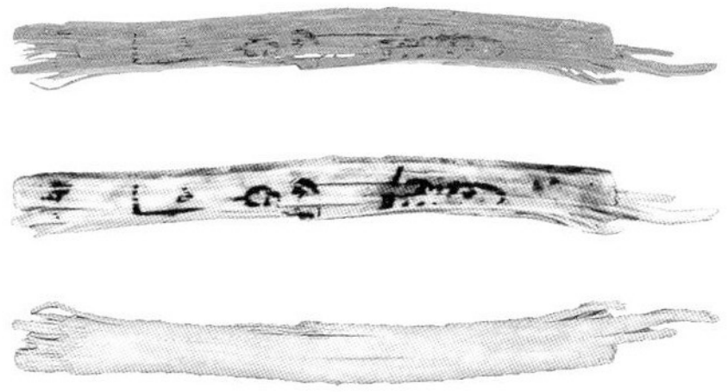

☒□□芻簿☒

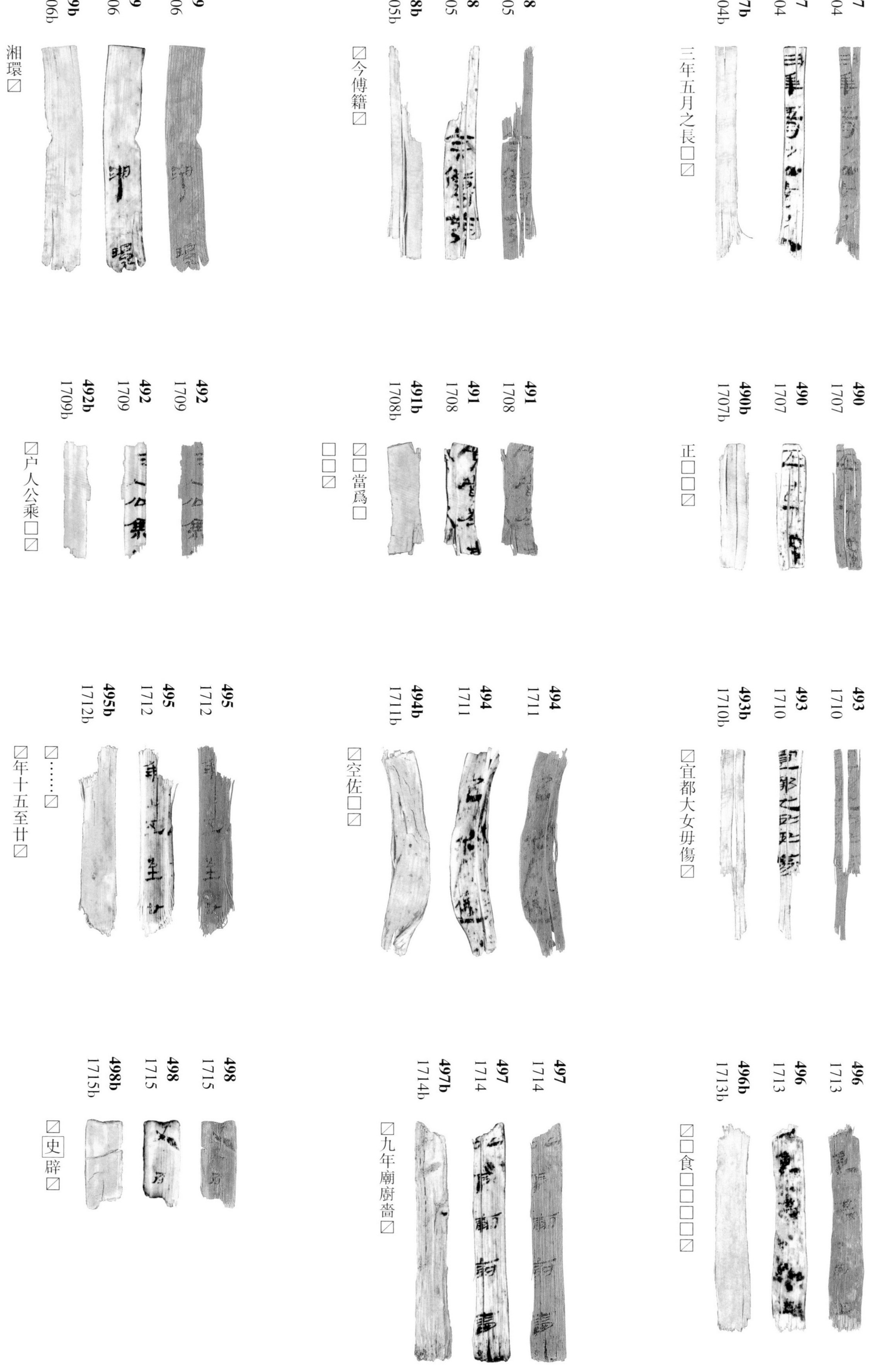

487 1704
487 1704
487b 1704b 三年五月之長□☑

488 1705
488 1705
488b 1705b ☑今傳籍☑

489 1706
489 1706
489b 1706b 湘環☑

490 1707
490 1707
490b 1707b 正□□☑

491 1708
491 1708
491b 1708b ☑□當爲□
□□☑

492 1709
492 1709
492b 1709b ☑户人公乘□☑

493 1710
493 1710
493b 1710b ☑宜都大女毋傷☑

494 1711
494 1711
494b 1711b ☑空佐□☑

495 1712
495 1712
495b 1712b ☑……☑
☑年十五至廿☑

496 1713
496 1713
496b 1713b ☑□食□□□□☑

497 1714
497 1714
497b 1714b ☑九年廟廚嗇☑

498 1715
498 1715
498b 1715b ☑史辟☑

499 1716

499 1716

499b 1716b

☑上轂（繫）滿卅日不決解

500 1717

500 1717

500b 1717b

臣再拜上侯所寰辟襄曰丁孺爲事也何以緡爲撣☑

□臣不敢自它故敢撣衣寰辟復襄曰乃至此行事敢☑

501 1718

501 1718

501b 1718b

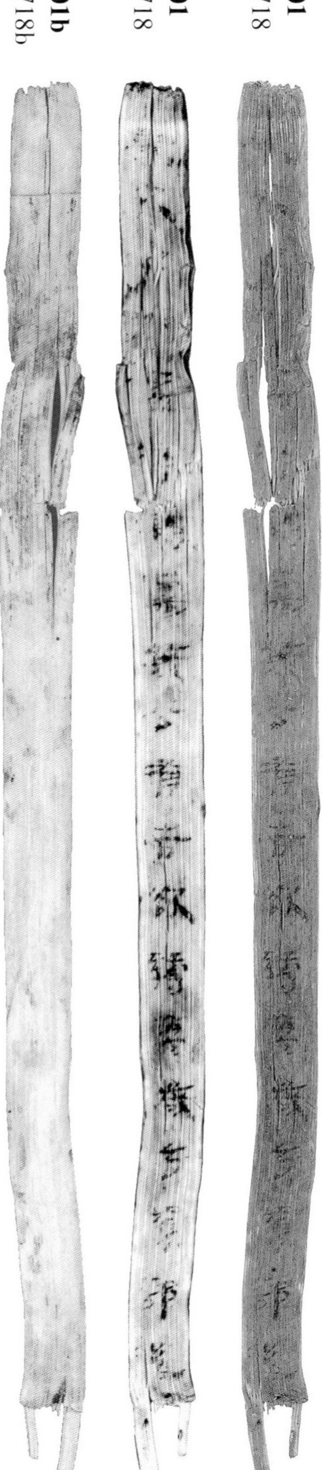

☑受大（太）子傅綺謂萬歲公有告欲縛萬歲去寰郵後☑

502 1719

502 1719

502b 1719b

……

503 1721

503 1721

503b 1721b

□律辯告□乃訊辤（辭）曰……

□□□□□弗能識後六歲小嫁當陽爲公乘旁勳妻五年

504 1722

504 1722

504b 1722b

大（太）傅訊人爲公子部……

505 1723 **505** 1723 **505b** 1723b

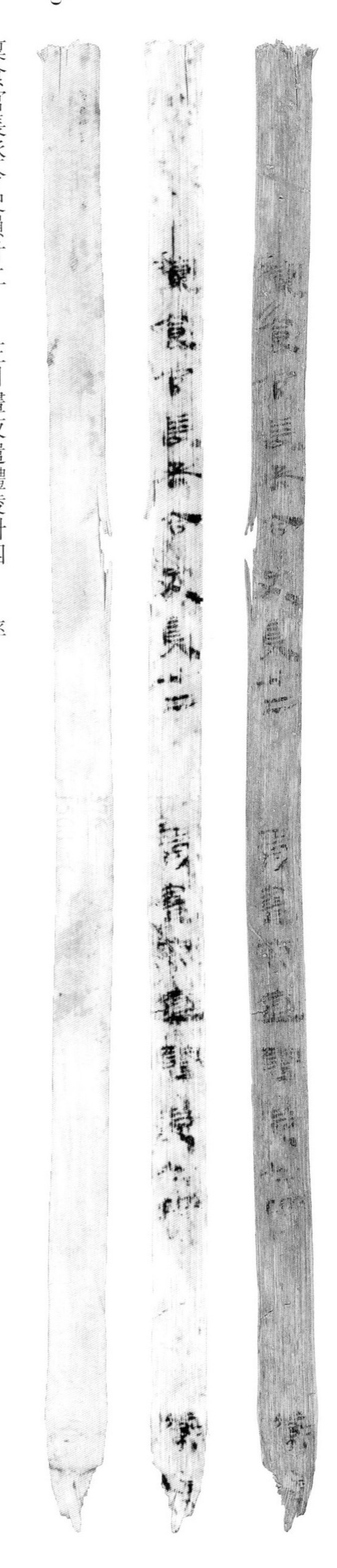

稟食官長丞令史員廿二　正月晝夜遣醴陵卅四　率

506 1724 **506** 1724 **506b** 1724b

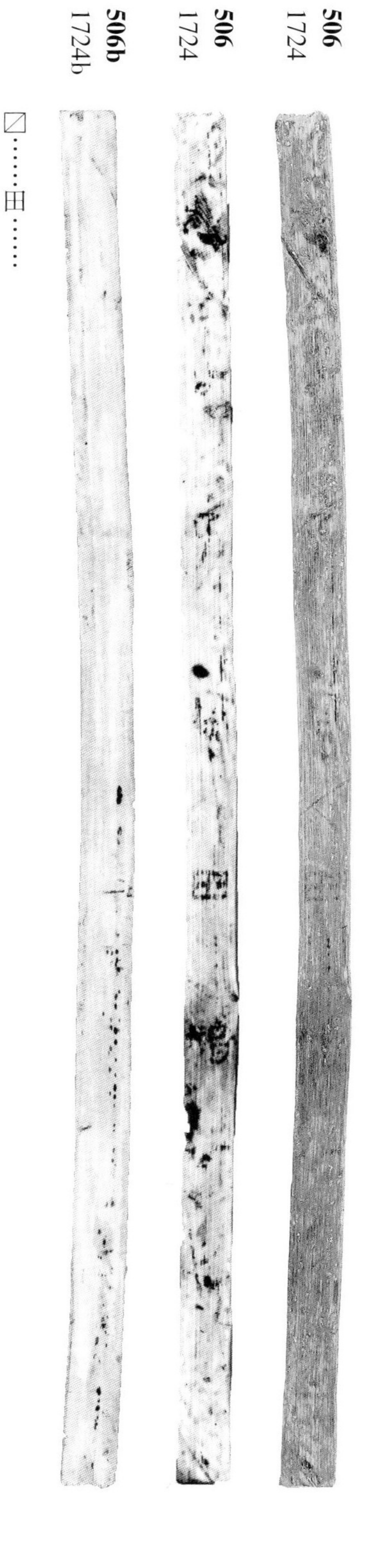

☑……田……

507 1725 **507** 1725 **507b** 1725b

☑公乘□黍賞之而□……

508
1726

508
1726

508b
1726b

□□□□□□□去□□日□□□□□

509
1727

509
1727

509b
1727b

□□言⧄

510
1728

510
1728

510b
1728b

……烻年……

511
1729

511
1729

511b
1729b

☒房☐☐居……九百☐正月庚寅☒

512
1730

512
1730

512b
1730b

七月丙寅☐定王……☒

513
1731

513
1731

513b
1731b

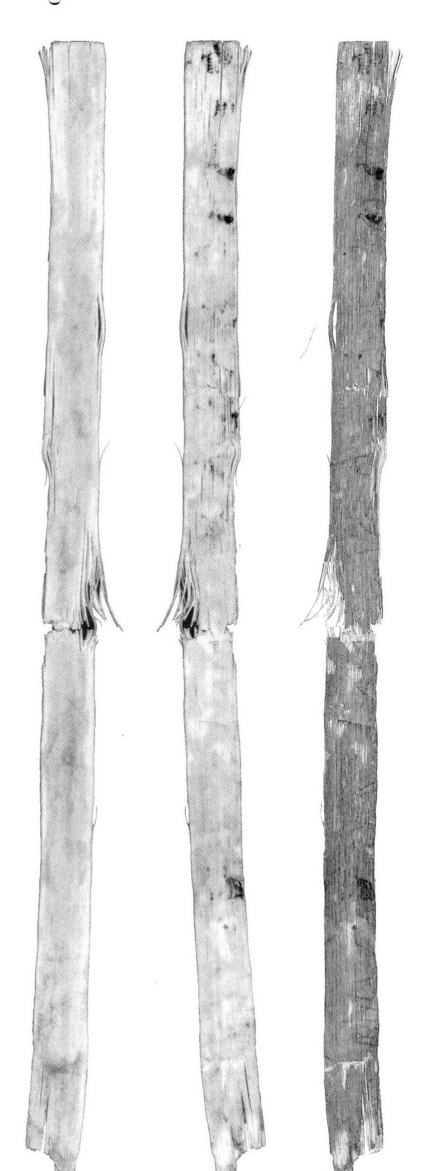

當捕吏次……☐五大夫☒

514
1732

514
1732

514b
1732b

⧄□爲後⧄

515
1733

515
1733

515b
1733b

⧄……爲吏□□庶子二千五百□⧄

516
1734

516
1734

516b
1734b

●六年自占功墨爰書

517 1735

517 1735

517b 1735b

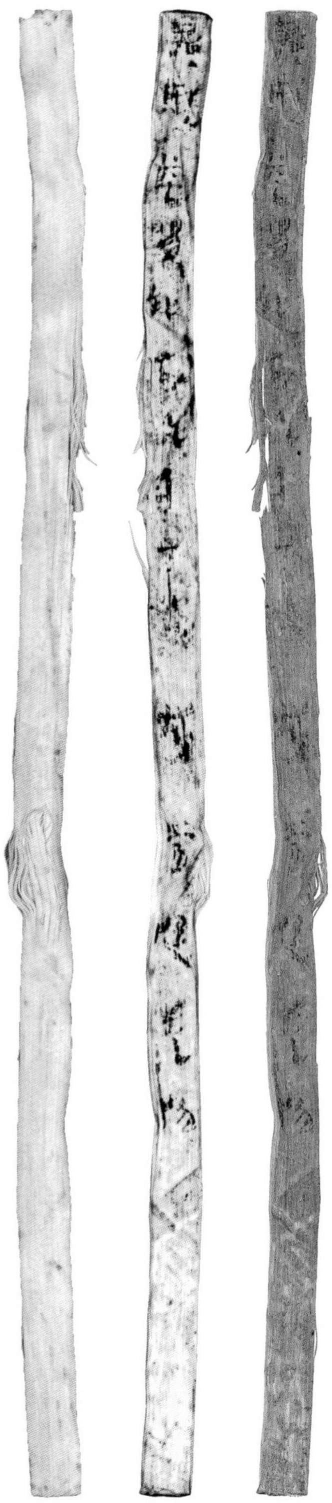

□□益陽錢……臧（贓）當發益陽

518 1736

518 1736

518b 1736b

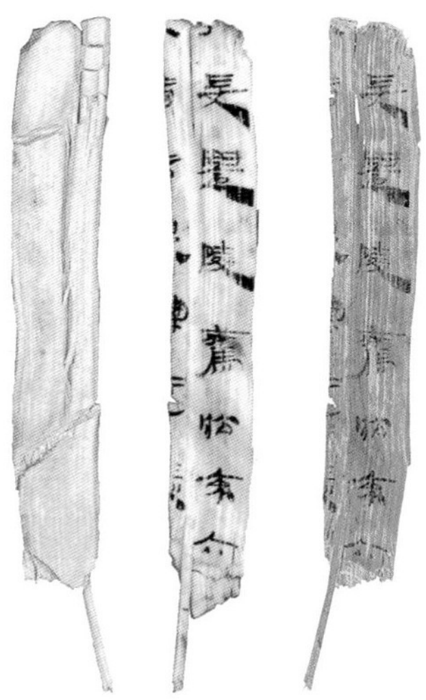

☐□受遷陵駕船衷六☐

☐□二月□□案沅陵☐

519 1737

519 1737

519b 1737b

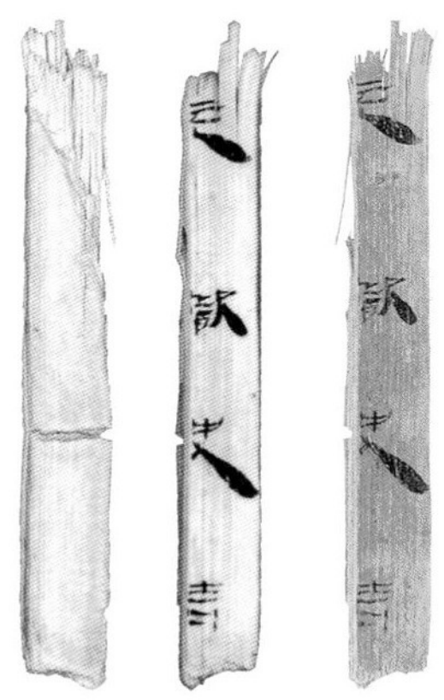

☐辰獄史青☐

520 1738

520 1738

520b 1738b

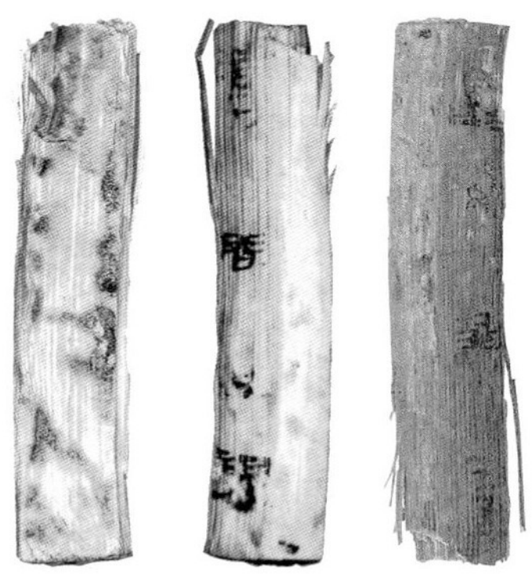

☐簿問□謁

521 1739

521 1739

521b 1739b

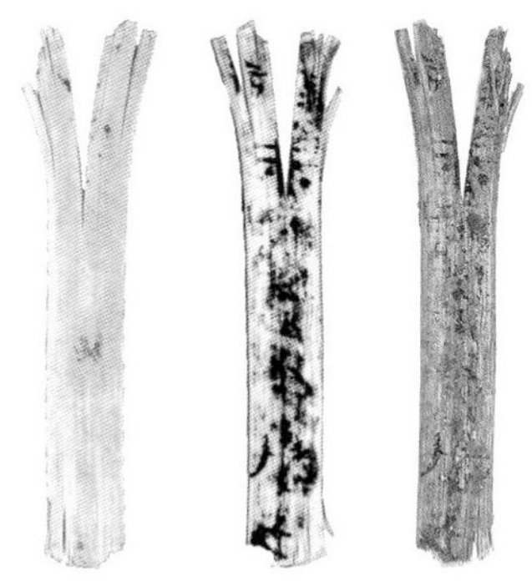

☐辟未報二月戊午☐

522 1740

522 1740

522b 1740b

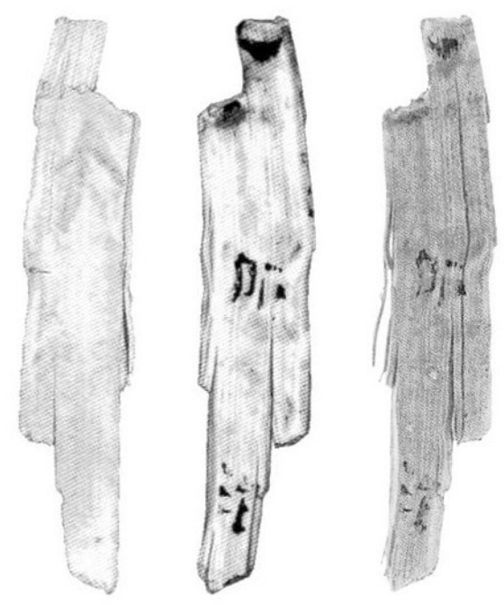

☐□所治☐

523 1741

523 1741

523b 1741b

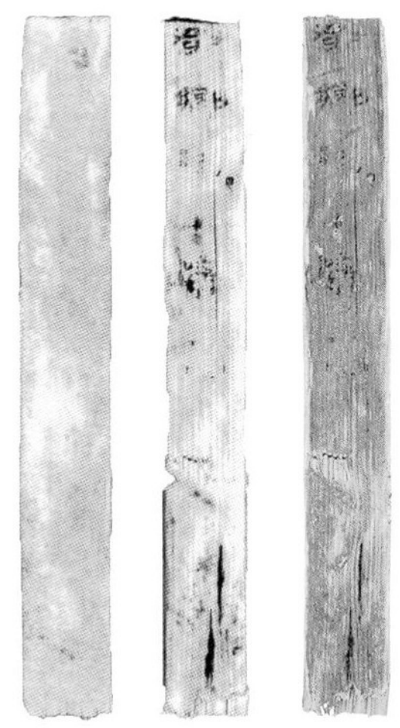

都鄉□□□☐

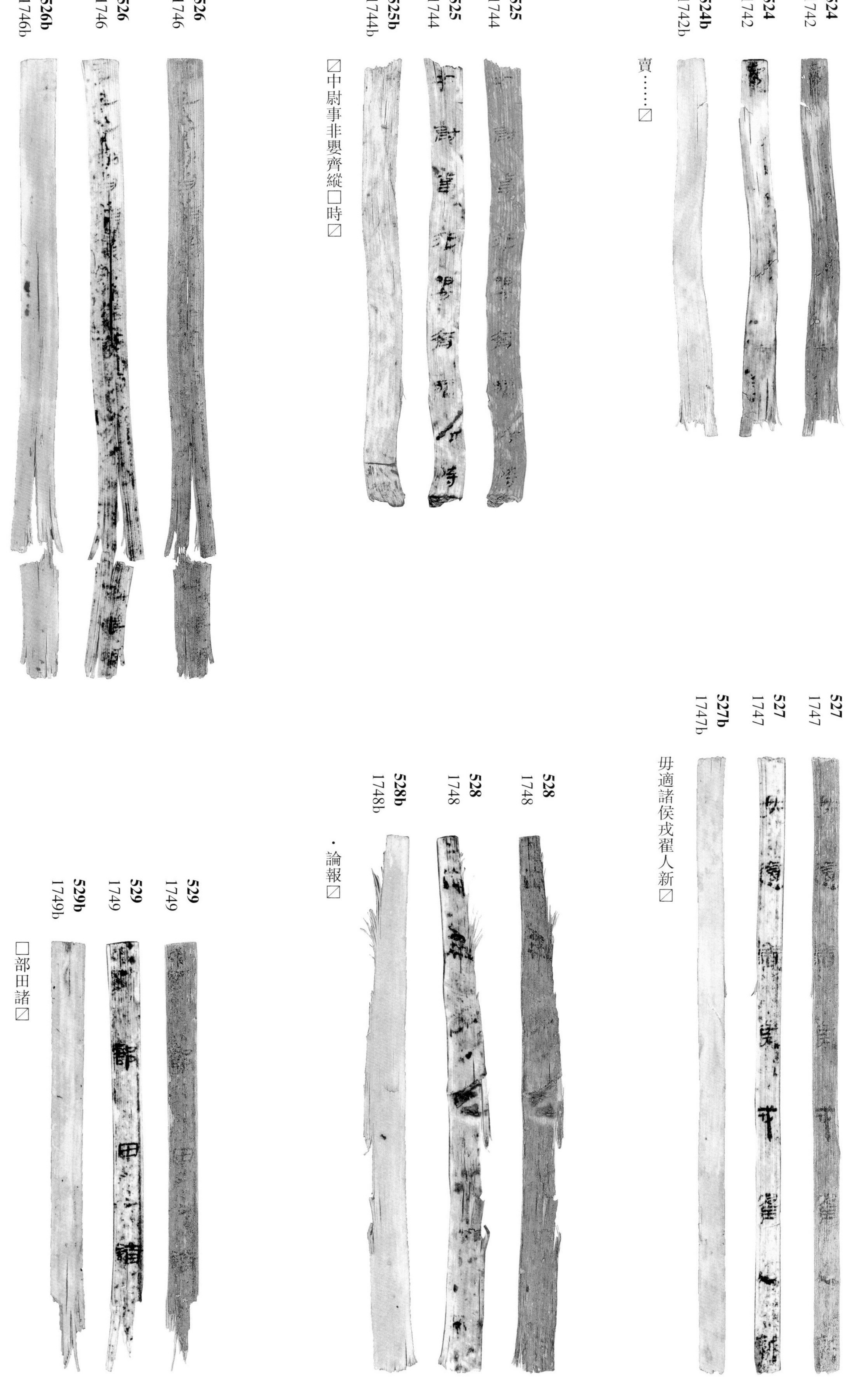

524 1742
524 1742
524b 1742b
賣……〼

525 1744
525 1744
525b 1744b
〼中尉事非嬰齊縱□時〼

526 1746
526 1746
526b 1746b
二月己巳朔甲……〼

527 1747
527 1747
527b 1747b
毋適諸侯戎翟人新〼

528 1748
528 1748
528b 1748b
・論報〼

529 1749
529 1749
529b 1749b
□部田諸〼

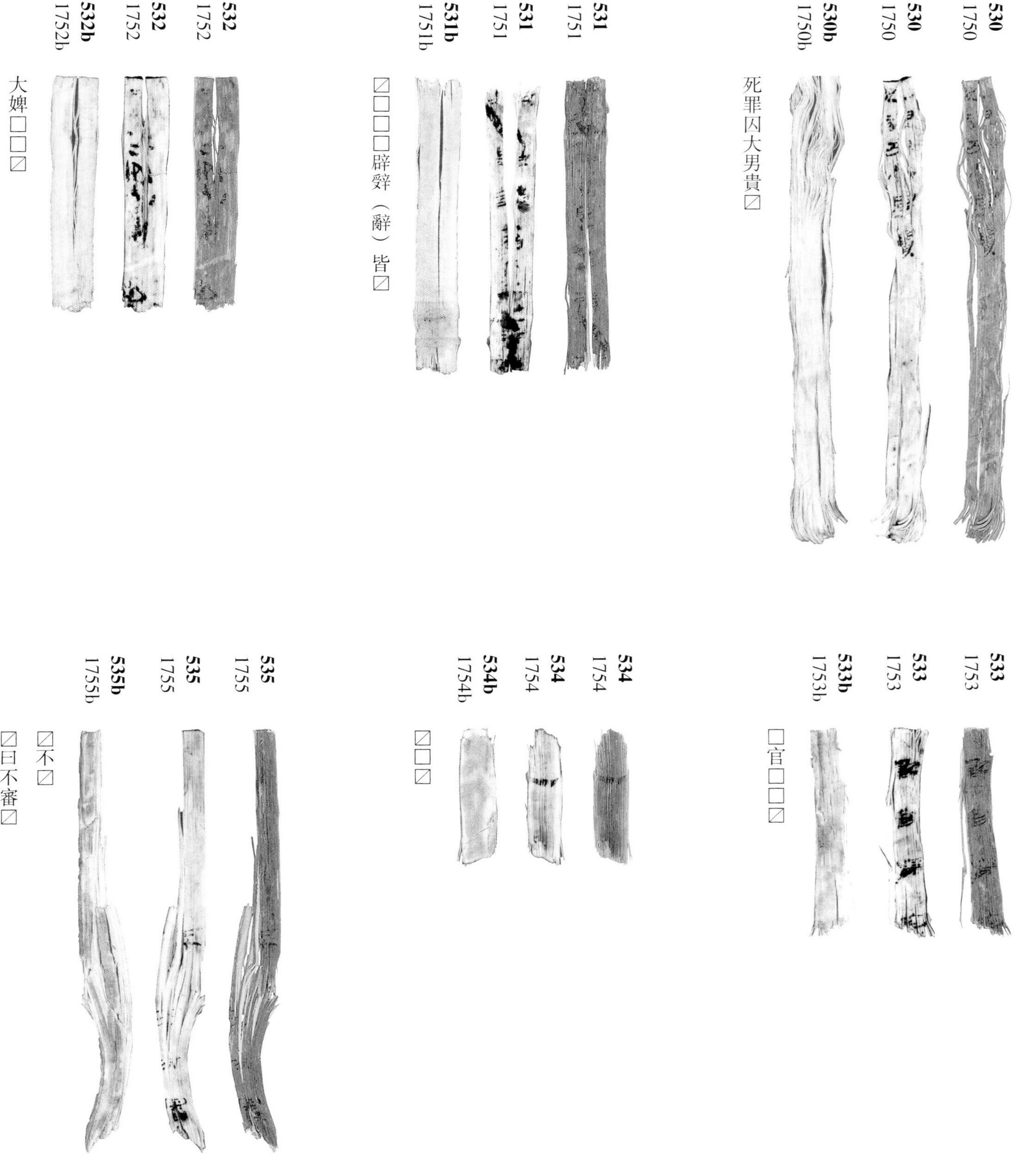

530 1750

530 1750

530b 1750b

死罪囚大男貴☒

531 1751

531 1751

531b 1751b

☒□□□辟辤（辭）皆☒

532 1752

532 1752

532b 1752b

大婢□□☒

533 1753

533 1753

533b 1753b

□官□□☒

534 1754

534 1754

534b 1754b

☒□☒

535 1755

535 1755

535b 1755b

☒不☒

☒曰不審☒

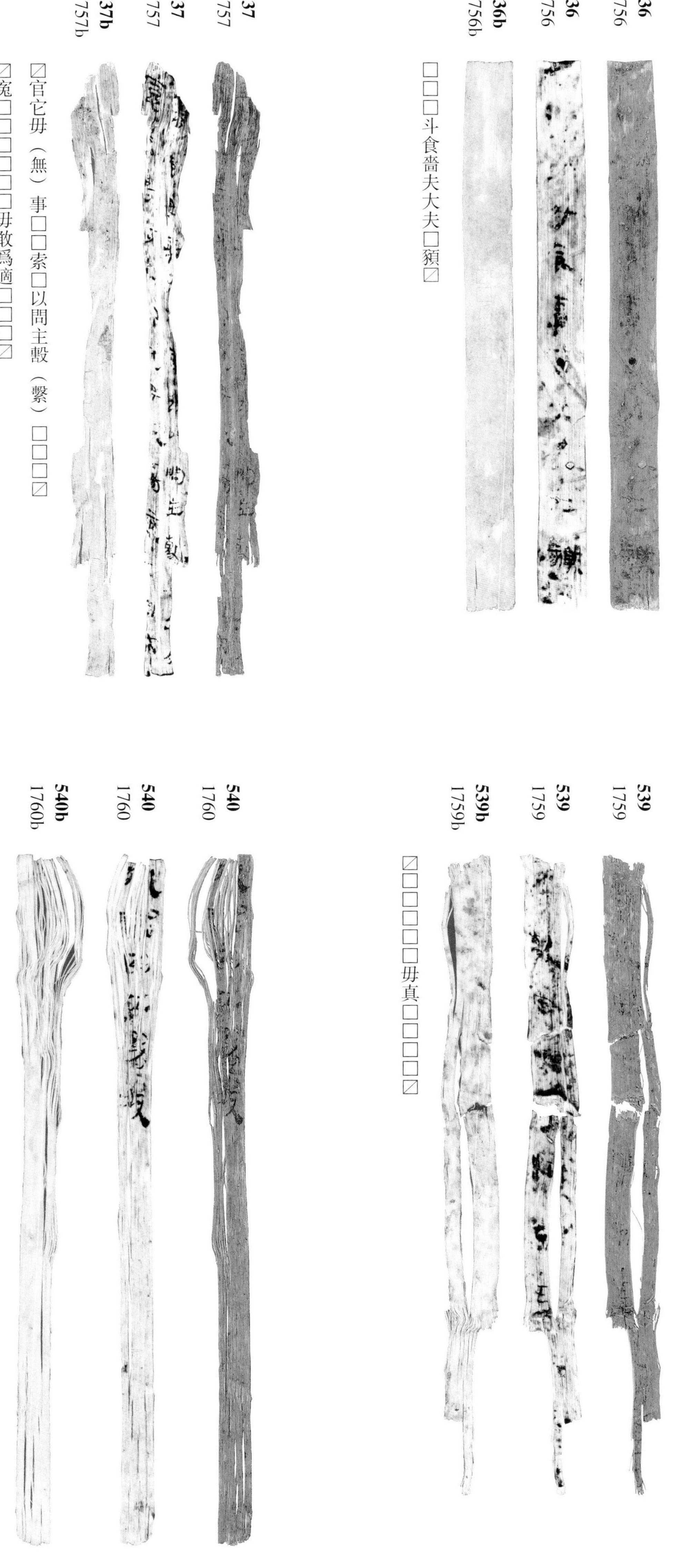

536 1756

536 1756

536b 1756b

□□□斗食嗇夫大夫□須☒

537 1757

537 1757

537b 1757b

☒官它毋（無）事□□索□以問主毄（繫）□□□☒

☒寃□□□□□□毋敢爲適□□□☒

538 1758

538 1758

538b 1758b

☒□□田……公……☒

539 1759

539 1759

539b 1759b

☒□□□□□毋真□□□□☒

540 1760

540 1760

540b 1760b

死罪囚大男奴☒

附录

附錄一　釋文

案例一　便移五年計書誤案

001／0042

便移五年計，餘口四千二百廿七。案閲實四千二百七十四，其卌九口計後年。計餘口多其

實二人，長以下爲書誤事不可行。

五年九月丙辰朔戊午，長沙内史卒史乙、中尉守卒史癸別有案，移便以律令從事，言夬

（決），移副中尉府。毋留。ノ卒史乙、

守卒史癸。

002／0085

五年九月丙辰朔壬申，都鄉勝敢言之：獄移劾曰：便移五年計

餘口四千二百廿七，案閲實四千二百七十四，其卌九口計後。

003／0090

受多其實二人，長以下爲書誤，事不可行。定主者名、爵、里、

它坐、遣。謹案：長路人、丞非子、令史訢、嗇夫勝、佐快。主路人

004／0346

擇，餘口皆公乘。路人，臨湘樂成里；非子，郴畸里；訢、快，官大夫；勝、

不更。訢、勝，便都里；快，昌里。路人前徵快上五年户計。左内

005／0225

☑護，不勝任，得，毄（繫）牢，以不勝任論。免非子

☑年應獄計，便、郴以從事。司空除毄（繫）

006／0083

☑非子，府遣非子、訢、勝自致，敢言之。

007／0347

五年九月丙辰朔甲戌，便丞非子敢告臨湘丞主，案贖罪以

下，寫劾、辟、報爰書，移書到，令史可論路人、快，言

008／0082

夬（決），已言解，如律令。敢告主。

案例二　大女南坐負罰金案

009／0102

五年九月丙辰朔丁卯，都鄉佐鼻敢言之：廷移臨湘書曰：北平大女南坐

負罰金臨湘庫，弗能入，居。迺四年六月中去亡，捕得。南辤（辭）：五年五月中自出

010／0101

☑蔡土所。書到，定名、史（事）、里、它坐，有罪耐以上當請者非

☑自出真爰書。·謹案：南名、史（事）、里定，毋（無）它坐，有罪耐以上不

011／0103

☑問蔡土，蔡土曰：五月中主治計，下視官事，不受南自出。案：南

☑書。敬寫年藉一牒，謁移臨湘以從事。敢言之。

012／0109

北平大女南，母姊占定王四年産，盡今五年年廿八。

013／1700

☑南曰小女止☑

案例三　長沙臨湘少内禁錢計計誤案

014／0389

七年二月戊申朔壬戌，御史☑

計校繆長沙相長一短☑

015／0645

七年三月丁丑朔己亥，少內佐福〈堅〉敢言之。府移臨湘六年計校繆長一短二牒。遣

吏是【服】。處實入所定當坐者。其短一，□□曰六年長沙臨湘少內禁錢計。

016／0209

左府乘與藥計，六年上校不曰受茹卵廿三斤。·繆在大（太）醫□☑

校券。六年計校書上謁，移長沙內史。敢言之。☑

017／0503

元年五月丙子朔己丑，右倉昌敢言之。廷下長沙內史臨湘書曰：遣令史農夫是丞相六年計

棟〈校〉終〈繆〉

長一牒。六年長沙臨湘少內禁錢計付大（太）倉、右倉禾稼計，茹卵一石受二石，合青笥

二合，韋橐

018／0505

二枚，受四，不相應，處寫〈實〉入所言。謹案：大（太）倉、右倉禾稼計五年實受臨湘

少內禁

錢計茹卵一石，韋橐二枚，聶（攝）廣各尺五寸，

019／0502

袤四尺五寸，及六年受如卵一石，韋橐二枚，聶（攝）廣尺五寸，袤各四尺五寸，合青笥

二合，廣尺五寸，袤

三尺五寸。【五】年六年所輸茹卵往來書□曰計六年大（太）倉□并爲校牒入計六年，上丞

相府。繆

020／0203

不在大（太）食〈倉〉，已與令史農夫是服。曰佐堅坐計六年誤脱。案：計五年所輸如卵

一石，韋橐二，聶（攝）廣各

尺五寸，袤四尺五寸，寫真券往來書上謁報，臨湘以繆書上謁，元年自證。主者敢言之。

021／0235

七月乙酉，長沙內史齊客丞尊謂臨湘趣言報，毋留，若律令。

卒史當、書佐囀來。

022／0231

七年七月乙亥朔庚寅，少內佐堅敢言之。廷移丞相

計校繆短二牒，其一曰六年長沙臨湘少內禁

023／0523

錢計付大（太）醫左府乘與藥計。茹卵十三斤受廿三

斤，象骨一斤受二斤，縑繳一，袤二丈二尺，受二

024／0334

七年七月乙亥朔庚寅，少內佐堅敢言之：廷移丞相計

校繆短二牒。其一曰六年長沙臨湘少內禁錢計

025／0326

別言夬（決）。謹問是服。臨湘少內禁錢計實付大（太）倉、

右倉禾稼計，五年所輸茹卵一石、韋橐二，六年茹

026／0141

卵一石、韋橐二，合青笥二合，報計六年并☑

佐監主治六年計，誤說〈脱〉五年所輸茹☑

027／0124

橐二，弗計，在四月丙辰赦前，謹以繆書上謁，元

年謁言相府。敢言之。

028／0191

七年七月乙亥朔庚寅，臨湘令寅敢言之。府移

臨湘六年計校繆短二牒，其一曰六年長沙臨

029／0130

湘少內禁錢計付大（太）醫左府乘與藥計，茄卵十三

斤，受廿三斤，象骨一斤，受二斤，縑纖一，袤二丈二

030／0271

合青笥一、白絻受二合，韋橐一受二，校不相應。問

故。遣吏是服，處實入所，牒別言夬（決）。謹案監□

031／0521

少內禁錢計實付大（太）醫左府乘與藥計。五年所輸

茄卵十三斤，象骨一斤，韋、帛乚橐各一，笥一合，縑纖

032／0527

一。六年茄卵十三斤，象骨一斤，韋橐一，笥一合，縑纖

一，大（太）醫報計六年并爲校。少內佐監主治六年

033／0297

【輸茄卵】一石，韋橐二弗計。在四月丙辰赦前，謹以☐

【謬書上】謁，元年謁言相府。敢言之。

034／0504

五年四月戊子朔戊子，少內佐誤敢言之：謹使倚輸五年調茄一石及所以盛飭物并校券一，

謁大（太）

倉。令官定以物如校，受長沙臨湘少內禁錢計，計六年。問計官名所上校二千石官爲報，

報臨湘

035／0501

上校長沙內史府。敢言之。·四月辛卯，臨湘令越、都水丞摩行丞事移大（太）倉。／令

史賀。

七月壬辰，大（太）倉章告右下真券，受爲報。如律令。丿令史中·第·□□

036／0506

五年六月丁亥朔壬辰，右倉佐樂歲敢言之。廷下長沙臨湘少內：謹使佐倚相奉輸六年調茄

卵

一石及所以盛飭物并爲校券一，受爲報。今受其茄卵一石，韋橐二枚，聶廣各尺五寸、袤

四尺五寸。

037／0412

其青笥二枚不到，并真券書吏爲自付券一，謁移長沙臨湘，令官定以如自付校券，自

付大（太）倉右倉禾稼計，其六年大（太）倉上校大農府，它如書，書令佐倚相校。敢言

之。

038／0618

五年四月戊子朔戊子，少內佐誤敢言之：謹使佐倚相輸五年調茄卵

十三斤、象骨一斤大（太）醫及所以盛飭物并爲校券一，謁關內史府，移少

039／0667

府大（太）醫，令官定以物如校，受長沙臨湘少內禁錢計。六年問。官名所上校

二千石官名爲報，臨湘上校長沙內史府。敢言之。

040／0638

五年四月戊子朔戊子，大（太）醫入所官受臨湘少內佐誤

茄卵十三斤直（值）錢四百五十五，率斤卅五，象骨一斤，直（值）錢卅五，橐笥一，帛

絻□□袤二丈二尺，韋

橐一，聶（攝）廣二尺、袤二尺五寸，帛橐一，袤二尺

041／0187

六年四月壬子朔乙卯，少內佐監敢言之：謹使令史農夫奉輸六年調茄卵一石大（太）倉所

以盛飭并爲校券

一，謁關內史府移大（太）倉，令官定以物如校，受長沙臨湘少內禁錢，計六年，問計官

名所上校二

042／0201

千石官爲報。臨湘上校内史府。敢言之。四月乙卯，臨湘丞尊敢言之。謹書問□□移大

（太）倉。敢言之。丿令史倚相

043／0507

四月乙卯，長沙内史齊客，南山長行守丞移大（太）倉。丿卒史擴、書佐内

六月癸亥，大（太）倉令正里、丞萬年謂右倉下真券一，以律令從事。丿令史福

044／0508

六年六月癸亥朔乙亥，右倉佐□敢言之：廷下臨湘書：使令史農夫輸六年茹卵一石及所

盛飭物，受

爲報。今已受，謁移臨湘。定以如校付大（太）倉右倉禾稼計。計六年，大（太）倉上校

大農府。它如書。令農夫校。敢言之。

045／0697

六年四月壬子朔乙卯，少内佐堅敢言之。謹使令史農夫輸六年調茹卵一石

大（太）倉所以盛飭并爲校券一，謁移大（太）倉，令官定以物如校。受長沙

046／0644

□□大（太）倉。令官定以物爲校受長沙臨湘少内禁錢計。計六年，問計官名所

上校二千石官爲報。臨湘上校長沙内史府。敢言之。

047／0360

如卵一石、韋橐二枚、聶（攝）廣各尺五寸、袤四尺五寸、合青笥二合

□□□□□□□□六年四月壬辰朔乙卯，大（太）倉入所官受臨湘少内佐監六年調

048／0495

如卵一石、韋橐二枚、聶（攝）廣尺五寸、袤四尺五寸，合青笥二合，廣尺五寸，袤〼

049／0602

茹卵一石，韋橐二枚，聶（攝）廣各尺五寸、袤四尺五寸。在五年六月丁亥朔壬辰，右

倉佐樂歲受臨湘少内禁錢計。計六年

050／0603

茹卵一石，韋橐二枚。聶廣各尺五寸、袤四尺五寸……大（太）倉入所官受臨湘少内誤

六年調

051／0149

不在報不相應〼

之〼

052／0239

〼輸茹卵十三斤象骨一斤縑織

〼□計付大（太）醫所上校誤以廿六

053／0282

……〼

茹卵十三斤，象骨一斤，韋帛橐各一，笥一合□

054／0304

石乚韋橐二，六年茹卵一石乚韋橐〼

計六年并爲校，少内佐堅主治六〼

055／0329

□□□合青笥一、白綈，受二合，韋橐一，受三，校

不想應，問故？遣吏是服，處實入……

056／0331

處實入所言。□□□□書與農夫□。臨湘五年六月遣佐倚相輸茹卵

十三斤、象骨一斤、韋乚帛橐各一，笥一合，縑織一。六年六月遣農夫輸

057／0333

計校繆各□□定下□人四月至今……何長丞□

官□掾留事服……卒歲……若……上相府書

058 / 0356

☒陽□智（知）☒

☒券□☒

059 / 0356–1

☒前謹以繆書

☒□……☒

060 / 0367

☒牒別言夬（決）謹問是服☒

☒實付大（太）倉右倉禾稼計☒

061 / 0371

茹卵十三斤象骨一斤韋橐☒

雁（應）其計年農夫□□☒

062 / 0431

☒少內佐堅史□☒

063 / 0443

☒□□一白絻韋橐一不智（知）大☒

☒象骨二斤縑織二ㄴ合青笥☒

064 / 0526

□□故謹使令史農夫是服處，舉校□券書謁關內史

府移少府令大（太）醫聽舉從事處實入所定坐者名狀□

065 / 0893＋1386

計付大（太）醫左府乘與樂（藥）計茹卵十三☒

……受二合青笥一白絻□受二合韋橐一受三校不相應今謹□

066 / 0847

合青笥二合……所案

合青笥二付出相應謹使令史農夫是服，寫舉校券書

067 / 0136

謁關內史府移大（太）倉，令官聽與從事，處實入所當坐者

名，繆邯不在。報不相應，免，具移其書予農夫□臨湘□□□

068 / 0851

☒……合韋橐二受四不相應□

☒……茹卵一石盛飭并韋橐二

069 / 0912

☒卵十三斤象骨一斤☒

☒三斤不智（知）舉爲廿☒

070 / 0905

計付大（太）倉右倉禾稼計茹卵一石受二石韋☒

謹問是服五年臨湘少內禁錢計實付□☒

071 / 0917

☒臨湘少內禁錢☒

☒韋橐一合青笥☒

072 / 1127

☒卵一石韋☒

073 / 1660

付大（太）倉右倉禾☒

茹卵一石受二石一☒

074／0627

筩一合

075／0500

□□□□大（太）倉令正里移長沙內史ノ令史欒歲☑

七月乙酉長沙內史齊客丞□謂臨湘趣言史毋留ノ卒史當□佐解□☑

076／2283

☑茹卵一石受二……☑

☑……☑

077／2288

☑牒上丞☑

078／2371

☑□□□□韋橐一受二不相應□□☑

☑……卵……☑

案例四　臨湘吏言案行廷獄與治囚等事書

079／0707

七年五月丙子朔壬辰，治移長沙內史卒史□☑

卒守治囚者不出獄門及見人與言語爲☑

080／2019

七年五月丙子朔癸巳，守獄門臨湘安陽嗇夫辟閭敢言

之：壬辰盡其夜，常宿食牢獄門，諸主守囚吏卒不出

080b／2019b

嗇夫辟閭

081／0544

七年五月丙子朔甲申〈午〉，令史□敢言之：癸

巳夜案行廷獄周桓（垣），城外到城東門，毋（無）人

082／0514

從（蹤）跡及欲篡〈簒〉囚城者。書實。敢言之。

……

083／0513

七年五月丙子朔甲午，擴門佐到敢言之：癸巳旦夕受囚陽魄陽

舍人營所，即索餘食中毋（無）毒藥、兵刃、書。已索。即以屬守獄門

084／0396

亭長辟閭。□毋（無）吏民久位在及欲入問詔獄事。非臨

湘吏毋入門者。書實。敢言之。

085／0569

七年五月丙子朔甲午，牢獄門亭長辟敢言之：辛巳盡其夜，常宿食

牢獄門，諸主守囚吏卒不出獄門，外人不入獄，毋（無）爲通言語、爲姦

086／0564

詐（詐）及投書者。旦夕受囚魄擴門佐到所，盛以具檢到廷中，索

餘食中毋（無）毒藥、兵刃、竄書。以魄旦屬獄史吳，夕屬河人，辟

087／0512

不入獄，非臨湘吏毋（無）入廷及毋（無）問詔獄囚事者。書實。敢

言之。

088／0769

七年五月丙子朔甲午，臨湘獄史吳、河人敢言之：癸巳盡其夜，吳、河人牢監陽復作，覆

卒武與囚居處，諸守囚者不出獄門，外人毋（無）入獄門者及爲囚通言語、爲姦詐（詐）

及投書者。

089／0772

吳旦、河人夕，受囚餽獄門嗇夫辟閭所。餽盛以具攘〈檢〉到獄。索餘食中毋（無）毒藥、兵刃及

竄書。已。乃予囚食。囚復朧（脱），與俱。囚毄（繫）及所當得雁（應）法，不顧〈能〉

遂亡、自殺傷。證不與囚相見，毋（無）

090／0778

問詔獄事者。書實。敢言之。

091／0714

七年五月丙子朔甲午，司空嗇夫禎敢言之：司空吏卒官屬

……

092／0566

七年五月丙子朔甲午，臨湘令寅敢言之：□□備中尉、丞、

獄史、及卒守囚者皆在治所治囚。不擅出獄門見人及爲通言語，爲

093／0563

姦，囚不與證相見，囚毄（繫）及所當得應法，不能遂亡、自賊殺傷。囚食中毋（無）

毒藥、兵刃、投書。案獄周桓（垣）皆完，毋（無）人【從】（蹤）跡，毋（無）問詔獄

事。告常宿食廷中

094／0561

七年五月丙子朔甲午，……敢言之。謹移府書。吳、河

人、獄史……佐朝、……及卒□

095／0312

七年五月丙子朔乙未，守令史□敢言之：甲午夜案行廷獄周

垣，城外到城東門，毋（無）人從（蹤）跡及欲篡囚城者。書實。敢

096／1801

七年五月丙子朔乙未，擴門佐到敢言之：甲午旦夕受囚陽餽陽

舍人營所。即索餘食中毋（無）毒藥、兵刃、書。已索。即以屬守獄門

096b／1801b

佐到

097／1804

☐吏民久位在及欲問詔事，非臨湘吏毋（無）

☐言之

098／0753

七年五月丙子朔乙未，牢獄門亭長辟敢言之：甲午盡其夜，常宿食牢獄

門，諸主守囚吏卒不出獄門，外人不入獄，毋（無）爲通言語、爲姦詐（詐）及投書者。

099／0617

旦夕受囚餽廣（擴）門佐到所，盛以具檢到廷中，索餘食中毋（無）毒藥、兵

刃、竄書。ノ以餽旦屬獄史吳，夕屬河人，辟不入獄，非臨湘史毋入

100／0567

廷及毋（無）問詔獄囚事者。書實。敢言之

101／0771

七年五月丙子朔乙未，臨湘獄史吳、河人敢言之：甲午盡其夜，吳、河人牢監陽復作，

覆卒武與囚居處。諸守囚者不出獄門，外人毋（無）入獄門者，及爲囚通言語爲姦

102／0551

詐（詐）及投書者。吳旦、河人夕，受囚餽守獄門亭長辟所。餽盛以具致獄。索餘食

中毋（無）毒

藥、兵刃及竄書。以餽。已。乃予囚食。囚以朧（脱），與俱。囚毄（繫）及所當得應

法，不能遂亡、自殺傷

103／0419

七年五月丙子朔乙未，司空嗇夫禎敢言之：甲午盡夜，司空吏卒官屬

及它吏卒毋入司空，從（縱）擅來見獄中人，爲囚通言語。問禎□

104／0882

七年五月丙子朔丙▨

案行廷獄周桓（垣）▨

105／0418

七年五月丙子朔丙申，擴門佐到敢言之：乙未旦夕受

囚陽餽陽從吏營所，即索餘食中毋（無）毒藥、兵刃、書。已

106／0509

七年五月丙子朔丙申，司空嗇夫禎敢言之：乙未盡夜，司空吏卒

官屬及它吏卒毋（無）入司空，從（縱）擅來見獄中人，爲囚通言語。

107／0619

七年五月丙子朔丁酉，臨湘獄史吳人、獄史卒史宜敢言之。丙申盡其夜，宜及

獄史、吏卒、守治囚者不出獄門，外人毋（無）入與言語爲姦。囚毄（繫）及當得應

108／0543

書實敢言之

109／0716

獄史吳　　與囚居

110／1509

▨令史□□▨

▨□到城東▨

111／1872

□主守囚盜至▨

□□語者書實▨

112／2016

▨投書者旦夕受囚餽廣門佐到所。盛以具檢到

▨毋（無）毒藥、兵刃、竄書。已。以餽。旦屬獄史吳，夕屬

112b／2016b

▨□□□□□

案例五　臨湘都鄉户隸計

113／0266

言夬（決），謹案今年以臨湘都鄉户隸計，實付豫▨

南部都尉都粱侯移都鄉户隸計大女一人□▨

114／0270

▨臨湘令敢言之府移

▨年豫章南部都尉都粱

115／0272

户隸計受長沙國臨湘都鄉户隸計大女□入校長沙相

弗上問故遣吏是服處實，入所定當作者□□坐它

116／0520

▨國都鄉户隸計受長沙國臨湘都鄉户隸計大

▨入校長沙相弗上是服處實入所以律令從事

案例六　大女如、麥等販米案

117 / 0292

年六月丙辰，□□嗇夫言劾臨湘高平里大女如，西山昌里大女麥等販米☑

118 / 0303

臨湘高平里大女御販賣米二斗，連☑

119 / 0694

☑販賣米一斗，連道始里大夫庚取□☑

120 / 1586

□高昌里大女麥□☑

未歸類簡

121 / 1287

☑□月癸亥朔□□□□

☑□□女子一人□□□□

122 / 1288

☑……☑

123 / 1289

☑……☑

124 / 1290

☑□其一

125 / 1291

☑□廬居者百□十☑

126 / 1292

☑……曰□没入□□

127 / 1293

☑……

128 / 1294

☑守讞張臣大奴多年□

129 / 1295

☑□卅九☑

130 / 1296

☑容人曰：乙□

131 / 1297

☑……

132 / 1298

☑……年十五☑

133 / 1299

☑……☑

134 / 1300

☑别治園宫司空、采銅謹□

135 / 1301

☑曰壽□書佐□與蒼☑

☑□□父蜕告蒼曰□□☑

136 / 1304

半寸去北辟七尺二寸足去東辟丈☐

食一所袤七寸廣三寸廬皆完毋☐

137 / 1305

☐言别☐

138 / 1306

☐□妄今操金二兩□☐

139 / 1307

☐臨☐

139b / 1307**b**

☐對之出☐

140 / 1309

☐環□□之☐

☐□□環☐

141 / 1310

☐□□朔甲申，别治長賴丞尊☐

142 / 1311

☐嗇夫□坐

143 / 1312

□□六□□金☐

144 / 1313

□安成里大夫庫☐

145 / 1314

·上郡□夷閒☐

146 / 1315

☐□□□□□□☐

147 / 1316

☐坐論行髡鉗得出士五（伍）

148 / 1317

毋以法並鞫訊劾者☐

149 / 1318

☐……☐

150 / 1319

☐□□□從□□□□

151 / 1320

☐□五十斤□□□□□□☐

152 / 1321

郡審齊葵□府□會之☐

153 / 1322

臨湘上囚卯具獄□☐

154 / 1323

☐□取今☐

155 / 1325

☐□家纆爲吏爲縣齋池加□☐

☐□曰便侯吏人召曰何也☐

156 / 1326

☒朔庚午，御府丞客夫守☒

☒臨湘臨利里重土髡鉗城☒

157 / 1327

☒……行當北以行☒

☒……真……卅□☒

158 / 1328

☒朔丙寅，主轂（繫）嗇☒

☒□邸邑☒

159 / 1329

☒丞客夫守臨湘丞告尉謂倉☒

☒青肩坐□□纆□嗇里士☒

160 / 1330

☒歲移爵結年籍☒

……

161 / 1331

六年六月辛亥朔辛未，臨湘令越敢言☒

計偕，謹案臨湘毋應書，敢言之。☒

162 / 1332

☒以□食器可蜀止□☒

☒與可思言曰：有死罪生平☒

163 / 1333

九年四月甲戌，獄史過□☒

不實不爲吏，大夫買□爲☒

164 / 1334

☒敢告少内史證令□☒

☒長長沙沙……

165 / 1335

四月辛卯，南陽庫擇之行丞事，移☒

史寄☒

166 / 1336

☒□□罪毋轂（繫）□□□□☒

167 / 1339

☒賈邑人臨湘☒

168 / 1340

☒……□所食

169 / 1341

□□□□尉☒

170 / 1342

☒髡鉗☒

171 / 1343

☒駕（加）論命

172 / 1344

☒外宛子磨☒

173 / 1345

☒……☒

☒光問□□☒

174 / 1346

▨□臨湘書曰：迺

▨□□謹案六月□

174b / 1346**b**

□陵

175 / 1347

▨湘高平宋領□□▨

176 / 1348

獄隸計付▨

177 / 1349

▨□□二年計誤▨

178 / 1350

公大夫占□▨

179 / 1351

▨□檢無名數登▨

180 / 1352

▨□小男祿福

181 / 1353

▨夫□□□▨

182 / 1354

□里小不更古□▨

183 / 1355

高成大女舒▨

184 / 1356

▨□育皆任公□▨

185 / 1357

傳舍見□▨

186 / 1358

▨□□▨

187 / 1359

▨三人▨

188 / 1360

▨己巳長沙▨

189 / 1361

▨□當毄（繫）□□▨

190 / 1362

▨不受自

191 / 1364

▨連占▨

192 / 1365

大奴一▨

193 / 1366

▨斤公▨

194 / 1367

▨亡夫行堯□▨

195 / 1368

☑□大女二人□☑

196 / 1369

☑張爲户☑

197 / 1370

☑□二户☑

198 / 1371

☑□□□□□☑

199 / 1372

臨湘言隸臣☑

五年七月癸卯☑

200 / 1373

子□女□□☑

201 / 1374

☑大母故少上造寡[户]☑

202 / 1375

……☑

203 / 1376

☑趨謹□□☑

204 / 1377

☑□里公乘虜☑

205 / 1378

☑口出十人☑

206 / 1379

☑曰疾☑

207 / 1380

■右方☑

208 / 1381

……

209 / 1382

☑人大母大女夷☑

210 / 1383

☑□定廟[長]……☑

☑毋忽屬登書佐閒給事☑

211 / 1384

☑□□人

212 / 1385

☑□長☑

213 / 1387

盜戒（械）囚大男虜☑

214 / 1388

■介卒諸除百六十四人

215 / 1389

☑□公士己

216 / 1390

☑□中鄉變（蠻）夷隸☑

217 / 1391

☒□通今夬（決）

218 / 1392

☒□藁上里在□所☒

219 / 1394

……

曹害言狀常食七月望書到趣上毋失期☒

220 / 1395

☒里五大夫駕　　年六十一

221 / 1396

☒司空徒隸計大男一人

222 / 1397

采銅長□□☒

223 / 1398

☒爵□年不識問婢曰女☒

☒故長賴長張齊子□東☒

224 / 1399

☒罷屯司馬

225 / 1400

☒……☒

226 / 1401

大奴十人☒

227 / 1402

午氏民毋□☒

228 / 1403

☒輒書名數☒

229 / 1404

☒□之河被決難丁帶

230 / 1405

☒今□更廿八户●☒

231 / 1406

乙未赦，不治，遺自致☒

232 / 1407

☒公乘□自言蜀☒

☒謂都三□趣□☒

☒□脱不有問不☒

233 / 1408

三年四月庚☒

言謹遣☒

234 / 1409

□令□☒

敢告主☒

235 / 1410

大女變自☒

236 / 1411

☒長☒

237 / 1412

☒□都鄉

☒止徙尚故官大

238 / 1413

芻稾錢一千一百☒

239 / 1414

☒……□巳中☒

☒史……☒

240 / 1415

☒鄉☒

241 / 1416

☒訊還☒

☒皆除其☒

242 / 1418

毄（繫）佐均書到以☒

主守臣到毄（繫）□☒

243 / 1419

歸☒

244 / 1420

……☒

者與□定邑☒

245 / 1421

人來□☒

者已在☒

246 / 1423

曹毋留若☒

……☒

247 / 1424

☒……☒

☒慶占☒

248 / 1425

☒……城里……☒

249 / 1426

☒□簪裊寡户□☒

250 / 1427

□☒

250b / **1427b**

□

251 / 1428

☒□□□

252 / 1429

☒□大夫寡户

253 / 1430

罷屯司馬□□

254 / 1431

□書當□▨

255 / 1432

▨與□奴戰死復□▨

256 / 1433

九年二月□□▨

257 / 1434

安成户出▨

258 / 1435

客請□▨

259 / 1436

入新别張▨

260 / 1437

□□證辤（辭）▨

261 / 1438

▨人人上▨

262 / 1439

出大男廿▨

263 / 1440

▨□盜戒（械）□▨

264 / 1441

▨尉

▨史夾

265 / 1442

▨走吳等人▨

266 / 1443

□□□□□前□▨

自致謁移臨湘□▨

267 / 1444

▨□襄曰何以繒爲意□▨

▨欲得其繒即受尉□▨

268 / 1445

▨鄉嗇夫千秋敢告尉▨

▨諸二人人一……▨

269 / 1446

▨獄論，耐□爲司寇▨

▨耐爲司寇會赦不▨

270 / 1448

▨……臨湘丞敢言之：

▨上毄（繫）滿六十日不決，上丞相

271 / 1450

▨史充敢言之獄問▨

▨……▨

272 / 1451

▨□欲乙未□□□▨

▨□書實論獄不審▨

273 / 1452

……壬戌，獄史……☒

……月丙寅……☒

274 / 1454

☒□六百户……☒

275 / 1455

夫牒故駕（加）論，罰債金四兩□☒

皆得論罰牒金九朱九分朱六☒

276 / 1456

☒□置繒門中□□……

☒費毋以徙行□強

277 / 1458

☒視守牧，勿使自賊

278 / 1458–1

☒□●即獄走居行□

279 / 1459

☒訊後辤（辭）☒

☒□敢言☒

280 / 1460

☒爲葵寡人

☒斤葵願不當

281 / 1461

☒□□□□□□之☒

☒□多自鄉嗇☒

282 / 1462

□□之曰爲壽陵守☒

□皆毋（無）卒史書佐即☒

283 / 1463

☒□運里公士哀告

☒劾下已以哀

284 / 1464

☒……☒

285 / 1466

十一月己卯□曹☒

毋留□□□☒

286 / 1467

河人取縣官吏□□錢五☒

287 / 1468

☒□□書倉人作移

288 / 1469

☒人疾死☒

289 / 1470

五十六少府獄頌囚□☒

290 / 1471

☒實不欲□吏以爲☒

291 / 1473

鄒□去吳辤（辭）□☒

292 / 1474

故不輸□倚人〼

293 / 1475

〼□里□南鄉建家人容右過四家及五家家□

294 / 1476

□□十月壬寅，劾曰：　北利里男〼

295 / 1477

……〼

296 / 1478

〼□家作積二百廿日〼

〼髡鉗爲城旦舂，辤（辭）〼

297 / 1479

〼史倚益〼

298 / 1479–1

〼□人各〼

299 / 1480

〼敗傷□□〼

300 / 1481

〼□□□□

301 / 1482

□□□〼

302 / 1483

六年六月甲子，磨鄉嗇夫成劾工里士五（伍）客夫年籍自占年〼

303 / 1484

・求捕書

304 / 1485

俱□告□聞□言求芻以爲□所當□言

305 / 1486

各萬三千五百……

306 / 1487

君（群）盜□□□□……

307 / 1488

凡四萬三千一百廿　　益陽□

308 / 1489

當補吏七人　　盈□ 今□□亭長

309 / 1490

三永巷長信工巷中分巷夫邑〼

310 / 1491

自詣報〼

311 / 1492

〼丞相上代御史書言爵時故周奉鄉〼

312 / 1493

〼訊辤（辭）大女臨湘偕里適三……

313 / 1494

取□敢□草券□賜〼

314 / 1495

⧄錄已府上謁言丞相御

315 / 1496

□□□□□□少□子男二人一名久字□□

316 / 1497

⧄□鄉佐□⧄

⧄毋分爭別⧄

317 / 1498

⧄公大夫一⧄

318 / 1499

⧄皆以聞

319 / 1500

⧄壬辰⧄

⧄壬辰⧄

320 / 1501

⧄□得傳□⧄

321 / 1502

⧄定名⧄

322 / 1503

⧄奪爵⧄

323 / 1504

⧄牒并移遣⧄

⧄臨湘獄以從⧄

324 / 1505

⧄田徙臨湘以私宦

⧄□即□令行人長

325 / 1506

⧄舍娗年里士五（伍）嬰家⧄

⧄曰嬰與□以船載⧄

326 / 1507

⧄□□□□□□□□爲書留⧄

⧄□人以實定□如律令⧄

327 / 1508

⧄其

……內史死

328 / 1510

⧄言之熊厚巫人中留

⧄□□□□□□□□□

329 / 1511

⧄□謂磨鄉南鄉

⧄□郭長孫□

330 / 1512

夫據約⧄

鈞十年⧄

331 / 1514

□女子以□□三不⧄

……襄人

332 / 1515

☒壹☒

333 / 1516

☒夷告纏□☒

☒曰已告何☒

334 / 1518

☒首匿☒

☒□長☒

335 / 1519

☒訊辤（辭）曰……

336 / 1520

☒不知何死罪□□以爲可除命籍獄史治者以□□河人□

337 / 1521

☒百一十五字☒

338 / 1522

·簿問主毄（繫）佐客人丁未夜盜戒（械）

339 / 1523

盜戒（械）囚大男福

340 / 1524

□□□□□庫人錢

341 / 1526

☒□故咸陽往□□

342 / 1527

☒百卌六石三☒

343 / 1528

☒錢六千三百五☒

344 / 1529

☒舉□重□□□級六十石□☒

345 / 1530

☒五月乙未赦

346 / 1531

迺八年四月中御史☒

347 / 1532

高成公大夫不疑　年卌二　見

348 / 1533

盜戒（械）囚大男奴☒

349 / 1534

君（群）盜……

350 / 1535

·凡……壽陵長

351 / 1536

☒人免老二千二百六十一人中□☒

352 / 1537

☒户口志與計偕☒

353 / 1538

漻亭一擇□□☒

354 / 1539

☒□一人疾死☒

355 / 1540

☒長朱常復到南☒

356 / 1541

☒□□司□得至前今□□□□

357 / 1542

安以聞制曰多□無人匈奴也亡越塞也當以☒

358 / 1543

主守臧（贓）……

359 / 1544

……室……☒

360 / 1546

□人□□□□子延□贓□道□見百□□

361 / 1547

君盜……

362 / 1548

☒佩印也

☒□朱常

363 / 1549

☒……

☒中雍亭上

364 / 1551

☒……石☒

365 / 1554

☒不當☒

366 / 1557

☒者八牒其一牒案☒

☒萬九千二百五十┗　一□☒

367 / 1558

長沙……積留☒

368 / 1559

☒□□強與人奸齊□□若請□□錢□☒

369 / 1560

·臨湘丞告獄史延┗　□坐告劾☒

370 / 1561

□問男子當對曰：　臨湘登里，四月己卯餔坐時，與宛□☒

坐歐陽何以盍登等曰□人可爲者屯翁盍等三人即起下□☒

371 / 1562

☒……守□□□□□☒

372 / 1563

☒□蜀……之☒

373 / 1565

☒□坐傷兕□□□☒

374 / 1566

☐史尊☐

375 / 1567

☐囚大男至☐

376 / 1568

☐……賜錢……☐

☐□□□☐

377 / 1569

……☐

378 / 1571

☐禺守主親轂（繫）佐史俞☐

379 / 1573

☐即亡駕（加）論命止完爲城旦有縱□☐

☐完城旦罪罪不當自出治後請（情）☐

380 / 1574

滯半月弗舉劾獄未斷會五月赦以令復☐

校九年應獄計尉安陽鄉以從☐

381 / 1575

八年四月辛丑朔壬寅臨湘丞忠告尉謂都☐

尉磨鄉益關吏徒求捕又以得爲故☐

382 / 1576

☐臨湘令越丞醜從鄉部□□□□從☐

☐吏身案閱□有□□言若府書☐

383 / 1578

□□故徼者曰自簿☐

它或覆問毋有有罪☐

384 / 1579

獄小史應☐

385 / 1580

行督促求捕謀反未☐

賀等者犀何人寫書☐

386 / 1581

☐□□陽□家☐

☐舍□□□遣寫☐

387 / 1582

☐年案它郡國卒

388 / 1583

☐□後爲請□□夬（決）

389 / 1587

☐鉗大奴蒼畀主

390 / 1588

☐小男午☐

391 / 1589

☐□上……臨湘令越丞□□☐

392 / 1590

人二更官當□更後□□☐

□□□□□□會二□☐

393 / 1591

▨年後九月戊戌朔丙▨

394 / 1592

▨□毄（繫）□□□十日▨

395 / 1593

▨九年應獄計

……

396 / 1594

▨□止爲城旦䓷髡笞□▨

397 / 1595

▨吏主者

398 / 1597

▨當越里大夫不疑男子屯翁盍貴賤里大夫偃俱飲舍▨

▨□與▨

399 / 1598

▨□八兩募毋□

丈

400 / 1600

▨它狀它若劾

401 / 1602

□□□府書當▨

行從廷尉□

402 / 1603

▨敢言之府卻男□▨

▨……▨

403 / 1604

▨□盜公乘福□□郵▨

▨ ……公乘郵里▨

404 / 1605

▨鄉臨

▨不從

405 / 1606

▨……▨

……獄▨

▨……▨

406 / 1611

▨高成大

▨□一所已

407 / 1612

▨書名▨

407b / 1612**b**

▨鄉户藉▨

408 / 1613

▨□▨

409 / 1614

▨年八月□□▨

▨亡名數□▨

410 / 1615

▨□願▨

411／1619

☐得者輒□☐

☐里正求捕☐

412／1620

☐□齎錢☐

☐治言☐

413／1621

☐爲吏☐

☐□□☐

414／1622

☐□□☐

415／1623

☐大婢二人☐

416／1624

☐□從□☐

417／1625

☐客鐵官長☐

418／1626

☐爵後☐

419／1627

□清河大（太）守☐

420／1629

☐□□☐

421／1630

☐捕後□☐

422／1630-1

☐審☐

423／1631

☐□藉□☐

424／1632

·求捕書☐

425／1633

☐□出求☐

426／1634

☐臨湘外宛里辟

☐……

426b／1634b

☐獄史□

427／1635

加六十斤公乘□☐

428／1636

☐求買☐

429／1637

獄廷報論它☐

430 / 1638

☐□主守者具署官主☐

☐□□□□☐

431 / 1639

☐□□□☐

☐□☐

432 / 1640

……☐

事客夫實以壬寅☐

433 / 1642

☐盜戒（械）囚大男臾□☐

434 / 1643

☐有徵亡□□郡諸侯者☐

435 / 1644

☐□□敢言之進之言☐

436 / 1645

☐午、僕雜診戒（械）盜囚大男□自言病　中煩

437 / 1646

曰廷尉信上當是孝文皇帝後七年十一☐

438 / 1647

……爲……

439 / 1648

……

440 / 1649

☐十・臨湘第□☐

441 / 1650

☐曰安成里別作子家有□☐

442 / 1651

☐父母☐

443 / 1652

☐□以長沙□☐

443b / 1652**b**

☐□□□□☐

444 / 1655

四月庚午告曰盜戒（械）囚大男寅四月乙亥夜病足□□未有瘳不☐

445 / 1657

☐平價臧（贓）直（值）錢

□初毄（繫）盡六月乙

446 / 1658

☐丙戌臨湘令寅謂少內☐

447 / 1659

九年六月甲辰朔☐

鄉佐官大夫臨☐

448 / 1661

☐□□□□☐

☐髡鉗城☐

449 / 1662

☒乙未☒

☒錢□☒

450 / 1663

☒朔丁酉☒

☒□□之□☒

451 / 1664

☒少其實在☒

452 / 1665

☒□正年六十九☒

453 / 1666

☒羅里箳藉☒

454 / 1667

☒夫慶☒

455 / 1668

☒□□爲☒

456 / 1669

☒奴……☒

457 / 1670

成里公乘縢☒

458 / 1671

☒里士五（伍）鄉☒

459 / 1672

☒婢雀母熏占☒

460 / 1673

☒□□□☒

☒年☒

461 / 1674

☒大夫☒

462 / 1675

☒□☒

☒□名□☒

463 / 1676

☒□□

☒主可案

464 / 1677

☒户丈□☒

465 / 1678

盗戒（械）囚大男☒

466 / 1679

□□

即令通召城□☒

467 / 1680

長建以尉□☒

468 / 1681

⧄月甲子□□⧄

469 / 1682

⧄□鄉倉⧄

470 / 1683

• □辤（辭）⧄

471 / 1684

□鄉佐□人⧄

472 / 1685

⧄以請正監尉治罪廷尉書⧄

473 / 1686

• 髡鉗□□……⧄

474 / 1687

⧄□□□爲□⧄

475 / 1688

□□赦令還一

476 / 1689

⧄……臨湘南嗇夫□中鄉佐□□□□□□□⧄

477 / 1691

⧄陽門外皆又購賞……⧄

⧄……之……⧄

478 / 1692

⧄朔丙辰内官長⧄

⧄□令史官大夫酉⧄

479 / 1693

⧄□□□□⧄

⧄□毋（無）它坐□□⧄

480 / 1694

⧄三⧄

481 / 1695

死罪囚⧄

482 / 1697

⧄□□夜右⧄

483 / 1698

⧄户毋（無）故⧄

484 / 1699

□□不歸□

也言盜亭⧄

485 / 1701

⧄臨湘匠里大女幸舍⧄

486 / 1703

⧄□□芻簿⧄

487 / 1704

三年五月之長□⧄

488 / 1705

☐今傳籍☐

489 / 1706

湘環☐

490 / 1707

正□□☐

491 / 1708

☐□當爲□

□□☐

492 / 1709

☐户人公乘□☐

493 / 1710

☐宜都大女毋傷☐

494 / 1711

☐空佐□☐

495 / 1712

☐……☐

☐年十五至廿☐

496 / 1713

☐□食□□□□☐

497 / 1714

☐九年廟廚啬☐

498 / 1715

☐[史]辟☐

499 / 1716

☐上毄（繫）滿卅日不決解

500 / 1717

臣再拜上侯所寰辞襄曰丁孺爲事也何以繒爲撣☐

□臣不敢自它故敢撣衣寰辞復襄曰乃至此行事[敢]☐

501 / 1718

☐受大（太）子傅绮謂萬歲公有告欲縛萬歲去寰郵後☐

502 / 1719

……

503 / 1721

□律辯告□乃訊辤（辭）曰……

□□□□□弗能識後六歲小嫁當陽爲公乘旁勑妻五年

504 / 1722

大（太）傅訊人爲公子部……

505 / 1723

稟食官長丞令史員廿二　　正月晝夜遣醴陵卅四　　率

506 / 1724

☐……田……

507 / 1725

☐公乘□黍賞之而□……

508 / 1726

□□□□□□□去□□日□□□□□

509 / 1727

□□言⧄

510 / 1728

……烻年……

511 / 1729

⧄房□□居……九百□正月庚寅⧄

512 / 1730

七月丙寅□定王……⧄

513 / 1731

當捕吏次……□五大夫⧄

514 / 1732

⧄□爲後⧄

515 / 1733

⧄……爲吏□□庶子二千五百□⧄

516 / 1734

●六年自占功墨爰書

517 / 1735

□□益陽錢……臧（贓）當發益陽

518 / 1736

⧄□受遷陵駕船衷六⧄

⧄□二月□□案沅陵⧄

519 / 1737

⧄辰獄史青⧄

520 / 1738

⧄簿問□謁

521 / 1739

⧄辟未報二月戊午⧄

522 / 1740

⧄□所治⧄

523 / 1741

都鄉□□□⧄

524 / 1742

賣……⧄

525 / 1744

⧄中尉事非嬰齊縱□時⧄

526 / 1746

二月己巳朔甲……⧄

527 / 1747

毋適諸侯戍翟人新⧄

528 / 1748

·論報⧄

529 / 1749

□部田諸⧄

530 / 1750

死罪囚大男貴☒

531 / 1751

☒□□□辟辤（辭）皆☒

532 / 1752

大婢□□☒

533 / 1753

□官□□☒

534 / 1754

☒□☒

535 / 1755

☒不☒

☒曰不審☒

536 / 1756

□□□斗食嗇夫大夫□須☒

537 / 1757

☒官它毋（無）事□□索□以問主毄（繫）□□□☒

☒寃□□□□□□毋敢爲適□□□☒

538 / 1758

☒□□田……公……☒

539 / 1759

☒□□□□□毋真□□□□☒

540 / 1760

死罪囚大男奴☒

附錄二　簡牘編號、材質及尺寸對照表

卷内號	原始簡號	材質	尺寸	備注
001	0042	竹	長 44 釐米，寬 2.5 釐米，厚 0.2 釐米	
002	0085	竹	長 22.1 釐米，寬 1.5 釐米，厚 0.2 釐米	
003	0090	竹	長 22.1 釐米，寬 1.6 釐米，厚 0.21 釐米	
004	0346	竹	長 21.5 釐米，寬 1.5 釐米，厚 0.21 釐米	
005	0225	竹	長 16 釐米，寬 1.7 釐米，厚 0.09 釐米	
006	0083	竹	長 22.2 釐米，寬 1.6 釐米，厚 0.27 釐米	
007	0347	竹	長 21.4 釐米，寬 1.5 釐米，厚 0.19 釐米	
008	0082	竹	長 22.2 釐米，寬 1.6 釐米，厚 0.21 釐米	
009	0102	竹	長 22.2 釐米，寬 1.7 釐米，厚 0.25 釐米	
010	0101	竹	長 19.4 釐米，寬 1.6 釐米，厚 0.21 釐米	
011	0103	竹	長 20.8 釐米，寬 1.5 釐米，厚 0.22 釐米	
012	0109	竹	長 21.5 釐米，寬 0.9 釐米，厚 0.1 釐米	
013	1700	竹	長 4.6 釐米，寬 0.5 釐米，厚 0.11 釐米	
014	0389	竹	長 7.1 釐米，寬 1.5 釐米，厚 0.36 釐米	
015	0645	竹	長 22 釐米，寬 1.9 釐米，厚 0.25 釐米	
016	0209	竹	長 17.8 釐米，寬 1.5 釐米，厚 0.25 釐米	
017	0503	竹	長 22.1 釐米，寬 1.5 釐米，厚 0.3 釐米	
018	0505	竹	長 22 釐米，寬 1.5 釐米，厚 0.28 釐米	
019	0502	竹	長 22.1 釐米，寬 1.5 釐米，厚 0.26 釐米	
020	0203	竹	長 21.8 釐米，寬 1.3 釐米，厚 0.16 釐米	
021	0235	竹	長 22.2 釐米，寬 1.3 釐米，厚 0.16 釐米	
022	0231	竹	長 21.7 釐米，寬 1.4 釐米，厚 0.18 釐米	
023	0523	竹	長 21.2 釐米，寬 1.5 釐米，厚 0.12 釐米	
024	0334	竹	長 20.5 釐米，寬 1.5 釐米，厚 0.19 釐米	
025	0326	竹	長 20.1 釐米，寬 1.5 釐米，厚 0.18 釐米	
026	0141	竹	長 16.4 釐米，寬 1.6 釐米，厚 0.13 釐米	
027	0124	竹	長 21.1 釐米，寬 1.6 釐米，厚 0.17 釐米	
028	0191	竹	長 21.5 釐米，寬 1.4 釐米，厚 0.09 釐米	
029	0130	竹	長 22 釐米，寬 1.4 釐米，厚 0.17 釐米	
030	0271	竹	長 21 釐米，寬 1.6 釐米，厚 0.16 釐米	
031	0521	竹	長 21.2 釐米，寬 1.4 釐米，厚 0.08 釐米	
032	0527	竹	長 21.5 釐米，寬 1.5 釐米，厚 0.22 釐米	
033	0297	竹	長 18.4 釐米，寬 1.4 釐米，厚 0.15 釐米	
034	0504	竹	長 22.3 釐米，寬 1.5 釐米，厚 0.32 釐米	
035	0501	竹	長 22.2 釐米，寬 1.4 釐米，厚 0.3 釐米	
036	0506	竹	長 22.1 釐米，寬 1.6 釐米，厚 0.26 釐米	
037	0412	竹	長 22.2 釐米，寬 1.5 釐米，厚 0.22 釐米	
038	0618	竹	長 22.2 釐米，寬 1.6 釐米，厚 0.23 釐米	
039	0667	竹	長 22.1 釐米，寬 1.5 釐米，厚 0.21 釐米	
040	0638	竹	長 21.9 釐米，寬 2.2 釐米，厚 0.34 釐米	
041	0187	竹	長 22.1 釐米，寬 1.2 釐米，厚 0.22 釐米	
042	0201	竹	長 21.8 釐米，寬 1.5 釐米，厚 0.18 釐米	
043	0507	竹	長 22.1 釐米，寬 1.4 釐米，厚 0.3 釐米	
044	0508	竹	長 21.9 釐米，寬 1.4 釐米，厚 0.31 釐米	
045	0697	竹	長 22 釐米，寬 1.3 釐米，厚 0.13 釐米	
046	0644	竹	長 22.1 釐米，寬 1.2 釐米，厚 0.21 釐米	
047	0360	竹	長 22 釐米，寬 0.8 釐米，厚 0.21 釐米	
048	0495	竹	長 13 釐米，寬 0.9 釐米，厚 0.2 釐米	

卷内號	原始簡號	材質	尺寸	備注
049	0602	竹	長 21.8 釐米，寬 0.7 釐米，厚 0.16 釐米	
050	0603	竹	長 22 釐米，寬 0.8 釐米，厚 0.13 釐米	
051	0149	竹	長 5.4 釐米，寬 1.6 釐米，厚 0.12 釐米	
052	0239	竹	長 14.1 釐米，寬 1.5 釐米，厚 0.11 釐米	
053	0282	竹	長 21.6 釐米，寬 1.5 釐米，厚 0.07 釐米	
054	0304	竹	長 13.7 釐米，寬 1.6 釐米，厚 0.18 釐米	
055	0329	竹	長 21.1 釐米，寬 1.4 釐米，厚 0.1 釐米	
056	0331	竹	長 21.9 釐米，寬 1.4 釐米，厚 0.15 釐米	
057	0333	竹	長 22.1 釐米，寬 1.4 釐米，厚 0.14 釐米	
058	0356	竹	長 3.3 釐米，寬 1.4 釐米，厚 0.2 釐米	
059	0356-1	竹	長 7.3 釐米，寬 1.8 釐米，厚 0.2 釐米	
060	0367	竹	長 11.2 釐米，寬 1.3 釐米，厚 0.08 釐米	
061	0371	竹	長 7.5 釐米，寬 1.5 釐米，厚 0.25 釐米	
062	0431	竹	長 4.3 釐米，寬 0.8 釐米，厚 0.09 釐米	
063	0443	竹	長 9.9 釐米，寬 1.3 釐米，厚 0.1 釐米	
064	0526	竹	長 21.3 釐米，寬 1.6 釐米，厚 0.1 釐米	
065	0893	竹	長 9.9 釐米，寬 1.4 釐米，厚 0.16 釐米	0893+1386
	1386	竹	長 12 釐米，寬 0.7 釐米，厚 0.14 釐米	
066	0847	竹	長 21.2 釐米，寬 1.5 釐米，厚 0.24 釐米	
067	0136	竹	長 21.5 釐米，寬 1.5 釐米，厚 0.21 釐米	
068	0851	竹	長 11.1 釐米，寬 1.2 釐米，厚 0.22 釐米	
069	0912	竹	長 6.8 釐米，寬 1.4 釐米，厚 0.2 釐米	
070	0905	竹	長 11 釐米，寬 1.2 釐米，厚 0.18 釐米	
071	0917	竹	長 6 釐米，寬 1.4 釐米，厚 0.19 釐米	
072	1127	竹	長 4.3 釐米，寬 1 釐米，厚 0.18 釐米	
073	1660	竹	長 4 釐米，寬 1 釐米，厚 0.22 釐米	
074	0627	竹	長 22.2 釐米，寬 0.8 釐米，厚 0.13 釐米	
075	0500	竹	長 21.9 釐米，寬 1.4 釐米，厚 0.17 釐米	
076	2283	竹	長 11 釐米，寬 1.6 釐米，厚 0.4 釐米	新增飽水簡
077	2288	竹	長 4.9 釐米，寬 1.5 釐米，厚 0.3 釐米	新增飽水簡
078	2371	竹	長 11.9 釐米，寬 1.5 釐米，厚 0.3 釐米	新增飽水簡
079	0707	竹	長 11.1 釐米，寬 1.2 釐米，厚 0.21 釐米	
080	2019	木	長 23.2 釐米，寬 2.7 釐米，厚 0.29 釐米	雙面有字
081	0544	竹	長 22 釐米，寬 1.5 釐米，厚 0.36 釐米	
082	0514	竹	長 21.5 釐米，寬 1.4 釐米，厚 0.32 釐米	
083	0513	竹	長 21.8 釐米，寬 1.5 釐米，厚 0.35 釐米	
084	0396	竹	長 21.7 釐米，寬 1.5 釐米，厚 0.21 釐米	
085	0569	竹	長 21.7 釐米，寬 1.4 釐米，厚 0.23 釐米	
086	0564	竹	長 21.7 釐米，寬 1.5 釐米，厚 0.3 釐米	
087	0512	竹	長 21.5 釐米，寬 1.7 釐米，厚 0.36 釐米	
088	0769	竹	長 22 釐米，寬 1.5 釐米，厚 0.22 釐米	
089	0772	竹	長 22.1 釐米，寬 1.3 釐米，厚 0.26 釐米	
090	0778	竹	長 21.9 釐米，寬 1.3 釐米，厚 0.31 釐米	
091	0714	竹	長 21.8 釐米，寬 0.9 釐米，厚 0.13 釐米	
092	0566	竹	長 22.2 釐米，寬 1.5 釐米，厚 0.32 釐米	
093	0563	竹	長 22.3 釐米，寬 1.2 釐米，厚 0.27 釐米	
094	0561	竹	長 22 釐米，寬 1.3 釐米，厚 0.32 釐米	
095	0312	竹	長 21.7 釐米，寬 1.8 釐米，厚 0.16 釐米	

卷内號	原始簡號	材質	尺寸	備注
096	1801	木	長 22.9 釐米，寬 1.9 釐米，厚 0.37 釐米	雙面有字
097	1804	木	長 15.8 釐米，寬 2.2 釐米，厚 0.27 釐米	
098	0753	竹	長 22.2 釐米，寬 1.6 釐米，厚 0.18 釐米	
099	0617	竹	長 22.2 釐米，寬 1.7 釐米，厚 0.25 釐米	
100	0567	竹	長 22.3 釐米，寬 1.5 釐米，厚 0.41 釐米	
101	0771	竹	長 21.8 釐米，寬 1.3 釐米，厚 0.27 釐米	
102	0551	竹	長 21.9 釐米，寬 1.4 釐米，厚 0.16 釐米	
103	0419	竹	長 21.3 釐米，寬 1.3 釐米，厚 0.2 釐米	
104	0882	竹	長 7.7 釐米，寬 1.4 釐米，厚 0.26 釐米	
105	0418	竹	長 20.5 釐米，寬 1.4 釐米，厚 0.17 釐米	
106	0509	竹	長 21.3 釐米，寬 1.6 釐米，厚 0.34 釐米	
107	0619	竹	長 22.1 釐米，寬 1.6 釐米，厚 0.17 釐米	
108	0543	竹	長 21.9 釐米，寬 1.4 釐米，厚 0.26 釐米	
109	0716	竹	長 22.5 釐米，寬 0.6 釐米，厚 0.07 釐米	
110	1509	竹	長 6.2 釐米，寬 1.5 釐米，厚 0.31 釐米	
111	1872	竹	長 7.8 釐米，寬 1 釐米，厚 0.09 釐米	
112	2016	木	長 19.6 釐米，寬 2.5 釐米，厚 0.25 釐米	雙面有字
113	0266	竹	長 19.2 釐米，寬 1.3 釐米，厚 0.09 釐米	
114	0270	竹	長 11.6 釐米，寬 1.3 釐米，厚 0.1 釐米	
115	0272	竹	長 21.1 釐米，寬 1.4 釐米，厚 0.09 釐米	
116	0520	竹	長 20.4 釐米，寬 1.2 釐米，厚 0.15 釐米	
117	0292	竹	長 23.4 釐米，寬 0.7 釐米，厚 0.07 釐米	
118	0303	竹	長 15.9 釐米，寬 0.7 釐米，厚 0.06 釐米	
119	0694	竹	長 16.4 釐米，寬 0.8 釐米，厚 0.09 釐米	
120	1586	竹	長 10.1 釐米，寬 0.8 釐米，厚 0.11 釐米	
121	1287	竹	長 9.2 釐米，寬 1.3 釐米，厚 0.18 釐米	
122	1288	竹	長 11.7 釐米，寬 0.9 釐米，厚 0.15 釐米	
123	1289	竹	長 11.1 釐米，寬 0.8 釐米，厚 0.18 釐米	
124	1290	竹	長 11.3 釐米，寬 0.8 釐米，厚 0.21 釐米	
125	1291	竹	長 9.4 釐米，寬 0.8 釐米，厚 0.14 釐米	
126	1292	竹	長 11.2 釐米，寬 0.7 釐米，厚 0.18 釐米	
127	1293	竹	長 11.1 釐米，寬 0.8 釐米，厚 0.14 釐米	
128	1294	竹	長 8.6 釐米，寬 0.7 釐米，厚 0.14 釐米	
129	1295	竹	長 7.9 釐米，寬 0.8 釐米，厚 0.17 釐米	
130	1296	竹	長 8.2 釐米，寬 0.7 釐米，厚 0.17 釐米	
131	1297	竹	長 10 釐米，寬 0.9 釐米，厚 0.19 釐米	
132	1298	竹	長 7 釐米，寬 0.6 釐米，厚 0.11 釐米	
133	1299	竹	長 7.1 釐米，寬 0.7 釐米，厚 0.22 釐米	
134	1300	竹	長 7 釐米，寬 1.4 釐米，厚 0.24 釐米	
135	1301	竹	長 10.6 釐米，寬 1.3 釐米，厚 0.23 釐米	
136	1304	竹	長 17.7 釐米，寬 1.5 釐米，厚 0.16 釐米	
137	1305	竹	長 9.2 釐米，寬 1.5 釐米，厚 0.22 釐米	
138	1306	竹	長 8.4 釐米，寬 1.5 釐米，厚 0.13 釐米	
139	1307	竹	長 5 釐米，寬 1.5 釐米，厚 0.2 釐米	雙面有字
140	1309	竹	長 4.8 釐米，寬 1.6 釐米，厚 0.24 釐米	
141	1310	竹	長 7.3 釐米，寬 0.7 釐米，厚 0.14 釐米	
142	1311	竹	長 7.5 釐米，寬 0.9 釐米，厚 0.24 釐米	
143	1312	竹	長 8.3 釐米，寬 0.9 釐米，厚 0.13 釐米	

卷内號	原始簡號	材質	尺寸	備注
144	1313	竹	長 8.4 釐米，寬 0.6 釐米，厚 0.13 釐米	
145	1314	竹	長 11.2 釐米，寬 0.7 釐米，厚 0.18 釐米	
146	1315	竹	長 15.7 釐米，寬 0.9 釐米，厚 0.18 釐米	
147	1316	竹	長 17.9 釐米，寬 1 釐米，厚 0.21 釐米	
148	1317	竹	長 13.3 釐米，寬 0.8 釐米，厚 0.14 釐米	
149	1318	竹	長 8.2 釐米，寬 0.7 釐米，厚 0.12 釐米	
150	1319	竹	長 8.3 釐米，寬 0.8 釐米，厚 0.14 釐米	
151	1320	竹	長 9 釐米，寬 0.8 釐米，厚 0.12 釐米	
152	1321	竹	長 7.4 釐米，寬 1 釐米，厚 0.12 釐米	
153	1322	竹	長 6.8 釐米，寬 0.6 釐米，厚 0.1 釐米	
154	1323	竹	長 5.4 釐米，寬 0.9 釐米，厚 0.11 釐米	
155	1325	竹	長 9.2 釐米，寬 1.4 釐米，厚 0.26 釐米	
156	1326	竹	長 10.6 釐米，寬 1.7 釐米，厚 0.27 釐米	
157	1327	竹	長 8.8 釐米，寬 1.6 釐米，厚 0.21 釐米	
158	1328	竹	長 7.5 釐米，寬 1.9 釐米，厚 0.34 釐米	
159	1329	竹	長 11 釐米，寬 1.5 釐米，厚 0.23 釐米	
160	1330	竹	長 7.1 釐米，寬 1.2 釐米，厚 0.29 釐米	
161	1331	竹	長 11.3 釐米，寬 1.6 釐米，厚 0.21 釐米	
162	1332	竹	長 7.6 釐米，寬 1.4 釐米，厚 0.15 釐米	
163	1333	竹	長 10 釐米，寬 1.4 釐米，厚 0.29 釐米	
164	1334	竹	長 11.2 釐米，寬 1.5 釐米，厚 0.28 釐米	
165	1335	竹	長 14.2 釐米，寬 1.3 釐米，厚 0.25 釐米	
166	1336	竹	長 14.2 釐米，寬 1.5 釐米，厚 0.14 釐米	
167	1339	竹	長 9.4 釐米，寬 1 釐米，厚 0.12 釐米	
168	1340	竹	長 4.7 釐米，寬 0.6 釐米，厚 0.12 釐米	
169	1341	竹	長 5.3 釐米，寬 0.8 釐米，厚 0.17 釐米	
170	1342	竹	長 4.1 釐米，寬 0.9 釐米，厚 0.24 釐米	
171	1343	竹	長 3.2 釐米，寬 0.7 釐米，厚 0.11 釐米	
172	1344	竹	長 3.5 釐米，寬 0.7 釐米，厚 0.13 釐米	
173	1345	竹	長 3.6 釐米，寬 0.9 釐米，厚 0.21 釐米	
174	1346	竹	長 6.2 釐米，寬 1 釐米，厚 0.22 釐米	雙面有字
175	1347	竹	長 5.5 釐米，寬 0.7 釐米，厚 0.12 釐米	
176	1348	竹	長 3.8 釐米，寬 0.7 釐米，厚 0.1 釐米	
177	1349	竹	長 6.2 釐米，寬 0.7 釐米，厚 0.12 釐米	
178	1350	竹	長 5.9 釐米，寬 0.8 釐米，厚 0.18 釐米	
179	1351	竹	長 5.7 釐米，寬 0.7 釐米，厚 0.15 釐米	
180	1352	竹	長 5.9 釐米，寬 0.6 釐米，厚 0.15 釐米	
181	1353	竹	長 3.8 釐米，寬 0.9 釐米，厚 0.13 釐米	
182	1354	竹	長 4.7 釐米，寬 0.4 釐米，厚 0.11 釐米	
183	1355	竹	長 3.6 釐米，寬 0.5 釐米，厚 0.1 釐米	
184	1356	竹	長 4.1 釐米，寬 1.2 釐米，厚 0.21 釐米	
185	1357	竹	長 3.3 釐米，寬 0.8 釐米，厚 0.16 釐米	
186	1358	竹	長 2.8 釐米，寬 0.7 釐米，厚 0.18 釐米	
187	1359	竹	長 6.1 釐米，寬 0.7 釐米，厚 0.16 釐米	
188	1360	竹	長 4.6 釐米，寬 0.9 釐米，厚 0.22 釐米	
189	1361	竹	長 6.8 釐米，寬 0.9 釐米，厚 0.14 釐米	
190	1362	竹	長 6.1 釐米，寬 0.8 釐米，厚 0.14 釐米	
191	1364	竹	長 4 釐米，寬 1 釐米，厚 0.21 釐米	

卷内號	原始簡號	材質	尺寸	備注
192	1365	竹	長3.3釐米，寬0.7釐米，厚0.17釐米	
193	1366	竹	長3釐米，寬0.8釐米，厚0.16釐米	
194	1367	竹	長6.8釐米，寬0.7釐米，厚0.09釐米	
195	1368	竹	長7.2釐米，寬0.7釐米，厚0.14釐米	
196	1369	竹	長5.6釐米，寬0.6釐米，厚0.18釐米	
197	1370	竹	長5.3釐米，寬0.8釐米，厚0.13釐米	
198	1371	竹	長4釐米，寬0.7釐米，厚0.24釐米	
199	1372	竹	長4釐米，寬1.1釐米，厚0.16釐米	
200	1373	竹	長3.4釐米，寬0.4釐米，厚0.13釐米	
201	1374	竹	長7.1釐米，寬0.5釐米，厚0.12釐米	
202	1375	竹	長5.9釐米，寬0.5釐米，厚0.19釐米	
203	1376	竹	長3.9釐米，寬0.8釐米，厚0.17釐米	
204	1377	竹	長3.4釐米，寬0.5釐米，厚0.09釐米	
205	1378	竹	長2.8釐米，寬0.6釐米，厚0.08釐米	
206	1379	竹	長2.3釐米，寬0.7釐米，厚0.11釐米	
207	1380	竹	長2.2釐米，寬0.4釐米，厚0.13釐米	
208	1381	竹	長22釐米，寬0.8釐米，厚0.25釐米	
209	1382	竹	長7.6釐米，寬0.7釐米，厚0.15釐米	
210	1383	竹	長7.8釐米，寬1.1釐米，厚0.21釐米	
211	1384	竹	長9.6釐米，寬0.7釐米，厚0.13釐米	
212	1385	竹	長11.4釐米，寬0.7釐米，厚0.15釐米	
213	1387	竹	長16釐米，寬0.6釐米，厚0.18釐米	
214	1388	竹	長10.5釐米，寬0.6釐米，厚0.15釐米	
215	1389	竹	長9.1釐米，寬0.7釐米，厚0.13釐米	
216	1390	竹	長6.8釐米，寬0.6釐米，厚0.09釐米	
217	1391	竹	長4.4釐米，寬0.9釐米，厚0.21釐米	
218	1392	竹	長5釐米，寬0.9釐米，厚0.15釐米	
219	1394	竹	長11.8釐米，寬1釐米，厚0.25釐米	
220	1395	竹	長11.4釐米，寬0.5釐米，厚0.1釐米	
221	1396	竹	長12.2釐米，寬0.7釐米，厚0.09釐米	
222	1397	竹	長10.2釐米，寬0.9釐米，厚0.15釐米	
223	1398	竹	長9.1釐米，寬1釐米，厚0.12釐米	
224	1399	竹	長8.7釐米，寬0.5釐米，厚0.09釐米	
225	1400	竹	長7.6釐米，寬0.6釐米，厚0.11釐米	
226	1401	竹	長8.2釐米，寬1釐米，厚0.19釐米	
227	1402	竹	長6.1釐米，寬0.7釐米，厚0.14釐米	
228	1403	竹	長7.1釐米，寬0.5釐米，厚0.13釐米	
229	1404	竹	長8.4釐米，寬0.6釐米，厚0.12釐米	
230	1405	竹	長8.2釐米，寬0.7釐米，厚0.16釐米	
231	1406	竹	長10.2釐米，寬0.6釐米，厚0.14釐米	
232	1407	竹	長8釐米，寬1.5釐米，厚0.13釐米	
233	1408	竹	長5.4釐米，寬1.2釐米，厚0.21釐米	
234	1409	竹	長4.2釐米，寬1.2釐米，厚0.16釐米	
235	1410	竹	長3.7釐米，寬1.4釐米，厚0.27釐米	
236	1411	木	長2.1釐米，寬1.7釐米，厚0.09釐米	
237	1412	竹	長4.9釐米，寬1.2釐米，厚0.19釐米	
238	1413	竹	長4.9釐米，寬1.5釐米，厚0.29釐米	
239	1414	竹	長3.4釐米，寬1.4釐米，厚0.22釐米	

卷内號	原始簡號	材質	尺寸	備注
240	1415	竹	長 3.1 釐米，寬 1.3 釐米，厚 0.22 釐米	
241	1416	竹	長 1.8 釐米，寬 1.2 釐米，厚 0.23 釐米	
242	1418	竹	長 5.3 釐米，寬 1.3 釐米，厚 0.12 釐米	
243	1419	竹	長 5.7 釐米，寬 1.5 釐米，厚 0.22 釐米	
244	1420	竹	長 4.5 釐米，寬 1.1 釐米，厚 0.23 釐米	
245	1421	竹	長 1.8 釐米，寬 1.3 釐米，厚 0.17 釐米	
246	1423	竹	長 4.6 釐米，寬 1 釐米，厚 0.18 釐米	
247	1424	竹	長 4.2 釐米，寬 0.7 釐米，厚 0.22 釐米	
248	1425	竹	長 5.7 釐米，寬 0.3 釐米，厚 0.14 釐米	
249	1426	竹	長 7.3 釐米，寬 0.3 釐米，厚 0.14 釐米	
250	1427	竹	長 3.9 釐米，寬 0.8 釐米，厚 0.16 釐米	雙面有字
251	1428	竹	長 6.3 釐米，寬 0.6 釐米，厚 0.23 釐米	
252	1429	竹	長 8.9 釐米，寬 0.9 釐米，厚 0.14 釐米	
253	1430	竹	長 8.8 釐米，寬 0.3 釐米，厚 0.11 釐米	
254	1431	竹	長 7.6 釐米，寬 0.7 釐米，厚 0.07 釐米	
255	1432	竹	長 7.2 釐米，寬 0.8 釐米，厚 0.13 釐米	
256	1433	竹	長 7.1 釐米，寬 1.1 釐米，厚 0.21 釐米	
257	1434	竹	長 4.1 釐米，寬 0.6 釐米，厚 0.08 釐米	
258	1435	竹	長 5.2 釐米，寬 0.7 釐米，厚 0.15 釐米	
259	1436	竹	長 3.9 釐米，寬 0.8 釐米，厚 0.13 釐米	
260	1437	竹	長 4.1 釐米，寬 0.7 釐米，厚 0.14 釐米	
261	1438	竹	長 4.2 釐米，寬 0.9 釐米，厚 0.16 釐米	
262	1439	竹	長 3.7 釐米，寬 0.8 釐米，厚 0.19 釐米	
263	1440	竹	長 2.8 釐米，寬 0.9 釐米，厚 0.15 釐米	
264	1441	竹	長 4.5 釐米，寬 1 釐米，厚 0.15 釐米	
265	1442	竹	長 3.4 釐米，寬 0.7 釐米，厚 0.16 釐米	
266	1443	竹	長 8.1 釐米，寬 1.2 釐米，厚 0.27 釐米	
267	1444	竹	長 6.8 釐米，寬 1.3 釐米，厚 0.22 釐米	
268	1445	竹	長 8.9 釐米，寬 1.4 釐米，厚 0.31 釐米	
269	1446	竹	長 9 釐米，寬 1.5 釐米，厚 0.25 釐米	
270	1448	竹	長 13.2 釐米，寬 1.2 釐米，厚 0.15 釐米	
271	1450	竹	長 6.8 釐米，寬 1.4 釐米，厚 0.28 釐米	
272	1451	竹	長 8.2 釐米，寬 1.3 釐米，厚 0.28 釐米	
273	1452	竹	長 10.5 釐米，寬 1.2 釐米，厚 0.21 釐米	
274	1454	竹	長 4.8 釐米，寬 1.3 釐米，厚 0.17 釐米	
275	1455	竹	長 6.9 釐米，寬 1.3 釐米，厚 0.24 釐米	
276	1456	竹	長 7.7 釐米，寬 1.2 釐米，厚 0.15 釐米	
277	1458	竹	長 8.2 釐米，寬 0.9 釐米，厚 0.21 釐米	
278	1458-1	竹	長 7.8 釐米，寬 0.6 釐米，厚 0.21 釐米	
279	1459	竹	長 4.9 釐米，寬 1.4 釐米，厚 0.21 釐米	
280	1460	竹	長 5.1 釐米，寬 1.7 釐米，厚 0.28 釐米	
281	1461	竹	長 6 釐米，寬 1.5 釐米，厚 0.27 釐米	
282	1462	竹	長 8.4 釐米，寬 1.5 釐米，厚 0.25 釐米	
283	1463	竹	長 5.9 釐米，寬 1.5 釐米，厚 0.1 釐米	
284	1464	竹	長 3.4 釐米，寬 1.4 釐米，厚 0.37 釐米	
285	1466	竹	長 5.4 釐米，寬 1.4 釐米，厚 0.16 釐米	
286	1467	竹	長 5.1 釐米，寬 1.2 釐米，厚 0.22 釐米	
287	1468	竹	長 5.7 釐米，寬 1.3 釐米，厚 0.19 釐米	

卷内號	原始簡號	材質	尺寸	備注
288	1469	竹	長 6 釐米，寬 0.8 釐米，厚 0.16 釐米	
289	1470	竹	長 7.4 釐米，寬 0.8 釐米，厚 0.13 釐米	
290	1471	竹	長 7.5 釐米，寬 0.9 釐米，厚 0.19 釐米	
291	1473	竹	長 12 釐米，寬 1.1 釐米，厚 0.2 釐米	
292	1474	竹	長 13.5 釐米，寬 1.1 釐米，厚 0.24 釐米	
293	1475	竹	長 14.2 釐米，寬 0.9 釐米，厚 0.12 釐米	
294	1476	竹	長 9.3 釐米，寬 0.9 釐米，厚 0.14 釐米	
295	1477	竹	長 8 釐米，寬 1 釐米，厚 0.18 釐米	
296	1478	竹	長 7.8 釐米，寬 1.3 釐米，厚 0.26 釐米	
297	1479	竹	長 3.5 釐米，寬 0.8 釐米，厚 0.21 釐米	
298	1479-1	竹	長 3.6 釐米，寬 0.8 釐米，厚 0.21 釐米	
299	1480	竹	長 5.3 釐米，寬 0.8 釐米，厚 0.14 釐米	
300	1481	竹	長 5.7 釐米，寬 0.8 釐米，厚 0.16 釐米	
301	1482	竹	長 4.4 釐米，寬 0.8 釐米，厚 0.24 釐米	
302	1483	竹	長 15.9 釐米，寬 0.6 釐米，厚 0.09 釐米	
303	1484	竹	長 21.9 釐米，寬 0.8 釐米，厚 0.17 釐米	
304	1485	竹	長 22 釐米，寬 1 釐米，厚 0.22 釐米	
305	1486	竹	長 19.8 釐米，寬 0.7 釐米，厚 0.12 釐米	
306	1487	竹	長 20 釐米，寬 0.8 釐米，厚 0.11 釐米	
307	1488	竹	長 20.1 釐米，寬 0.7 釐米，厚 0.11 釐米	
308	1489	竹	長 21.8 釐米，寬 0.7 釐米，厚 0.08 釐米	
309	1490	竹	長 13.7 釐米，寬 1 釐米，厚 0.14 釐米	
310	1491	竹	長 15 釐米，寬 1 釐米，厚 0.14 釐米	
311	1492	竹	長 16.7 釐米，寬 0.7 釐米，厚 0.14 釐米	
312	1493	竹	長 18.2 釐米，寬 0.5 釐米，厚 0.2 釐米	
313	1494	竹	長 17.5 釐米，寬 0.9 釐米，厚 0.22 釐米	
314	1495	竹	長 17.3 釐米，寬 1 釐米，厚 0.18 釐米	
315	1496	竹	長 20.8 釐米，寬 0.8 釐米，厚 0.14 釐米	
316	1497	竹	長 6.5 釐米，寬 1 釐米，厚 0.15 釐米	
317	1498	竹	長 4.1 釐米，寬 0.7 釐米，厚 0.07 釐米	
318	1499	竹	長 4.1 釐米，寬 1 釐米，厚 0.16 釐米	
319	1500	竹	長 3.7 釐米，寬 1.2 釐米，厚 0.16 釐米	
320	1501	竹	長 2.8 釐米，寬 1 釐米，厚 0.14 釐米	
321	1502	竹	長 2.9 釐米，寬 0.9 釐米，厚 0.14 釐米	
322	1503	竹	長 1.8 釐米，寬 0.4 釐米，厚 0.11 釐米	
323	1504	竹	長 6.2 釐米，寬 1.5 釐米，厚 0.22 釐米	
324	1505	竹	長 8.4 釐米，寬 1.5 釐米，厚 0.19 釐米	
325	1506	竹	長 8.5 釐米，寬 1.5 釐米，厚 0.16 釐米	
326	1507	竹	長 9.7 釐米，寬 1.5 釐米，厚 0.15 釐米	
327	1508	竹	長 13.8 釐米，寬 1.4 釐米，厚 0.2 釐米	
328	1510	竹	長 5.7 釐米，寬 1 釐米，厚 0.19 釐米	
329	1511	竹	長 6.3 釐米，寬 1.3 釐米，厚 0.13 釐米	
330	1512	竹	長 3.9 釐米，寬 1.8 釐米，厚 0.29 釐米	
331	1514	竹	長 7.2 釐米，寬 1.4 釐米，厚 0.14 釐米	
332	1515	木	長 3.8 釐米，寬 2.3 釐米，厚 0.11 釐米	
333	1516	竹	長 3.6 釐米，寬 1.4 釐米，厚 0.25 釐米	
334	1518	竹	長 2.5 釐米，寬 1.2 釐米，厚 0.15 釐米	
335	1519	竹	長 15.5 釐米，寬 0.9 釐米，厚 0.15 釐米	

卷内號	原始簡號	材質	尺寸	備注
336	1520	竹	長 15.7 釐米，寬 0.7 釐米，厚 0.22 釐米	
337	1521	竹	長 16.5 釐米，寬 0.8 釐米，厚 0.16 釐米	
338	1522	竹	長 20.3 釐米，寬 1.1 釐米，厚 0.22 釐米	
339	1523	竹	長 20 釐米，寬 0.6 釐米，厚 0.13 釐米	
340	1524	竹	長 21.4 釐米，寬 0.9 釐米，厚 0.24 釐米	
341	1526	竹	長 5 釐米，寬 0.7 釐米，厚 0.16 釐米	
342	1527	竹	長 5.2 釐米，寬 0.9 釐米，厚 0.27 釐米	
343	1528	竹	長 4.9 釐米，寬 0.9 釐米，厚 0.16 釐米	
344	1529	竹	長 10.5 釐米，寬 0.9 釐米，厚 0.15 釐米	
345	1530	竹	長 10.3 釐米，寬 0.9 釐米，厚 0.14 釐米	
346	1531	竹	長 10.3 釐米，寬 0.8 釐米，厚 0.12 釐米	
347	1532	竹	長 12.4 釐米，寬 0.5 釐米，厚 0.11 釐米	
348	1533	竹	長 12.2 釐米，寬 0.7 釐米，厚 0.13 釐米	
349	1534	竹	長 20.3 釐米，寬 0.7 釐米，厚 0.16 釐米	
350	1535	竹	長 21.3 釐米，寬 0.8 釐米，厚 0.17 釐米	
351	1536	竹	長 7.4 釐米，寬 0.4 釐米，厚 0.1 釐米	
352	1537	竹	長 6.1 釐米，寬 0.6 釐米，厚 0.11 釐米	
353	1538	竹	長 6.1 釐米，寬 0.9 釐米，厚 0.12 釐米	
354	1539	竹	長 5.1 釐米，寬 0.7 釐米，厚 0.17 釐米	
355	1540	竹	長 3.6 釐米，寬 0.5 釐米，厚 0.12 釐米	
356	1541	竹	長 16.5 釐米，寬 1 釐米，厚 0.27 釐米	
357	1542	竹	長 20.5 釐米，寬 0.8 釐米，厚 0.16 釐米	
358	1543	竹	長 20.9 釐米，寬 0.7 釐米，厚 0.12 釐米	
359	1544	竹	長 20.9 釐米，寬 0.8 釐米，厚 0.11 釐米	
360	1546	竹	長 21.2 釐米，寬 1 釐米，厚 0.19 釐米	
361	1547	竹	長 19.7 釐米，寬 0.8 釐米，厚 0.17 釐米	
362	1548	竹	長 4.3 釐米，寬 1.3 釐米，厚 0.21 釐米	
363	1549	竹	長 4.9 釐米，寬 1 釐米，厚 0.16 釐米	
364	1551	竹	長 14 釐米，寬 1.2 釐米，厚 0.12 釐米	
365	1554	竹	長 12.5 釐米，寬 1.2 釐米，厚 0.22 釐米	
366	1557	竹	長 6.8 釐米，寬 1.7 釐米，厚 0.19 釐米	
367	1558	竹	長 13.3 釐米，寬 0.7 釐米，厚 0.18 釐米	
368	1559	竹	長 13.3 釐米，寬 0.8 釐米，厚 0.13 釐米	
369	1560	竹	長 12.9 釐米，寬 0.7 釐米，厚 0.11 釐米	
370	1561	竹	長 12.4 釐米，寬 1 釐米，厚 0.15 釐米	
371	1562	竹	長 11.6 釐米，寬 0.8 釐米，厚 0.11 釐米	
372	1563	竹	長 10.8 釐米，寬 0.8 釐米，厚 0.16 釐米	
373	1565	竹	長 6.2 釐米，寬 0.7 釐米，厚 0.11 釐米	
374	1566	竹	長 5.9 釐米，寬 0.4 釐米，厚 0.13 釐米	
375	1567	竹	長 8.2 釐米，寬 0.9 釐米，厚 0.13 釐米	
376	1568	竹	長 7.3 釐米，寬 0.9 釐米，厚 0.13 釐米	
377	1569	竹	長 7.8 釐米，寬 0.8 釐米，厚 0.16 釐米	
378	1571	竹	長 9.1 釐米，寬 0.7 釐米，厚 0.1 釐米	
379	1573	竹	長 9.9 釐米，寬 1.3 釐米，厚 0.23 釐米	
380	1574	竹	長 9.7 釐米，寬 1.2 釐米，厚 0.14 釐米	
381	1575	竹	長 12.5 釐米，寬 1.5 釐米，厚 0.15 釐米	
382	1576	竹	長 14.5 釐米，寬 1.6 釐米，厚 0.14 釐米	
383	1578	竹	長 8.5 釐米，寬 1.4 釐米，厚 0.14 釐米	

卷内號	原始簡號	材質	尺寸	備注
384	1579	竹	長 8.8 釐米，寬 1.1 釐米，厚 0.23 釐米	
385	1580	竹	長 6.7 釐米，寬 1.6 釐米，厚 0.16 釐米	
386	1581	竹	長 5.2 釐米，寬 1.4 釐米，厚 0.21 釐米	
387	1582	竹	長 8.7 釐米，寬 0.8 釐米，厚 0.09 釐米	
388	1583	竹	長 9.6 釐米，寬 0.9 釐米，厚 0.12 釐米	
389	1587	竹	長 8.7 釐米，寬 0.9 釐米，厚 0.14 釐米	
390	1588	竹	長 9.3 釐米，寬 0.8 釐米，厚 0.13 釐米	
391	1589	竹	長 10 釐米，寬 0.9 釐米，厚 0.17 釐米	
392	1590	竹	長 8.9 釐米，寬 0.8 釐米，厚 0.18 釐米	
393	1591	竹	長 7.4 釐米，寬 0.5 釐米，厚 0.09 釐米	
394	1592	竹	長 8.5 釐米，寬 0.7 釐米，厚 0.12 釐米	
395	1593	竹	長 7.2 釐米，寬 1 釐米，厚 0.26 釐米	
396	1594	竹	長 6.5 釐米，寬 0.5 釐米，厚 0.14 釐米	
397	1595	竹	長 8.2 釐米，寬 0.9 釐米，厚 0.15 釐米	
398	1597	竹	長 14.2 釐米，寬 1 釐米，厚 0.21 釐米	
399	1598	竹	長 15.3 釐米，寬 2.3 釐米，厚 0.25 釐米	
400	1600	竹	長 19.4 釐米，寬 1.5 釐米，厚 0.45 釐米	
401	1602	竹	長 7.3 釐米，寬 1.7 釐米，厚 0.23 釐米	
402	1603	竹	長 6 釐米，寬 1.1 釐米，厚 0.21 釐米	
403	1604	竹	長 6.7 釐米，寬 1.2 釐米，厚 0.27 釐米	
404	1605	竹	長 3.6 釐米，寬 1.6 釐米，厚 0.24 釐米	
405	1606	竹	長 4.8 釐米，寬 1.5 釐米，厚 0.21 釐米	
406	1611	竹	長 4.1 釐米，寬 1.5 釐米，厚 0.14 釐米	
407	1612	竹	長 3.3 釐米，寬 1.3 釐米，厚 0.19 釐米	雙面有字
408	1613	竹	長 5.6 釐米，寬 1.4 釐米，厚 0.23 釐米	兩側有楔口
409	1614	竹	長 3.8 釐米，寬 1.2 釐米，厚 0.14 釐米	
410	1615	竹	長 3.6 釐米，寬 1.4 釐米，厚 0.19 釐米	
411	1619	竹	長 3.7 釐米，寬 1.6 釐米，厚 0.18 釐米	
412	1620	竹	長 3.6 釐米，寬 1.4 釐米，厚 0.21 釐米	
413	1621	竹	長 2 釐米，寬 0.7 釐米，厚 0.15 釐米	
414	1622	竹	長 3 釐米，寬 0.8 釐米，厚 0.19 釐米	
415	1623	竹	長 3.6 釐米，寬 0.6 釐米，厚 0.14 釐米	
416	1624	竹	長 3.7 釐米，寬 1 釐米，厚 0.15 釐米	
417	1625	竹	長 4.4 釐米，寬 1.2 釐米，厚 0.14 釐米	
418	1626	木	長 5.1 釐米，寬 1.2 釐米，厚 0.22 釐米	
419	1627	竹	長 6.2 釐米，寬 1 釐米，厚 0.12 釐米	
420	1629	竹	長 3.1 釐米，寬 0.5 釐米，厚 0.14 釐米	
421	1630	竹	長 2 釐米，寬 0.5 釐米，厚 0.20 釐米	
422	1630-1	竹	長 1.1 釐米，寬 0.5 釐米，厚 0.2 釐米	
423	1631	竹	長 4.1 釐米，寬 0.7 釐米，厚 0.11 釐米	
424	1632	竹	長 4.6 釐米，寬 0.9 釐米，厚 0.15 釐米	
425	1633	竹	長 3.1 釐米，寬 1.1 釐米，厚 0.13 釐米	
426	1634	竹	長 4.1 釐米，寬 1 釐米，厚 0.25 釐米	雙面有字
427	1635	竹	長 7 釐米，寬 0.8 釐米，厚 0.11 釐米	
428	1636	竹	長 4.1 釐米，寬 0.7 釐米，厚 0.11 釐米	
429	1637	竹	長 5.2 釐米，寬 1.1 釐米，厚 0.21 釐米	
430	1638	竹	長 5.8 釐米，寬 0.8 釐米，厚 0.15 釐米	
431	1639	竹	長 3.8 釐米，寬 0.9 釐米，厚 0.20 釐米	

卷内號	原始簡號	材質	尺寸	備注
432	1640	竹	長 5.3 釐米，寬 0.9 釐米，厚 0.19 釐米	
433	1642	竹	長 10.5 釐米，寬 0.6 釐米，厚 0.12 釐米	
434	1643	竹	長 10.2 釐米，寬 0.7 釐米，厚 0.1 釐米	
435	1644	竹	長 9.2 釐米，寬 0.7 釐米，厚 0.12 釐米	
436	1645	竹	長 20.4 釐米，寬 1 釐米，厚 0.14 釐米	
437	1646	竹	長 21.3 釐米，寬 0.7 釐米，厚 0.12 釐米	
438	1647	竹	長 21.3 釐米，寬 0.9 釐米，厚 0.22 釐米	
439	1648	竹	長 21.5 釐米，寬 0.9 釐米，厚 0.22 釐米	
440	1649	竹	長 7.2 釐米，寬 0.8 釐米，厚 0.12 釐米	
441	1650	竹	長 7.4 釐米，寬 0.6 釐米，厚 0.1 釐米	
442	1651	木	長 8.6 釐米，寬 0.9 釐米，厚 0.1 釐米	
443	1652	竹	長 8.3 釐米，寬 1.6 釐米，厚 0.22 釐米	雙面有字
444	1655	竹	長 13.3 釐米，寬 2 釐米，厚 0.18 釐米	
445	1657	竹	長 7.5 釐米，寬 1 釐米，厚 0.14 釐米	
446	1658	竹	長 6.1 釐米，寬 1.1 釐米，厚 0.28 釐米	
447	1659	竹	長 5 釐米，寬 1.4 釐米，厚 0.25 釐米	
448	1661	竹	長 3.4 釐米，寬 1.2 釐米，厚 0.17 釐米	
449	1662	竹	長 2.6 釐米，寬 0.8 釐米，厚 0.25 釐米	
450	1663	竹	長 2.6 釐米，寬 1.2 釐米，厚 0.21 釐米	
451	1664	竹	長 3.5 釐米，寬 0.8 釐米，厚 0.26 釐米	
452	1665	竹	長 4.6 釐米，寬 0.6 釐米，厚 0.12 釐米	
453	1666	竹	長 5 釐米，寬 0.6 釐米，厚 0.11 釐米	
454	1667	竹	長 6.7 釐米，寬 0.7 釐米，厚 0.2 釐米	
455	1668	竹	長 2.1 釐米，寬 0.4 釐米，厚 0.18 釐米	
456	1669	竹	長 7 釐米，寬 1.1 釐米，厚 0.31 釐米	
457	1670	竹	長 6.1 釐米，寬 0.8 釐米，厚 0.13 釐米	
458	1671	竹	長 6.8 釐米，寬 0.7 釐米，厚 0.11 釐米	
459	1672	竹	長 4.3 釐米，寬 0.7 釐米，厚 0.13 釐米	
460	1673	竹	長 3.5 釐米，寬 0.7 釐米，厚 0.11 釐米	
461	1674	竹	長 3.4 釐米，寬 0.9 釐米，厚 0.29 釐米	
462	1675	竹	長 2.2 釐米，寬 0.9 釐米，厚 0.14 釐米	
463	1676	竹	長 2.8 釐米，寬 0.9 釐米，厚 0.21 釐米	
464	1677	竹	長 2.8 釐米，寬 0.7 釐米，厚 0.12 釐米	
465	1678	竹	長 2.9 釐米，寬 0.5 釐米，厚 0.11 釐米	
466	1679	竹	長 3.9 釐米，寬 1 釐米，厚 0.21 釐米	
467	1680	竹	長 4.3 釐米，寬 0.8 釐米，厚 0.13 釐米	
468	1681	竹	長 4.6 釐米，寬 0.7 釐米，厚 0.13 釐米	
469	1682	竹	長 6.6 釐米，寬 0.5 釐米，厚 0.1 釐米	
470	1683	竹	長 10.4 釐米，寬 0.8 釐米，厚 0.16 釐米	
471	1684	竹	長 11.9 釐米，寬 0.8 釐米，厚 0.22 釐米	
472	1685	竹	長 10.9 釐米，寬 0.9 釐米，厚 0.15 釐米	
473	1686	竹	長 11.5 釐米，寬 0.7 釐米，厚 0.15 釐米	
474	1687	竹	長 10.9 釐米，寬 0.7 釐米，厚 0.22 釐米	
475	1688	竹	長 11.9 釐米，寬 0.9 釐米，厚 0.1 釐米	
476	1689	竹	長 12.8 釐米，寬 0.8 釐米，厚 0.13 釐米	
477	1691	竹	長 8.9 釐米，寬 1 釐米，厚 0.14 釐米	
478	1692	竹	長 7.1 釐米，寬 1.3 釐米，厚 0.25 釐米	
479	1693	竹	長 5.3 釐米，寬 0.6 釐米，厚 0.2 釐米	

卷内號	原始簡號	材質	尺寸	備注
480	1694	竹	長2.1釐米，寬0.5釐米，厚0.13釐米	
481	1695	竹	長1.6釐米，寬0.7釐米，厚0.11釐米	
482	1697	竹	長3.3釐米，寬0.4釐米，厚0.11釐米	
483	1698	竹	長3.9釐米，寬0.7釐米，厚0.12釐米	
484	1699	竹	長4.5釐米，寬0.8釐米，厚0.26釐米	
485	1701	竹	長7.3釐米，寬0.9釐米，厚0.18釐米	
486	1703	竹	長5.6釐米，寬0.4釐米，厚0.13釐米	
487	1704	竹	長4.8釐米，寬0.4釐米，厚0.11釐米	
488	1705	竹	長4.8釐米，寬0.6釐米，厚0.08釐米	
489	1706	竹	長5.1釐米，寬0.8釐米，厚0.14釐米	
490	1707	竹	長2.9釐米，寬0.6釐米，厚0.11釐米	
491	1708	竹	長2.6釐米，寬0.6釐米，厚0.2釐米	
492	1709	竹	長2.7釐米，寬0.6釐米，厚0.05釐米	
493	1710	竹	長4.3釐米，寬0.5釐米，厚0.07釐米	
494	1711	竹	長4.7釐米，寬0.8釐米，厚0.22釐米	
495	1712	竹	長4.3釐米，寬0.8釐米，厚0.16釐米	
496	1713	竹	長4.7釐米，寬0.8釐米，厚0.11釐米	
497	1714	竹	長5.4釐米，寬0.8釐米，厚0.3釐米	
498	1715	竹	長2釐米，寬0.8釐米，厚0.17釐米	
499	1716	竹	長15.9釐米，寬1釐米，厚0.11釐米	
500	1717	竹	長17.7釐米，寬1.3釐米，厚0.14釐米	
501	1718	竹	長19.3釐米，寬0.9釐米，厚0.23釐米	
502	1719	竹	長21.3釐米，寬1釐米，厚0.21釐米	
503	1721	竹	長23.5釐米，寬1.2釐米，厚0.28釐米	
504	1722	竹	長21.9釐米，寬0.8釐米，厚0.15釐米	
505	1723	竹	長21.8釐米，寬0.8釐米，厚0.13釐米	
506	1724	竹	長18.9釐米，寬0.7釐米，厚0.16釐米	
507	1725	竹	長17.6釐米，寬0.8釐米，厚0.17釐米	
508	1726	竹	長21.7釐米，寬0.8釐米，厚0.19釐米	
509	1727	竹	長20.3釐米，寬0.9釐米，厚0.16釐米	
510	1728	竹	長21.3釐米，寬0.9釐米，厚0.15釐米	
511	1729	竹	長11.3釐米，寬0.6釐米，厚0.1釐米	
512	1730	竹	長14.5釐米，寬0.7釐米，厚0.09釐米	
513	1731	竹	長15.6釐米，寬0.7釐米，厚0.08釐米	
514	1732	竹	長15.8釐米，寬0.8釐米，厚0.13釐米	
515	1733	竹	長17.7釐米，寬0.8釐米，厚0.16釐米	
516	1734	竹	長21.3釐米，寬0.9釐米，厚0.22釐米	
517	1735	竹	長20.4釐米，寬0.7釐米，厚0.13釐米	
518	1736	竹	長6.8釐米，寬0.8釐米，厚0.18釐米	
519	1737	竹	長5.4釐米，寬0.6釐米，厚0.25釐米	
520	1738	竹	長4.8釐米，寬1釐米，厚0.29釐米	
521	1739	竹	長4.5釐米，寬0.6釐米，厚0.1釐米	
522	1740	竹	長4.4釐米，寬0.8釐米，厚0.15釐米	
523	1741	竹	長6.4釐米，寬0.7釐米，厚0.19釐米	
524	1742	竹	長8.5釐米，寬0.6釐米，厚0.11釐米	
525	1744	竹	長10.1釐米，寬0.7釐米，厚0.11釐米	
526	1746	竹	長14釐米，寬0.8釐米，厚0.14釐米	
527	1747	竹	長13.9釐米，寬0.6釐米，厚0.11釐米	

卷内號	原始簡號	材質	尺寸	備注
528	1748	竹	長12.1釐米，寬0.8釐米，厚0.12釐米	
529	1749	竹	長9.7釐米，寬0.6釐米，厚0.15釐米	
530	1750	竹	長8.9釐米，寬0.6釐米，厚0.12釐米	
531	1751	竹	長5.7釐米，寬0.7釐米，厚0.11釐米	
532	1752	竹	長4.5釐米，寬0.7釐米，厚0.15釐米	
533	1753	竹	長4釐米，寬0.5釐米，厚0.2釐米	
534	1754	竹	長2.6釐米，寬0.7釐米，厚0.07釐米	
535	1755	竹	長8釐米，寬0.8釐米，厚0.21釐米	
536	1756	竹	長10.9釐米，寬0.9釐米，厚0.18釐米	
537	1757	竹	長12.2釐米，寬0.8釐米，厚0.11釐米	
538	1758	竹	長14.6釐米，寬0.9釐米，厚0.11釐米	
539	1759	竹	長12.7釐米，寬0.7釐米，厚0.13釐米	
540	1760	竹	長13.7釐米，寬0.6釐米，厚0.11釐米